探索的テストの考え方
ソフトウェア開発のテスト設計とテクニック

Exploratory Software Testing
Tips, Tricks, Tours, and Techniques to Guide Test Design

James A. Whittaker ［著］
杉浦 清博 ［訳］

Exploratory Software Testing

Authorized translation from the English language edition, entitled EXPLORATORY SOFTWARE TESTING: TIPS, TRICKS, TOURS, AND TECHNIQUES TO GUIDE TEST DESIGN, 1st Edition by James A. Whittaker, published by Pearson Education, Inc, Copyright © 2010 by Pearson Education, Inc.

All rights reserved. No part of this book may be reproduced or transmitted in any form or by any means, electronic or mechanical, including photocopying, recording or by any information storage retrieval system, without permission from Pearson Education, Inc.

JAPANESE language edition published by Mynavi Publishing Corporation, Copyright © 2024.

Japanese translation rights arranged with PEARSON EDUCATION, INC. through Tuttle-Mori Agency, Inc., Tokyo, Japan.

本書は英語版『EXPLORATORY SOFTWARE TESTING: TIPS, TRICKS, TOURS, AND TECHNIQUES TO GUIDE TEST DESIGN, 1st Edition』（James A. Whittaker 著、Pearson Education, Inc.刊）の公認翻訳書籍です。

Copyright © 2010 by Pearson Education, Inc.

すべての著作権はPearson Education Inc.に帰属します。本書のいかなる部分も、Pearson Education, Inc.の許可なくして、電子的または機械的な方法（コピー、記録、情報記憶装置の検索システムを含む）で複製または送信することはできません。

日本語版は株式会社マイナビ出版（Mynavi Publishing Corporation）より出版されます。Copyright © 2024

株式会社タトル・モリエイジェンシー（Tuttle-Mori Agency, Inc., Tokyo, Japan）を通じPEARSON EDUCATION, INC.との間で日本語の翻訳権契約を締結しました。

●公式サイト（英語）　https://www.pearson.com/en-us/subject-catalog/p/exploratory-software-testing-tips-tricks-tours-and-techniques-to-guide-test-design/P200000009621/9780321636416

●本書の正誤に関するサポート情報を以下のサイトで提供していきます。
　https://book.mynavi.jp/supportsite/detail/9784839986032.html

---

・本書は執筆時の情報に基づいて執筆されています。本書に登場する製品やソフトウェア、サービスのバージョン、画面、機能、URL、製品のスペックなどの情報は、すべてその原稿執筆時点でのものです。執筆以降に変更されている可能性がありますので、ご了承ください。

・本書に記載された内容は、情報の提供のみを目的としております。したがって、本書を用いての運用はすべてお客様自身の責任と判断において行ってください。

・本書の制作にあたっては正確な記述につとめましたが、著者や出版社のいずれも、本書の内容に関してなんらかの保証をするものではなく、内容に関するいかなる運用結果についてもいっさいの責任を負いません。あらかじめご了承ください。

・本書に記載されている会社名・製品名等は、一般に各社の登録商標または商標です。本文中では©、®、™ 等の表示は省略しています。

はじめに

本書の大部分はMicrosoftでアーキテクトを務めていた時期に書いたものです。本書を在職中に私と関わったすべての優秀なテスト技術者の方々に捧げます。ありがとうございます。みなさんは、私の考え方、働き方、そしてソフトウェアテストに対する見方を変えてくれました。これからも素晴らしい仕事を続けてください！

序文

私は数年前、フロリダ工科大学の教授であったジェームズ・ウィテカーと初めてお会いしました。彼はMicrosoftのレドモンドキャンパスを訪れており、数人のテスト技術者グループと、他でもないテストについて話していました。ジェームズはユーモアのセンスがあり、テストについて深い知識を持っていることは、最初の出会いですぐに分かりました。教室で長年教鞭をとってきた経験から、彼は学ぶ意欲のある人々とつながりを持つ能力を身に付けたことは間違いありません。

ジェームズは2006年にMicrosoftに入社しました。この3年間、私はジェームズと多くの時間を過ごし、彼のことをもっとよく知ることができました。ユーモアのセンスとテスト技術者とつながる能力は、今でもジェームズの指導やコミュニケーションの重要な要素です。ジェームズの才能をお伝えできることをうれしく思います。彼と話すたびに、ジェームズによって刺激を受けたテスト技術者やテストチームがいたに違いないと感じられます。Microsoftでは同じチームで働いたことはありませんが、社内を横断する取り組みで一緒に仕事をする機会は何度かありました。また、Microsoftの新入社員向け講義を共に担当したこともあります（もちろん、「共に」とは、ジェームズがプレゼンテーションの文書を作成し、発表のときに私が彼のジョークを盗用させてもらったことです）。Microsoft在籍中に一番多くの時間を一緒に過ごし、親交を深める場所になったのは、Microsoftのサッカーコートでした。おそらく過去3年間で100時間以上は、サッカーボールを蹴りながらソフトウェアテストと開発の改善について話し合いました。

ジェームズについて知っておいてほしいことは、彼はアイデアを思いついたらテストして証明したがるということです（優れたテスト技術者にこれ以上のことを期待しますか？）この性格が非常にうまく機能しているのは、失敗を恐れていないことに加えて、アイデアがうまくいかないことを認めているからです。たぶん、私はテストに対してどちらかといえばシニカルな姿勢をとっていると思います。そのためか、ここ数年でジェームズの「素晴らしいアイデア」を何個か却下できたことを、少し嬉しく感じています。このことは、ジェームズがテストの指導をするときに語っている「優れたアイデアのほとんどすべては、失敗アイデアの屍の上にある。」という言葉にある程度の真実味を与えています。エゴを捨てることができなければ、イノベーターとして成功できません。

Microsoftでの仕事では、数えきれないほどの新しく創造的なアイデアに出会えました。また、自分が作り出すチャンスにも恵まれました。しかし、素晴らしい可能性を秘めたイノベー

ションが失敗する場面も多く見てきました。考案者が創造的なアイデアを実現可能なレベルに持っていくことができなかったからです。ジェームズとテスト技術のアイデアについて話し合いを続ける中で、彼がアイデアを手順を踏んで現実的で利用可能なものへと発展させていく様子を目の当たりにしました。そして、アイデアはMicrosoft社内のテスト技術者が実際に使うようになりました。「テスト技術者用ヘッドアップディスプレイ」のアイデアは、そういったアイデアの1つです。サッカーコートで提唱し、実際に使いながら改良して、テスト技術者が業務で使うようになり、リアルタイムのテストデータ利用技術として完成しました。この功績によりMicrosoftはジェームズを表彰しました。Visual Studioはテスト製品の将来バージョンでこのコンセプトの導入を目指しています。

　ジェームズがソフトウェアテストの指針としてツアーというメタファーに注目したとき、私もその場にいました。ツアーのアイデアを提唱したのは彼が最初ではないかもしれません。しかし、ツアーのメタファーを完全に理解し、現実の（そして非常に複雑な）ソフトウェアでうまく活用できるようにいくつものテストチームを指導したのは、私が知るかぎり彼が最初です。彼はツアーのコンセプトを改良し続けることで実用的なものに再構築し、ツアーの数を数十個まで拡大しました。ジェームスが提案したツアーの中には、うまく機能しないものもありました。幸いにも、ジェームズは失敗作を捨て去ることを恐れていませんでした。ですから、失敗作を気にする必要はありません。本書に収められているのは、本当にうまくいくソフトウェアテストツアーのコレクションです。テストして、改良して、そしてまたテストしたツアーです。ジェームズのストーリーでコンセプトを説明する能力は、ツアーの説明で光り輝いています。これほど素晴らしいテスト技術書であるにもかかわらず、私は時々、この本がテスト技術書であることを忘れてしまうことがありました。メタファーに従ったテスト実行がツアーをうまく機能させる理由について、私は正確には理解していません。しかし、ツアーが実際の開発現場でうまく機能していることは、いくら説明しても足りません。ツアーのコンセプトは極めて重要です。Microsoftではテスト技術トレーニングコースに「テストツアー」を追加しており、入社するすべてのテスト技術者が受講しています。

　自分やチームのスキルを向上させたいと少しでも思っているなら、この本はあなたにとって何かしらのヒントを与えてくれるでしょう。読み応えがあり、この先何年も繰り返し読み返したくなる本です。

Microsoft　テストエクセレンスディレクター
アラン・ペイジ

まえがき

「顧客は機能を買い、バグは許容する」。

—— スコット・ワズワース

コンピュータを使ったことがある人なら誰でも、ソフトウェアに不具合があることは理解しているでしょう。世界で最初のプログラムから最新のアプリケーションまで、ソフトウェアが完璧であったことはありません。

そして、今後も完璧になることはないでしょう。ソフトウェア開発は非常に複雑ですし、人間は根本的に間違いを起こしやすいのです。さらにハードウェア、オペレーティングシステム、実行環境、ドライバ、プラットフォーム、データベースなどは絶え間なく変化しており、ソフトウェア開発を人類史上最高の偉業とまでしています。

しかし、偉業であるだけでは十分ではありません。第1章「ソフトウェア品質の事例」で述べているように、現在の世界は高品質のソフトウェアを必要としています。

ソフトウェアの品質がソフトウェアテスト技術者だけの課題でないことは明白です。ソフトウェアの信頼性、セキュリティ、パフォーマンスなどは、後付けではうまくいきません。システムの設計に取り入れて、ソフトウェアを正しく構築しなければなりません。加えて、バグの本質を理解するためにはテスト技術者が最前線に出る必要があります。洞察力、テスト技術、リスク軽減の最前線にテスト技術者が立つことなくして、ソフトウェア品質の包括的なソリューションを実現することは期待できません。

ソフトウェア品質について書かれた書籍は数多くあり、興味を持つ読者もたくさんいます。本書はソフトウェアのテスト技術者向けに書かれたものです。最も重要なバグについて記述しています。それは、あらゆる検出手段を逃れてリリース製品にまで残り続けるバグです。

ソフトウェア開発企業はバグをリリースしてしまっています。なぜそのようなバグが書かれてしまうのでしょうか？ なぜコードレビュー、単体テスト、静的解析、その他の活動で発見されなかったのでしょうか？ なぜ自動テストで発見されなかったのでしょうか？ なぜ手動テストを逃れることができたのでしょうか？

リリース前にバグを発見する最善策とはどのようなものでしょうか？

この本では、この最後の質問を取り上げます。第2章「手動テストの事例」では、ユーザーがソフトウェアの使用中にバグを発見している以上は、テストでもソフトウェアを使用してバグを発見しなければならないことを指摘しています。自動テストや単体テストなどでは、このようなバグは見つけることができません。テスト自動化をいくら推進しても、ユーザーを苦しめるためにバグが再浮上してくるでしょう。

問題は、現在の手動テストの多くが、目的がない一時しのぎの繰り返し作業であることです。退屈極まりない、と付け加える人もいるでしょう。本書は、手動テストのプロセスに指針、技術を追加して組織的に行えるようになることを目的としています。

第3章の「スモール探索的テスト」では、テスト技術者に小さな指針を示しています。そ

v

れは、テストケース実行時に下さなければならない小規模な決定のための指針です。テスト技術者はテストケースを実行するときに、入力フィールドに適用する値や、アプリケーションが使用するファイルに書き込むデータを決めなければなりません。テスト中にはこのような小規模な決定を数多く下さなければなりません。しかし指針がなければ、どのように決定したのかは分析されず、最適な値でないこともあります。テキストボックスに数値を入力する場合、整数値4と400のどちらが適切でしょうか？ 文字列を入力するなら、長さは32文字と256文字のどちらにしますか？ ソフトウェアの処理ごとに、正しい選択肢は間違いなくあります。テスト技術者は毎日何百回も小規模な決定を行うため、適切なガイダンスは必要不可欠です。

第4章の「ラージ探索的テスト」では、テスト計画の策定とテスト設計についての、広範な懸念事項についての指針を示しています。この指針はツアーという概念に基づいています。ツアーとは、ツアーガイドが観光客を大都市の名所を案内するように、テスト技術者を実行パスに沿ってアプリケーションを案内する一般的なテストの指針です。アプリケーション内の探索は、ランダムまたはアドホックである必要はありません。本書では、現在MicrosoftとGoogleのテスト技術者の多くが日常的に使用しているツアーを記述しています。ランドマークツアーやインテリツアーなどのツアーは、手動テスト技術者の標準的な用語です。確かに、テスト技法は以前から「ツアー」と呼ばれてきました。しかし、ソフトウェアテストにおけるツーリングメタファーの全体的な取り扱い方法、およびリリース済みの大規模アプリケーションのテストにツーリングメタファーを適用する方法を記した書籍は、本書が初めてです。

ラージ探索的テストとは、全体的なテスト戦略の策定のための指針でもあります。たとえば、機能の網羅率が高いテストケースをどのように作成しますか？ 1つのテストケースで複数の機能をテストしてもよいと判断するためにはどうすればいいですか？ ソフトウェアを最大限に動作させ、重要なバグをできるだけ多く発見するためには、どのようにテストケースを作成しますか？ これはテストケースの設計とテストスイート[訳注1]の品質についての全体的な問題であり、対処しなければなりません。

第5章「ハイブリッド探索的テスト」では、探索的テストを従来のスクリプトまたはシナリオベースのテストと組み合わせて、ツアーの概念をさらに一歩進めます。End-to-Endのシナリオ[訳注2]、テストスクリプト、ユーザーストーリーを修正して変化を加え、従来のテスト技法のバグ発見率を高める方法について説明します。

第6章「探索的テストの実践」では、5人のゲスト執筆者による、Microsoftのさまざまな製品に適用されたツアーを用いたテスト実績のレポートです。この章に記しているツアーを適用したソフトウェアは、実際にリリースまでされています。そして、ツアーの適用方法、ソフトウェアに合わせたツアーの修正方法、さらには独自のツアーの作成方法を説明しています。このレポートは、ミッションクリティカルなソフトウェアを開発するテスト技術者の生の声です。

［訳注1］ 複数のテストケースをまとめたもの。テストスイートに含まれるテストケースは、それぞれ単独ではなく、順番に実行していくことが求められます。
［訳注2］ End-to-End テストとは、手動による入力が必要なテストを指します。

最後に、前章までの情報をまとめた2つの章で本書を締めくくります。第7章「ツアーとテストの問題点」では、テストにおける最も難しいと思われる問題について述べています。また、目的を持った探索的テストがより広範な問題の解決にどのように適用できるのかを説明します。第8章「ソフトウェアテストの未来」では、さらに先を見据えています。仮想化、視覚化、さらにはテレビゲームといったテクノロジーが今後どのようにテストのあり方を変えていくかについて述べています。付録には、私の考える「テストキャリアを成功させる方法」と、人気の高かった過去の著作の一部（新しい注釈を追加したもの）を収録しています。私が楽しみながら本書を記したように、読者の皆さんも楽しみながら本書を読むことを願っています。

謝辞

Microsoftのソフトウェアの品質向上のために、たゆまぬ努力を続けてくださっているすべてのテスト技術者に感謝いたします。また、多くの協力者に新しい試みを行う機会を与えてくださったMicrosoftのマネージャーの方々にも感謝いたします。本書に記した試みが成功したことは、Microsoftのテストマネージャーの知恵の賜物です！

また、ツーリングテストを評価、レビュー、貢献、あるいはその他の方法で私に助言を与えてくれた以下のMicrosoft関係者にも感謝いたします。

David Gorena Elizondo, Mark Mydland, Ahmed Stewart, Geoff Staneff, Joe Alan Muharsky, Naysawn Naderi, Anutthara Bharadwaj, Ryan Vogrinec, Hiromi Nakura, Nicole Haugen, Alan Page, Vessie Djambazova, Shawn Brown, Kyle Larson, Habib Heydarian, Bola Agbonile, Michael Fortin, Ratnaditya Jonnalagadda, Dan Massey, Koby Leung, Jeremy Croy, Scott Wadsworth, Craig Burley, Michael Bilodeau, Brent Jensen, Jim Shobe, Vince Orgovan, Tracy Monteith, Amit Chatterjee, Tim Lamey, Jimbo Pfeiffer, Brendan Murphy, Scott Stearns, Jeff MacDermot, Chris Shaffer, Greg B. Jones, Sam Guckenheimer, Yves Neyrand.

その他、Microsoft関係者以外の方、Gitte Ottosen, Rob Lambert, Beth Galt, Janet Gregory, Michael Kelly, Charles Knutson, Brian Korverにも多くの手助けを頂きました。

最後に、私の新しいGoogleの同僚であるAlberto SavoiaとPatrick Copelandには、激励に対して感謝するだけでなく、Googleでの探索的テストへのこれからの貢献に対しても感謝しなければなりません。

翻訳者まえがき

本書は探索的テストの書籍です。探索的テストとはテスト対象の学習、テストの設計、テストの実行を同時に行うテスト手法です。事前にテストケースを作成しない手法としても知られています。それでは、探索的テストを採用する目的はどこにあるのでしょうか？

ソフトウェアテストの担当者には2種類あります。1つはソフトウェア開発組織のテスト技術者、もう1つはリリースしたソフトを使用するユーザーです。ユーザーはソフトウェアを使用するとともに、バグを見つけています。そして、ユーザーが検出したバグは市場不具合と呼ばれます。しかし、市場不具合は決して検出できないものではありません。なぜなら、テスト技術者が見逃したバグをユーザーは見つけているからです。

テストをする上で考慮しなければならない事柄が多すぎることが、バグを見逃している理由です。起こりうるすべてのケースをテストするためには無限の時間が必要になります。テスト技術者に求められることは、有限の時間で最大限の効果が得られるテストです。この回答になりうるものが探索的テストです。

一般に、テストはテストケースに従って実施します。テストケースに記述されていないテストは行わないので、これがバグを見逃す原因になっています。そこで、テストケースに記述されていないテストを行えるようにテストに柔軟性を与える必要性が出てきます。そのためには、テストケースにテスト技術者が関与できる余地を増やすことが求められます。テストケースに記されたテスト実施の指示が減るほど、テストは柔軟になっていきます。そして、事前に作成したテストケースが完全に取り除かれると、それは探索的テストと呼ばれるようになります。

探索的テストは手動テストです。また、ユーザーが行えるテストは手動のブラックボックステストだけです。ということは、今まで見逃していたバグも手動のブラックボックステストで検出できる可能性があるということです。探索的テストはこのためのテスト手法といえます。

本書の原著が出版されたのは2009年です。少し時間が経っていますが、決して古い内容ではありません。なぜなら本書の中で述べられているとおり、手動テスト手法は数十年前からほとんど変化していないからです。探索的テストはテスト技術の停滞を打ち破ることができるテスト手法なのかもしれません。

本書が日本での探索的テスト普及に少しでも役立つことができれば幸いです。

2024年11月　翻訳者

推薦文

「素晴らしい一冊です！　ウィテカーの提供するアイデアは、イノベーティブでスマート、そして心に残ります。エンジニアのテストに対する考えを変える方法を本当に熟知しています。」

—— Google　テストエンジニアリング部長　パトリック・コープランド

「ジェームズは素晴らしい手動テスト手法を完成させました。ツアーのコンセプトは単に機能するものではなく、非常に効果的に機能します。当社の全テスト技術者向けの社内テスト講座でもツアーのコンセプトを導入するようになりました。手動テストプロセスを21世紀の開発に適合させたいなら、この本を読んでください。」

—— Microsoft　テスト・エクセレンスディレクター　アラン・ペイジ

「私は1990年にIBMでジェームズとの仕事を始めました。当時から、ジェームズはテスト技術者や開発者に型にはまらない考え方を促していました。この本によって、彼はソフトウェア品質に対する情熱を新たなレベルに引き上げました。本書を読んで、もっと優れたテスト技術者になった自分を思い浮かべてください。ジェームズは本物です。ソフトウェア品質を気にかけている地球上のすべてのテスト技術者やソフトウェア開発者、あるいは仕事にもっと楽しみを見出したいと考えている方にこそ、本書を読んでいただきたいです。」

—— Cisco Systems　シニア・エンジニアリング・ディレクター　カウシャル・K・アグラワル

「ジェームズ・ウィテカーは、テスト業界における真の先駆者です。uTestと我々のグローバルQAプロフェッショナルコミュニティは、インスピレーション、トレンドの解釈、全体的なテスト知識のために、日ごろからジェームズを注視しています。そして今、ついに彼はそのすべてを書き記しました。本書によって、テスト産業はより高度なものとなるでしょう。」

—— uTest　CEO兼共同創設者　ドロン・レウヴェニ

「ジェームズ・ウィテカーのような人物だけが、ツアーとソフトウェアテストをこれほどまで斬新な形で組み合わせることを考え出せるでしょう。そして、実現できるのもジェームズだけです。ツアーのアプローチは、記憶に残る非常に効果的なメンタルモデルを提供します。それは、適切な仕組みを持つ組織化されたテストに、探索と創造性を発揮する余地を加えたものです。バグにはご注意ください！」

—— Google、アルベルト・サヴォイア

「ジェームズはソフトウェアテスト関連の講演においては最高のスピーカーです。彼の著書を読めば、講演を聞いているように感じるでしょう。テストの知識を増やし、より優れたテスト技術者になりたいのであれば、この本はまさにうってつけです。」

—— TCLグループ会長兼共同創設者　スチュワート・ノークス

「私は以前から探索的テストを行ってきました。ジェームズのツアーがもたらしてくれたのは、テストの方向付けとテスト対象の絞り込み、そしてもっとも重要なものは、具体的な指針です。本書は、探索的テストの指導と実行という仕事をずっと簡単にすることでしょう。」

— iMeta Technologies　シニア・テスト・コンサルタント　ロブ・ランバート

「この本にはかなり興奮しています。理にかなっており、斬新なものです。そして、私は普通の人間ですが、偉大な亡き哲学者たちの著作を勉強しなくても、理解することができますし、実施できます。読むのに辞書を使う必要はありませんでした。この本は、テストに携わるものにとって待ち望まれていた、本当に必要とされている進化の先端にあるものだと、心から感じています。」

— NetJets社　QAマネージャー　リンダ・ウィルキンソン

目次

はじめに	iii
序文	iii
まえがき	v
謝辞	vii
翻訳者まえがき	viii
推薦文	ix
目次	xi

第1章　ソフトウェア品質の事例　　　1

1.1	ソフトウェアの魔法	1
1.2	ソフトウェアの不具合	4
1.3	結論	9
1.4	演習問題	9

第2章　手動テストの事例　　　11

2.1	ソフトウェアバグの起源	11
2.2	バグの予防と検出	12
	2.2.1　バグの予防	
	2.2.2　バグの検出	
2.3	手動テスト	15
	2.3.1　スクリプト手動テスト	
	2.3.2　探索的テスト	
2.4	結論	20
2.5	演習問題	20

第3章　スモール探索的テスト　　　21

3.1	ソフトウェアテストがお望みですか？	21
3.2	テストとは、さまざまなことを試すこと	23
3.3	ユーザー入力	23
	3.3.1　ユーザー入力について知っておくべきこと	
	3.3.2　ユーザー入力のテスト方法	
3.4	状態	33
	3.4.1　ソフトウェアの状態について知っておくべきこと	
	3.4.2　ソフトウェアの状態のテスト方法	
3.5	コードパス	36
3.6	ユーザーデータ	37
3.7	環境	38
3.8	結論	38
3.9	演習問題	39

第4章　ラージ探索的テスト　　41

4.1　ソフトウェアの探索 ………………………………………………………… 41
4.2　ツーリングメタファー ………………………………………………………… 44
4.3　「ツーリング」テスト ………………………………………………………… 45
 4.3.1　ビジネス区域
 4.3.2　歴史区域
 4.3.3　エンターテイメント区域
 4.3.4　観光区域
 4.3.5　ホテル区域
 4.3.6　犯罪区域
 4.3.7　ツアーの活用
4.4　結論 ………………………………………………………………………… 67
4.5　演習問題 …………………………………………………………………… 68

第5章　ハイブリッド探索的テスト　　69

5.1　シナリオと探索 ……………………………………………………………… 69
5.2　シナリオベース探索的テストの適用 ………………………………………… 72
5.3　シナリオオペレーターによるバリエーションの追加 ………………………… 72
 5.3.1　ステップの挿入
 5.3.2　ステップの削除
 5.3.3　ステップの置き換え
 5.3.4　ステップの繰り返し
 5.3.5　データの置換
 5.3.6　環境の置換
5.4　ツアーによるバリエーションの追加 ………………………………………… 77
 5.4.1　マネーツアー
 5.4.2　ランドマークツアー
 5.4.3　インテリツアー
 5.4.4　裏通りツアー
 5.4.5　強迫観念ツアー
 5.4.6　オールナイトツアー
 5.4.7　破壊行為ツアー
 5.4.8　コレクターツアー
 5.4.9　スーパーモデルツアー
 5.4.10　脇役ツアー
 5.4.11　雨天中止ツアー
 5.4.12　割り込みツアー
5.5　結論 ………………………………………………………………………… 81
5.6　演習問題 …………………………………………………………………… 81

第6章　探索的テストの実践　　83

6.1　ツーリングテスト …………………………………………………………… 83
6.2　Dynamics AX クライアントのツアー ……………………………………… 84
 6.2.1　探索に使えるツアー
 6.2.2　ツアーの実践とバグのお土産

6.2.3 ツアーのヒント

6.3 ツアーを使ってバグを見つける ································· 93

6.3.1 テストケース管理ソリューションのテスト
6.3.2 雨天中止ツアー
6.3.3 破壊行為ツアー
6.3.4 FedExツアー
6.3.5 1個テストしたら1個無料ツアー

6.4 Windows Mobile デバイスにおけるツアーの実践 ················ 98

6.4.1 テストに対するアプローチ/哲学
6.4.2 ツアーを使って見つけた面白いバグ
6.4.3 破壊行為ツアーの実施例
6.4.4 スーパーモデルツアーの実施例
コラム　3時間ツアー（あるいはツアー・オン・ツアー）

6.5 Windows Media Player におけるツアーの実践 ··············· 105

6.5.1 Windows Media Player
6.5.2 ゴミ収集ツアー
6.5.3 スーパーモデルツアー
6.5.4 インテリツアー
コラム　WMPの「もし○○だったら？」25の質問
6.5.5 インテリツアー：境界線サブツアー

6.6 駐車場ツアーと Visual Studio Team System Test Edition におけるツアーの実践 ····· 112

6.6.1 スプリント期間のツアー
6.6.2 駐車場ツアー

6.7 テストツアーの計画と管理 ································· 115

6.7.1 風景の定義
6.7.2 ツアーの計画
6.7.3 ツアーの実行
6.7.4 ツアー結果の分析
6.7.5 マイルストーン/リリースの判断

6.8 結論 ··· 120
6.9 演習問題 ·· 121

第7章　ツアーとテストの問題点 123

7.1 ソフトウェアテストの5つの問題点 ······················· 123
7.2 無目的性 ·· 124

7.2.1 何をテストするかを決める
7.2.2 いつテストするかを決める
7.2.3 どうやってテストするかを決める

7.3 反復性 ·· 127

7.3.1 どのようなテストがすでに行われたかを知る
7.3.2 バリエーションを注入するタイミングを理解する

7.4 一時性 ·· 129
7.5 単調性 ·· 130
7.6 無記憶性 ·· 131
7.7 結論 ·· 132
7.8 演習問題 ·· 133

第8章　ソフトウェアテストの未来　　135

8.1	未来へようこそ	135
8.2	テスト技術者用ヘッドアップディスプレイ	136
8.3	「テスティペディア」	138

8.3.1　テストケースの再利用
8.3.2　テストケースの一般化 − テスト原子とテスト分子

8.4	テスト資産の仮想化	141
8.5	視覚化	142
8.6	未来のテスト	145
8.7	リリース後のテスト	147
8.8	結論	148
8.9	演習問題	149

付録A　テスト業界で成功するためのキャリア構築　　151

A.1	テスト業界に入ったきっかけは？	151
A.2	バック・トゥ・ザ・フューチャー	152

付録B　ジェームズ・ウィテカー教授の「ブログ」セレクション　　159

B.1	私にも教えてください	159
B.2	ソフトウェアテストの十戒	160
B.3	エラーコードのテスト	166
B.4	真のプロフェッショナル・テスト技術者は一歩前に	168
B.5	ストライクスリー、バッターアウト	172
B.6	芸術、技術、ディシプリンとしてのソフトウェアテスト	175
B.7	ソフトウェア産業への尊敬を取り戻す	178

付録C　注釈付きジェームズ・ウィテカーのMicrosoftブログ　　183

C.1	ブログの世界へ	183
C.2	2008年7月	184
C.3	2008年8月	200
C.4	2008年9月	211
C.5	2008年10月	218
C.6	2008年11月	226
C.7	2008年12月	228
C.8	2009年1月	230

著者紹介	241
訳者紹介	241

第1章
ソフトウェア品質の事例

「高度に発達したテクノロジーは魔法と見分けがつかない。」

—— アーサー・C・クラーク

1.1　ソフトウェアの魔法

　イギリスの有名な未来学者であり、1968年に発表された名作「2001年宇宙の旅」の著者であるクラークの上記の言葉はさまざまなテクノロジーを語る場面で引用されていますが、おそらく他のどのようなテクノロジーよりもソフトウェアの魔法に向けての言葉でしょう。以下で考察してみます。

● 1953年、フランシス・クリックとジェームズ・ワトソンはデオキシリボ核酸（DNA）が二重らせん構造であることを明らかにしました。しかし、DNAに含まれる膨大かつ複雑な遺伝情報の解明は、はるか未来にならなければ解けないと思われるほどの計算量でした。数十年後、ソフトウェアの魔法は遺伝子情報を解読してDNA研究の可能性を広げることになりました。1990年から2003年にかけてヒトゲノム計画[1] に取り組んでいた科学者たちは、人間の全遺伝子の設計図を作成したのです。洗練されたソフトウェアとコンピュータの計算能力、そしてたゆまぬ努力なしにこの取り組みが成功したとは想像しがたく、不可能にも感じられる偉業です。科学はソフトウェアを生み出しました。しかし今日、科学の可能性を引き出すことを助けているものはソフトウェアです。

科学とソフトウェアのマリアージュは、最終的には人間の寿命を延ばし、現在は科学の手に負えない病気を治すようになります。このシンプルなテクノロジーの時代にアーサー・C・クラークがテクノロジーではなく魔法だとお墨付きを与えるような新しい医療アプリケーションを生み出すことでしょう。これからの医学の進歩は、ソフトウェアの

---

[1]　"https://doe-humangenomeproject.ornl.gov"

魔法の上に成り立つことになるにちがいありません。

●遠くの恒星を周回する惑星（いわゆる太陽系外惑星または系外惑星）の存在は、少なくともアイザック・ニュートンが1713年にその可能性を仮定して以来、定説となってきました[2]。1969年にピーター・ファンデカンプが木星の1.6倍の質量を持つ惑星の存在を用いてバーナード星の運動のぐらつきを説明したことをはじめ、多くの天文学者が太陽系外惑星が存在することによる恒星の運動の異常を説明してきました。しかし、2003年に実在することが確認されるまで、太陽系外惑星の存在は仮説にすぎませんでした。太陽系外惑星を発見できたのは、新しい科学大系によるものではなく、ソフトウェアに支援されて発展した既存の科学のおかげです。ソフトウェアによって超高感度観測装置が発明され、ソフトウェアで観測データが分析されるようになって、初めて太陽系外惑星を発見できる高精度の観測が可能になりました。それからわずか3年後の2006年までに200個以上の太陽系外惑星が発見され、本稿執筆時点では300個以上の太陽系外惑星が確認されています。[3][訳注1]

太陽系外惑星の探索を行う観測装置がソフトウェアなしで実現可能であったとは想像できません。ソフトウェアは観測装置自体の設計や運用だけではなく、取得したデータの分析もしていました。そして現在、ソフトウェアのおかげで宇宙は自宅のパソコンのように身近なものとなり、太陽系外惑星を探す目が大幅に増えました。もし地球に似た太陽系外惑星が発見されるなら、ソフトウェアの魔法がその発見と確認に大きな貢献をすることでしょう。

●自閉症の人のコミュニケーション能力は長い間議論の対象でした。親や介護者の「何を伝えようとしているのかわかっている」という言い分に、多くの専門家が反論してきました。ランダムで制御不能に見える体の動きは、自閉症でない人が理解できない言語なのでしょうか？　ソフトウェアはこの溝を埋めることができるでしょうか？

たとえば、YouTubeの動画[4]は、「重度の」自閉症の少女が特殊なソフトウェアと入出力装置を使ってボディランゲージを英語に翻訳したものです。アーサー・C・クラークも、この驚異的で人間味のあるテクノロジーの魔法に満足したことでしょう。

　このような事例は他にもたくさん挙げることができますし、私たちを取り巻く世界を少し眺めればまだ数多くあるはずです。過去50年間の急速な社会的、技術的、文化的な変化は、人類誕生以来のどの時代の変化をも上回ります。確かに戦争、ラジオ、テレビ、自動車は私たちの社会に影響を及ぼしてきましたが、今ではそのすべてがソフトウェアの領域に含まれています。ソフトウェアが組み込まれた装置が多くなればなるほど、テクノロジーは魔法と見分けがつかなくなります。

　そして次の50年の間、ここまで述べてきたような技術革新をさらに推進するのはソフト

---

[2] 『自然哲学の数学的原理（プリンシピア）』（原題：Philosophiae Naturalis Principia Mathematica）。

[3] "https://en.wikipedia.org/wiki/Exoplanet#History_of_detection"（訳注：日本語版は "https://ja.wikipedia.org/wiki/ 太陽系外惑星 "）に詳しい歴史が掲載されています。

[訳注1] 2024 年の時点では 5000 個以上。

[4] "https://www.youtube.com/watch?v=JnylM1hI2jc"、または動画のタイトル「In My Language」で検索。

ウェアでしょう。私たちや私たちの子供たちが目にする驚異的なテクノロジーは、今日の高水準の科学技術と比較しても魔法のように見えるでしょう。

　ソフトウェアには、人をつなぎ、生活を容易にし、癒し、楽しませる力があります。私たちは世界規模の問題に直面しており、解決できなければ人類は絶滅しかねません。気候変動、人口爆発、パンデミック、世界的な金融恐慌、エネルギー危機、地球に接近する小惑星…。解決策にソフトウェアを必要とする問題はたくさんあります。「もしも」のシナリオはソフトウェアを用いて検討され、調整され、完成します。この解決策の一部となるデバイスには、膨大な量のプログラムコードが含まれます。ソフトウェアこそが、この地球にとって唯一価値ある未来をもたらすものなのです。

　しかし、私たちはこのようにも問いかけなければなりません。世界規模で重要な任務を遂行するソフトウェアを信頼できるのでしょうか？　ソフトウェアのバグは、船の座礁[5]、ロケットの爆発[6]、人命の損失[7]、財産の損失[8] など多くの災害の原因となっています。ソフトウェアは不完全な人間によって設計されています。そして、人が作ったものや発明品もまた不完全です。橋は崩れ、飛行機は墜落し、自動車は故障します。人が作ったものでヒューマンエラーを回避できるものはありません。

　しかし、もし製品の不具合を競うオリンピックや、怒りや悲しみを生み出した製品を競うワールドカップがあったとしたら、間違いなくソフトウェアが優勝するでしょう。これまでに作られたあらゆる製品の中で、不具合を生み出す能力においてはソフトウェアに並ぶものはありません。ソフトウェアの不具合で迷惑を被ったことがどれほどあるのか、今一度、自分自身に問いかけてみてください。ソフトウェアにまつわる悲惨な経験を聞かされたことはありませんでしたか？　コンピュータを使ったことがあるにもかかわらず、ソフトウェアにまつわる怖い話を持っていない人を知っていますか？　IT業界の一員として、IT業界ではない友人からコンピュータの修理を頼まれることがどれほどありましたか？

　人類が未来を切り開くために頼りにしているものであるのにもかかわらず、必要なときに使えるかはまったく頼りにならないものでもある、これは私たちが生涯にわたって直面する矛盾です！　ソフトウェアは私たちの未来にとって必要不可欠なものですが、現在のソフトウェアは驚異的な高確率で故障しています。

　以下に、皆さんが御存じかもしれないソフトウェアの不具合の例をいくつか挙げてみます。もし皆さんが今までこのすべてを回避することができてきたというなら、おめでとうと言わせてください。しかし、本書の読者なら誰もが同じようなバグのオンパレードを挙げること

---

[5]　"Software leaves navy smart ship dead in the water.（海軍の船がソフトウェアが原因で座礁）"（訳注：原著に記載されていた URL はリンク切れですが、アーカイブは "https://www.route-fifty.com/digital-government/1998/07/software-glitches-leave-navy-smart-ship-dead-in-the-water/290995/" に残っています）。

[6]　"Ariane 5 flight 501 failure, report by the inquiry board（アリアン 5 ロケット 501 号機の不具合、調査委員会による報告書）" "http://sunnyday.mit.edu/accidents/Ariane5accidentreport.html"

[7]　"Patriot Missile's Tragic Failure Might Have Been Averted — Computer Glitch Probably Allowed Scud To Avoid Intercept, Army Says,（パトリオットミサイルの悲劇的な不具合は回避できた可能性がある――陸軍の談話では、コンピュータの不具合によりってスカッドミサイルは迎撃を回避した）."（訳注：原著に記載されていた URL はリンク切れですが、アーカイブは "https://archive.seattletimes.com/archive/?date=19910815&slug=1300071" に残っています）。

[8]　"Software bugs cost $59.5 billion a year, study says（ソフトウェアのバグにより年間 595 億ドルの損失が発生してるとの研究が発表）"（訳注：原著に記載されていた URL はリンク切れです）。

ができると思います[9]。

1.2　ソフトウェアの不具合

　プレゼンでソフトウェアテスト技術者を焚きつけるための確実な方法は、バグを再現してみせることです。書籍はバグのデモに最適なメディアではありませんが、本書の読者なら次のような不具合が画面に表示されたときにどのようなバグレポートを書けばいいのかを想像できるのではないでしょうか。

　図1.1は私が「パパ、まだ着かないの？」と呼んでいるバグです。バグのせいでカーナビにはかなりでたらめなルートが表示されています。このルートを本当に通った人がいるのかはあやしいものです。おそらくユーザーはこのカーナビの代わりに別の地図アプリを使うようになったでしょう。顧客の喪失はバグの深刻な副作用です。特に、多くの代替手段が存在するクラウド環境においては顕著です。この記事を最初に掲載したthedailywtf.com[訳注2]に謝意を表します。

図1.1：パパ、まだ着かないの？（このバグは修正済みです）

---

[9]　あるレビュアーは私が挙げた不具合の例に疑問を呈し、10億ドルの損害、船の座礁、医療事故の例を挙げるほうがモチベーションを高めると言いました。私は必要以上に人を脅かさない方法を選び、多くのテスト技術者が日々のテスト業務で出くわす確率の高いバグを優先して挙げることにしました。それに、ここに挙げたバグは実際笑えるものですし、笑いは非常にモチベーションを高めると思います。

[訳注2]　The Daily WTF。ITの失敗をテーマにしたブログ。("https://thedailywtf.com")

ノルウェー人でなくてもこれがかなり役立たずなルートであることは認めざるを得ません。もちろん、イングランドでパブ巡りをした帰りにオランダのアムステルダム観光をする（車に同乗している奥さんが提案してきた？）ような長い行程が好みでなければの話ですが。

GPSも同じです。

しかし、バグがユーザーを悩ませるのは単にソフトウェアが役に立たなくなるから、ということだけではありません。図1.2で示すのは最も悪質なタイプの不具合であるデータ消失です。幸いなことに、このバグは実際のユーザーに被害が出る前に修正されました。

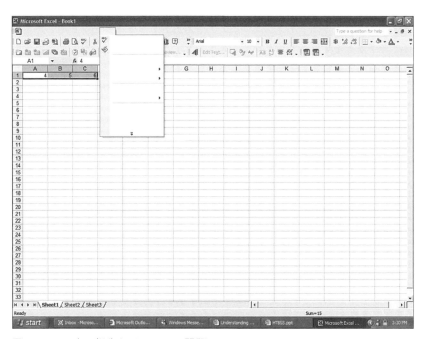

図1.2：データの損失とメニューの問題

Excelのバグによって開いているファイルが破壊され、そのためデータが消失しています。このバグは着目すべき副作用があり、メモリの破損がひどすぎるためアプリケーション自体にも問題をおよぼして、データとともにメニューも消えてしまっています。確かに真っ白なスプレッドシート（最初の行にある3つの整数を除く。これは失ったものを思い出させるためにわざと残されたのでしょうか？）を前にしたユーザーの怒りは、メニュー項目が表示されないことのショックと比べられるものではありません。しかし、消失したデータを回復する望みをメニューから見つけようとしたユーザーをひどく落胆させることになるでしょう。

次に示すのはバグがユーザーの利益になった例です。

時として不具合はユーザー側に味方をすることがあります。この場合はソフトウェアの製作者／供給者が被害を受けます。図1.3に示したホテルの宿泊客にワイヤレスインターネットアクセスを提供するためのWebアプリケーションで考察してみましょう。URLをよく見て、

CGIパラメータの「fee（料金）」を見つけてください。[訳注3] このパラメータが公開されることでユーザーが料金を変更できるようになりました。このWebアプリの開発者が考えていた課金の手段がユーザーの性善説に基づくものであったのかは定かではありません。

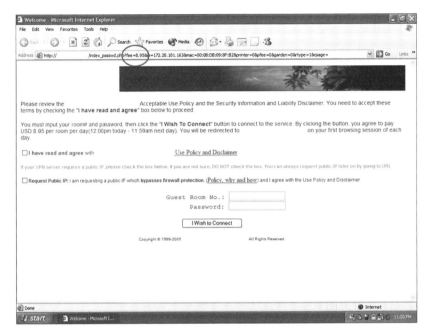

図1.3：CGIパラメータが公開されることで、意図せずに料金の支払いが選択式になった

　このWebアプリでお金を稼いでいる人はたくさんいます。Webアプリのベースとなったライブラリを書いた善良な人々はそのライブラリをWebアプリを制作した善良な人々に販売しました。Webアプリ制作者はそのWebアプリをホテルに販売しました。ホテルは（そのWebアプリを通じて）宿泊客にインターネットに接続する機能を販売しました。しかし料金を変更できるバグによって、ホテルには何の利益も出しませんでした。

　URLとCGIのパラメータ「fee（料金）」（分かりやすいように丸で囲んでいます）の8.95に注目してください。インターネットにアクセスするには悪くない料金でしょう？　しかし、URLにこの値が表示されると、パラメータは「fee」ではなく「free（無料）」と同じになります。なぜなら数値を0.00に変更してエンターキーを押すだけで、総決算バーゲンが実現してしまうからです。もしマイナスの数字に変更すれば、ウィリアム・シャトナー[訳注4]（ホテル予約サイト、プライスラインドットコムのイメージ俳優）の「ホテルは本当にお得に泊まれる」という決め台詞が真実味を帯びてくるでしょう。

　もう1つのバグは単に生産性を落とすことでユーザーに損害を与えようとしました。図1.4

［訳注3］　原書の執筆時はアメリカではホテルのWi-Fiが有料のことが多かったようです。
［訳注4］　カナダ出身の俳優。オンラインホテル予約サイト、プライスラインドットコム（"https://www.priceline.com/"）のイメージ俳優を長年勤めている。

の不具合のように、数千人のユーザーの一日を無駄にするなどとはありえないことです。これは「見落とし」の例です。十分にテストされた機能にもかかわらず、あるシナリオが見落とされたため数千人のユーザーに迷惑をかけてしまいました。この場合に幸いだったのは、損害を受けたユーザーがソフトウェアベンダーの従業員（筆者を含む）だったことです。

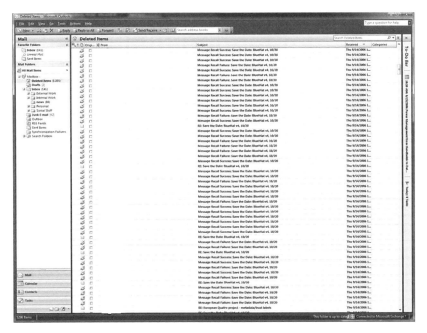

図1.4：100万通を超える電子メールは、それを削除するのに時間をかけなければならない何千人もの人々に大きな問題を引き起こした

　このバグは実際のところ、機能が予想したものとまったく違っていたため発生しました。Outlookには、ユーザーが誤って送信したメッセージを取り消すことができる便利な機能があります。問題は、数千人の配布リストに含まれるメールアドレスからメッセージが送信されたことです。ユーザーは配布リストを使用して送信したメールに間違いを見つけたため律儀にメールを取り消すことにしました。しかし、何千通もの取り消しメッセージが配布リストに戻ってくることになり、Outlookは設計に従って配布リスト内のすべてのメールアドレスにメッセージを送信していました。その結果、何千人もの人が何千通ものメールを受け取ることになりました。Deleteキーを数千回押すのにかかる時間を考えると、相当な生産性低下です[10]。

　他にもバグには図1.5に示すようなささいな不都合、ユーザーをうーんと唸らせるようなも

---

[10] これは当時 1,275 名のメンバーが参加していたメーリングリスト（bluehat：Microsoft 社内で開催されていたセキュリティカンファレンス）のために筆者が実際に経験したバグです。つまり、1,275 人がそれぞれ 1,275 通のメールを受け取ったということです。さらに悪いことに、誰かが受信トレイをきれいにするスクリプトを書いて配布したところ、問題を修正するどころかかえって悪化させてしまったためスクリプトを回収することになりました。

のもあります。これはソフトウェア内部がどれほど混乱しているかを示す目的で、あるいはソフトウェアが完全に停止する前の最後のあがきとして、頻繁に画面に表示されるいろいろなエラーメッセージの合成写真です。なぜテストが重要なのかを思い起こさせるために、これを集めているテスト技術者は私だけではないはずです。

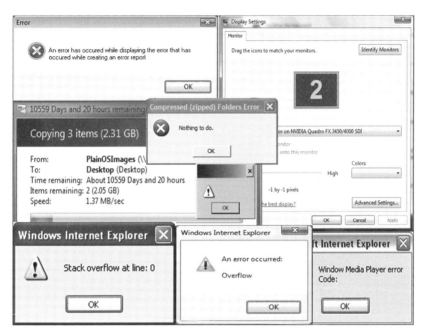

図1.5：ソフトウェアエラーの合成写真。多くのテスト技術者はこのようなスナップショットを壁紙にするために集めている

ソフトウェア開発者と裏社会の売人が、顧客に対してユーザーという同じ呼び方をするのも無理はありません[11]。他の業界のように、スポンサー、カスタマー、クライアント、ペイシェントといった生やさしい呼び方はしません。ソフトウェア開発者は意図的に悪いものを売りつけ、常習性を利用する連中と同じ言葉を使っているのだ！　なぁユーザー、もう1つどうだい、あー、それならソフトウェア・アップデートだ！

バグはソフトウェアの魔法を汚すものです。私たちは、より困難で重要な問題を解決するためにソフトウェアの魔法を使います。バグの影響を最小限に抑えて軽減する方法をもっと理解するために、前述のようやミスや不手際を研究しなければなりません。本書はこれを達成するためのテスト技術者の考え方について書かれています。どのようにバグが発生するかを理解し、バグを発見する方法を理解することで、ソフトウェアの魔法を実現することができるのです。

---

[11] 裏社会の売人とソフトウェア開発者が、自分たちの顧客に対してユーザーという言葉を使っていることを指摘したのは私が初めてではありません。しかし、元ネタを突き止めることはできませんでした。ただ1つ、ソフトウェア開発者が顧客をjohn（訳注：英語のスラング）と呼び始めたなら、私はこの職業から離れて二度と戻ることをしません。これらはまったく意味が違います。

1.3 結論

　科学はソフトウェアの魔法を生み出しました。そして今ではソフトウェアの魔法が新たな科学を生み出しています。人口爆発、地球温暖化、病気の治療、長寿の実現。世界の緊急課題の大半を解決するために人類はソフトウェアの魔法を必要としています。ソフトウェアがこのような重要な役割になっていることを考えると、ソフトウェアの品質を可能なかぎり高くすることは必要不可欠です。過去の失敗はもはや許されません。

　次の章では、高品質なソフトウェアを実現するための包括的な取り組みの中で手動テストがどのように位置付けられるかを理解するために、さまざまな不具合防止・不具合検出の戦略について説明します。後の章では、計画的で理知的な手動テストとはどのようなものであるかの詳細を説明します。

1.4 演習問題

1. ソフトウェアが世界を変えた例をいくつか挙げてください。親の世代、あるいは20年前のことを思い出して答えてください。
   a. テクノロジーは子どもの育て方をどのように変えましたか？
   b. テクノロジーはティーンエイジャーの仲間との関わり方をどのように変えましたか？
   c. テクノロジーはビジネスをどのように変えましたか？　政府のありかたはどうですか？
   d. テクノロジーやソフトウェアについて否定的な点を5つ挙げてください。

2. お気に入りの検索エンジンで、「ソフトウェアの不具合」と似たような検索キーワードを入力してください。次のような例が見つかるか試してください。
   a. 有名ベンダーのソフトウェアが大失敗した。
   b. ソフトウェアの不具合で人命が失われた。
   c. ソフトウェアがアメリカの民主主義を脅かすと主張された。
   d. ソフトウェア不具合に起因する経済損失は10億ドルを超えている。
   e. ソフトウェア不具合が1万人、10万人、あるいはそれ以上の人に影響を及ぼした。

3. 世界で最も困難な問題を解決するためにソフトウェアはどのような役割を果たしますか？地球温暖化やガンの治療法を考えた場合、問題の解決策を研究する人々にとってソフトウェアのようなツールはどれほど重要ですか？

4. Microsoft Outlookのメッセージリコール機能のバグの例をもう一度見てください。このスクリーンショットが撮られたとき、bluehatメーリングリストには1,275人が参加し

ていました。何通の電子メールが送信生成されましたか？　Microsoftがなぜこのバグを
見逃したのか、仮説を立ててみてください。

第2章

手動テストの事例

> 「エラーのないプログラムを書くには2つの方法がありますが、うまくいくのは3番目の方法だけです。」
>
> —— アラン・J・パリス

2.1　ソフトウェアバグの起源

　　ソフトウェアバグの起源は、ソフトウェア開発が始まった時点までさかのぼります。始めに完璧なソフトウェアがあり、それをぶち壊す方法を発明した、というわけではないことは明らかです。[1]

　　実際、バグという用語はソフトウェア開発という学問分野が始まった当初から一般的に使用されており[2]、 今日、あらゆるオフィス、ガレージ、寮の部屋、データセンター、研究室、寝室、カフェなどソフトウェア開発のすべての現場で使用されている言葉です。最初のソフトウェアにはバグがあり、最新のソフトウェアにもバグがあり、すべてのビットとバイトの間にバグがあります。バグのないソフトウェアはありませんし、今後もバグがなくなることはないでしょう。

　　ホッパーの蛾（注2を参照）が、プログラマーによって実際に作られたバグではなかったというのは注目に値します。原因となったのは開発者が設計で考慮しなかった運用上の問題でした。後の章で述べるように、潜在的な運用環境を理解・予測してテストすべきである開発者の失策は、ソフトウェア不具合の主原因になっています。残念ながらその解決策は蛾が

---

[1]　私の亡き師であるハーラン・ミルズはこれについておもしろい見解を持っていました。「プログラムにエラーが発生する唯一の方法は、制作者によって書かれることだ。それ以外のメカニズムは知られていない。プログラムはバグのある他のプログラムと一緒にいても、バグが感染することはない。」

[2]　Wikipedia によるとバグという言葉は、最初期の有名なソフトウェア開発者であるグレース・ホッパーがリレーの中に潜り込んだ蛾を見つけてそれをバグと呼んだことに由来する、というのは間違いとなっています。ハードウェア、機械、さらにはトーマス・エジソン自身によるこれ以前のバグという用語の使用例については、"https://en.wikipedia.org/wiki/Bug_(engineering)"（訳注：日本語版は、"https://ja.wikipedia.org/wiki/バグ"）をお読みください。

入らないように窓を閉めることよりも複雑です。しかし、結論を急ぐのはやめましょう。本書では、プログラマーが作り出したバグや、実行環境を通して入り込んでくるバグについてお話します。

2.2 バグの予防と検出

バグがなくならないことを念頭におくならば、不具合を最小限にした可能なかぎり最高のソフトウェアを作成するために、ソフトウェアのエコシステムからバグを排除するさまざまな技術を検討することは意味があると考えられます。実際、このような技術にはバグの予防とバグの検出という2つの大きなカテゴリーがあります。

2.2.1 バグの予防

バグを予防する技術は一般的に開発者向けのもので、よりよい仕様の記述方法、コードレビューの実施、静的解析ツールの使用、単体テストの実行（たいていは自動化されています）などで構成されます。すべてのバグ予防技術は後の章で説明しますが、その効果を制限する本質的な問題を抱えています。

「開発者が最悪のテスト技術者になる」問題

開発者が自分のコードのバグを見つけられるという考え方には疑問符がつきます。開発者がバグを見つけるのが得意だというなら、そもそもバグを書かないようにするべきだったのではないでしょうか？　開発者はアプリケーションを構築する立場から開発に取り組むので盲点があります。このため、高品質のソフトウェアを求める組織のほとんどはテストを行うために第二の眼を準備します。不具合を検出するためには開発者のバイアスにとらわれない新鮮な視点が欠かせません。それはつまり、「どうすればアプリケーションを壊せるか」というテスト技術者の姿勢に代わるものはなく、「どうすればアプリケーションを構築できるか」という開発者の姿勢に代わるものもないということです。

これは開発者がまったくテストを行うべきではないと言っているのではありません。テスト駆動開発（TDD）は明らかに開発作業としての業務であり、私は開発者が行う単体テストの支持者です。ソフトウェアの開発期間に明確にしなければならないものは書式設定、データ妥当性、例外条件などいくらでもあります。しかし、先に述べた理由から、ユーザーによって発見されるのを待つことになるかもしれないもっと細かい問題については第二の視点が必要です。

「静止状態のソフトウェア」問題

コードレビューや静的解析のようにソフトウェアを実行しなくても実施できる技術は、必然的に静止状態のソフトウェアを解析することになります。一般的に言えば、ソースコード、

オブジェクトコード、コンパイル済みバイナリファイルまたはアセンブリの内容を分析する技術です。残念ながら、多くのバグはソフトウェアの運用環境で動作するまで表面化しません。これは、第1章「ソフトウェア品質の事例」で紹介したバグのほとんどに当てはまります。ソフトウェアを実行して実際の値を入力をしないかぎり、多くのバグは隠れたままです。

「データがない」問題

膨大なコードパスを網羅するためには、ソフトウェアに入力とデータを与えなければなりません。どのパスが実際に実行されるかは、与えられる入力、ソフトウェアの内部状態（内部データ構造や変数に格納されている値）、データベースやデータファイルなど外部の要因に依存します。多くの場合で、時間の経過に伴うデータの蓄積がソフトウェア不具合の原因になります。この単純な事実が、期間が短いことが多い開発者テストでカバーできる範囲を狭くしています。

開発者がバグを含まないコードを書くことができるツールや技術がいつの日か登場するかもしれません[3]。確かに、バッファオーバーフロー[4]のような一部のバグは開発者の技術によって絶滅寸前まで追い込むことができますし、実際にそのようになってきました。この状況が続けば多くのテストは必要なくなるでしょう。しかし、その夢を実現するにはまだ何十年もかかりそうです。それまでは、実際の使用状況に近い環境でソフトウェアを実行し、実際のユーザーデータとおなじぐらい大量のデータを使用する、第二の眼が必要なのです。

誰がこの第二の眼をもたらすのでしょうか？　ソフトウェアテスト技術者は第二の眼になりえます。テスト技術者は技術を駆使してバグを検出し、巧みなレポートでバグの修正を促します。テスト工程で管理可能な範囲の、さまざまな実行環境、実データ、多様な入力でソフトウェアを実行して動的解析を実施します。これがソフトウェアテスト技術者の役割です。

2.2.2　バグの検出

テスト技術者は一般的に、自動テスト（アプリケーションをテストするためにテストコードを書く）と、手動テスト（ユーザーインタフェースを使用して手動で入力を与える）の2種類の動的解析を用います。

自動テストには悪評と尊敬の両方が付きまといます。

悪評はテストがコードであること、つまりテストにはコーディングが必要なのでテスト技術者が開発者になるという事実からきています。開発者は実際に優れたテスト技術者になれるでしょうか？　多くの人はなれますし、多くの人はなれません。しかし、現実として自動テスト実施中に頻繁にバグが発生しているのですから、自動テストのコーディング、デバッ

---

[3] 私の頭の中には開発者がコードを入力しながらバグを発見する究極のツールが描かれています。文書のスペルチェッカーと似たような仕組みです。開発者がコードエディターにバグを入力した瞬間にバグのコードに下線が引かれる、または自動的に修正されます。要するに、バグの検出時期をバグの発生時期にできるだけ近づけることでバグがソフトウェアに一切入り込まないようにします。バグの生存期間は短ければ短いほどいいのです。しかし、そのような技術が完成するまではテストを続けなければなりません。テスト技術者が臨むのは長期戦です！

[4] バッファオーバーフローは処理できる以上のデータを入力フィールドに注入することで発生し、不正なコードを実行できます。その原因と具体的な発見方法については、『How to Break Software Security (Addison-Wesley, 2004)』の41ページで説明されています。

グ、修正に膨大な時間を費やすことになっています。ひとたびテストが開発プロジェクトに変化してしまうと、テスト技術者はソフトウェアテストの時間に比べて、自動テストのメンテナンスにどれぐらいの時間を使っているのかと考えてしまいます。自動テストのメンテナンスのほうがはるかに長いことは想像に難くありません。

尊敬は自動化はクールであるという事実からきています。1つのプログラムを書くだけで無制限にテストを実行して大量のバグを見つけられます。自動化テストはアプリケーションのコードが変更されたときや、回帰テストが必要になったときに繰り返し実行できます。すばらしい！　神業です！　自動テストを崇め称えなさい！　もしテスト技術者が実行したテスト数で評価されるなら自動テストは常に勝利するでしょう。もしテスト技術者がテストの質で評価されるのなら、まったく別の話になります。

問題なのは何年も、何十年も自動テストを続けているにもかかわらず、ユーザーのデスクトップにおかれるとすぐに不正終了するようなソフトウェアをいまだに作っているということです。なぜでしょう？　それは、自動テストは他の開発者テストと同じような問題を数多く抱えているからです。実際のユーザー環境ではなくデバッグルームの環境で実行されるからです。また、自動テストは一般的にあまり信頼性が高くないため、テストに実際の顧客データベースを使用するリスクをとることはほとんどありません（自動テストも結局はソフトウェアなのです）。データベースのレコードを追加／削除する自動テストを想像してみてください。まともな神経を持った顧客の中に自社のデータベースを自動テストに使うことを許す者がいるでしょうか？　そして、自動テストのアキレス腱といえる誰も解決していない問題があります。オラクル問題です。

オラクル問題とは、ソフトウェアテスト最大の課題 ―― テストケースを実行したときにソフトウェアがなすべきことをできたかをどうやって判断すればいいのか？ ―― に付けられた名前です。正しい値が出力されましたか？　望ましくない副作用はありませんでしたか？　どうすればそれを確かめられますか？　ユーザー環境、データ構成、入力を与えるごとに、ソフトウェアが設計どおり正確に動作したことを教えてくれる神のお告げ（オラクル）はありますか？　仕様書が不完全である（あるいはそもそも存在しない）という現実を鑑みるに、ソフトウェアテスト技術者にとってオラクルは絵空事です。

オラクルがないのなら、自動テストはクラッシュ、ハングアップ、例外といった最悪の不具合しか（おそらく）検出できません。そして、自動テスト自体がソフトウェアであるという事実は、クラッシュの原因がソフトウェアではなくテストケースにあるかもしれないことを意味します！　微妙で複雑な不具合は見落とされています。多くの重大な不具合がリリース済みのコードにあっさりと混入していることは、第1章を読むまでもなく明らかです。自動テストは重要ですがそれだけでは十分ではありません。自動テストに頼りすぎると製品は市場での成功から遠ざかります。

では、テスト技術者はどうすればいいのでしょうか？　もしテスト技術者がバグ防止技術や自動テストに頼ることができないのなら、どこに望みを託すべきでしょうか？　唯一の答えは手動テストです。

2.3 手動テスト

　手動テストは人間が行うテストです。人間のテスト技術者が頭脳と手先と機知を駆使してシナリオを作成して、ソフトウエアに異常動作と正常動作をさせるのがテストの目的です。手動テストは、現実の動作環境で現実のデータを使う現実的なユーザーシナリオで実施するテストです。明白にバグだとわかるものと、バグかどうかの判断が難しいものの両方を見つけられます。

　手動テストはアプリケーションの基本的なビジネスロジックにかかわるバグを発見するための最善の方法です。ビジネスロジックとはユーザー要求が実装されたコードです。言い換えると、顧客がソフトウェアを購入する契機となるコードです。ビジネスロジックは複雑なので、正しさを検証するタスク内に人の介在が求められます。多くの場合、自動テストはこの検証タスクは向いていません。

　もしかしたら、開発者向けの技術が発展してテスト技術者が不要になるかもしれません。確かに、これはソフトウェア開発者にとってもソフトウェアのユーザーにとっても望ましい未来でしょう。しかし当面の間は、重大なバグを検出するための最善策は人手によるテストになるでしょう。自動テストがすべてを網羅するには、入力値が多すぎるし、シナリオが多すぎるし、起こりうる不具合が多すぎるのです。そこで「検証タスク内の人間の頭脳」が求められています。これはこの10年、次の10年、そしておそらくその先も同じでしょう。

　ただし、手動テストはそれほど簡単ではありません。歴史的に見てソフトウェア業界は手動テストが得意ではないのです。あまりに時間がかかり、その場しのぎで、再現性がなく、業務の引継ぎもできず、テスト技術者が上達するためのアドバイスも不足しています。このため、手動テストは開発の厄介者という悪評が立っています。残念ながら、これが私たちの置かれた状況なのです。

　今こそ、手動テストに最高の技術を投入する時です。この最高の技術こそが本書で扱う探索的テストのテーマです。ソフトウェア業界がその場しのぎの手動テストという発想を捨てて、高い目的意識をもって、定められた規則にのっとって行われる探索的テストプロセスを目指してほしいのです。手動テストは入念な準備が必要ですが、テスト中にテスト技術者が意思決定を行う余地の残るプロセスであるべきです。手動テストは非常に重要なプロセスです。敬意を払って扱われなければなりません。

　私たちはソフトウェアが正しく動く未来を目指しているのかもしれません。もし達成できたのなら、それは手動テスト技術者の努力の積み重ねによってもたらされたものです。

2.3.1 スクリプト手動テスト

　多くの手動テスト技術者は事前に書かれたスクリプト[訳注1]に指示される形で、入力を選

［訳注1］　ここでの「スクリプト（script）」とは「台本」の意味に近く、文書化されたテスト手順を指しています。また、スクリプトテストはテスト開始前にスクリプトを作成しておくテスト手法を意味します。自動テストのスクリプトのことではありません。

んでソフトウェアが正しく動作しているかをチェックします。スクリプトが具体的な場合も
あります。この値を入力して、このボタンを押して、結果をチェックしなさい、といった具
合です。このようなスクリプトはスプレッドシートで記述されることが多く、新規開発やバ
グ修正によってソフトウェアがアップグレードされるたびにメンテナンスが必要になります。
スクリプトには実施したテストの文書化というもう1つの目的もあります。

　時として、スクリプト手動テストはテスト手順が厳格すぎることがあります。あるいは、テ
スト工程およびテスト技術者によってあまり厳格ではない運用がされることもあります。す
べての入力手順を細かく文書化するのではなく一般的なユーザーシナリオとしてスクリプト
を記述すれば、テスト技術者はある程度柔軟にテストを実行できます。MicrosoftのXboxゲー
ム手動テストチームがよく採る方法です。この場合のテストは、ソフトウェアと対話しなが
ら入力値を決めるので、テストは「魔法使いとのコミュニケーション」と呼べるものになり
ます。というのも、どのようなやりとりをしなければならないかを正確に指定しないからで
す。このように、スクリプト手動テストは必要によって厳格にも柔軟にもなります。しかし、
テストに柔軟性を持たせるためには、テスト技術者が選択や不確実性をどの取り扱えばいい
のか細やかなアドバイスが必要です。そして、このアドバイスは探索的テストの領分です。

　本書では、柔軟なスクリプト手動テストのみ取り上げます。

2.3.2　探索的テスト

　テストからスクリプト（事前に書かれたテストケースやテスト手順）が完全に取り除かれ
たとき（あるいは、後の章で述べるように、スクリプトの制約がゆるいとき）、そのテストは
探索的テストと呼ばれます。探索的テストでは、どのようにテストをするのか、アプリケー
ションをどう操作するのかをテスト技術者が決められます。テスト技術者が好きなようにア
プリケーションとやり取りしてテストを行えます。アプリケーションから得られる情報を望
むようにテストに使えます。アプリケーションの反応を使って、どこをテストするのか、ど
うやってテストをするのかを決められます。いきあたりばったりなテストととられるかもし
れませんが、熟達した経験豊富なテスト技術者の手にかかれば、探索的テスト技法は強力な
手法になります。「人間の頭脳をフルに活用してバグを発見し、先入観にとらわれることなく
ソフトウェアの機能を検証できるテストである。」探索的テストの支持者はこのように主張し
ています。

　探索的テストでは文書化したテスト記録を残さないわけではありません。テスト結果、テ
ストケース、その他テストドキュメントはテスト計画工程であらかじめ作成されるのではな
く、テストを実行しながら作成します。画面キャプチャやキー入力記録ツールは探索的テス
ト結果の記録にうってつけです。手動テストといってもテストを補助する自動化ツールを使
えないことはありません。実際、家具を「手作り」する職人も電動工具の助けを借りていま
す。テストケースの手作りも同じです。デバッグビルド、デバッガ、プロキシ、その他の分
析ツールを使用しても、やはり手動テストです。

　探索的テストは、特にアジャイルを用いる最新のWebアプリケーション開発に適していま

す[5]。アジャイルでは開発サイクルが短く、正式なスクリプトの作成と保守にかける工数はほとんどありません。機能変更も頻繁なので、（事前に準備されたテストケースのような）機能変更に伴って変更が必要なドキュメントを最小限にすることが求められています。テストケースが無価値になる可能性が高いのなら、そもそもなぜテストケースを書くのでしょうか？実際にテストを行うよりも、テストケースのメンテナンスに多くの時間を費やしてはいませんか？

　探索的テストの欠点は、多くの時間を浪費するリスクがあることです。これはアプリケーションの内外をさまよいながら、どこをテストすればバグを見つけられるのかを探すために発生します。テストの準備、テストの管理、テストのガイダンスなどが不足していると、非生産的な時間の増加や、同じ機能を何度もテストしなおすことにつながります。複数のテスト技術者やテストチームが関与している場合は顕著です。テストドキュメントなしでどうやってテストカバレッジを保証すればいいのでしょうか？

　そこでガイダンスが重要になります。よいガイダンスがない探索的テストは、クールな観光スポットを探して街をさまようようなものです。ガイドの助けがあれば、目的地（テスト技術者にとってはソフトウェア）を理解することができるので、探索をより整然と行うことができます。ロンドンでビーチを探すのは時間の無駄です。フロリダで中世の建築を探すことも同じです。確かに、何をテストするのかはどうやってテストをするのかというテスト戦略と同じくらい重要です。

　探索的テストには2種類のガイダンスがあります。テストを実行する際に局所的な決定を支援する「スモール探索的テスト」と、テスト技術者が全体的なテスト計画と戦略を決定するのを支援する「ラージ探索的テスト」です。本章ではこの2つを簡単に記し、第3章「スモール探索的テスト」と第4章「ラージ探索的テスト」で詳しく説明します。そして探索的テストとスクリプト手動テストの要素を組み合わせた3つ目の探索的テストを第5章「ハイブリッド探索的テスト」で説明します。

スモール探索的テスト

　手動のテスト技術者の仕事の多くは入力値を選ぶことです。テスト技術者はどの入力を適用するか、どのページや画面に遷移させるか、どのメニュー項目を選択するか、表示された入力フィールドへ入力する正確な値を決めなければなりません。テストケースを実行するたびに、文字どおり何百ものこのような決定を下す必要があります。

　入力値の決定を探索的テストは手助けします。そしてテスト技術者が探索的テスト手法を使って入力値を決定することを、（決定の範囲が狭いので）「スモール探索的テスト」と呼んでいます。テスト技術者はテスト対象のWebページ、ダイアログボックス、メソッドを前にしたとき、何を入力すべきかを決定することになります。この時、テスト技術者には今何をすべきであるか助言が必要です。これは当然ながら局所的な意思決定プロセスです。テスト技術者はこの決定を1つのテストケースの中で何十回も、1日のテストの中で何百回も行うこ

---

[5]　今やアジャイル開発コミュニティの間では、もはや議論する必要がないほど探索的テストの支持者の数が多くなっています。しかし、まだ経営陣を説得しなければならないテスト技術者を助けるために、本書で探索的手テストについて述べます。

とになります。

　問題は、多くのテスト技術者が遭遇するさまざまな「スモール」な状況で何をすべきかわからないことです。整数を受け付けるテキストボックスにはどのような値を入力すればよいのでしょうか？　400よりも4の方がよいのでしょうか？（ここでの「よい」とは、バグを見つけたり、特定の出力がされる可能性が高いという意味です）0や負の数について何か特別なことが発生しますか？　どんな不正値を選択しますか？　アプリケーションについて何を知っていますか？　たとえば、アプリケーションがC++で書かれているとか、データベースに接続されているとか。実際のところ、テスト中のスモールな決定を助ける探索的テストの叡智の結晶とは何なのでしょうか？

　第3章ではこの叡智について記述しています。最初にお断りしておきますが、この叡智のほとんどは私が考案したものではありません。幸運なことに私は今までここの惑星を彩る最高のソフトウェア・テスト技術者たちに囲まれて仕事をしてきました。IBM、Ericsson、Microsoft、Adobe、Google、Cisco、その他多くの知名度の低い企業まで含めて、テストのアドバイスのほとんどすべてと思われるものを集約して、本書に記述します。多くは拙著『How to Break Software』に詳しく記述されています。そのため本書を『How to Break Software』で発表された知識体系をアップデートしたものだと考えることができます。しかし『How to Break Software』の内容はバグを見つけることなのに対して、本書の目的はもっと広いものです。テスト技術者が興味を持っているのはバグを見つけることだけではありません。ソフトウェアが持っている能力を発揮させること、アプリケーションの機能、インターフェース、コードのカバレッジを取得すること、そしてソフトウェアをリリース判定会議にかける方法を見つることです。

ラージ探索的テスト

　しかし、テストには小さな決定を正しく行うことより大切なことがあります。実際に小さな決定をすべて正しく行っても、リリース可能と判定する（あるいはリリース不可能と判定する）総合的なテストにならないことがあります。すべてのテストケースの合計はモジュールごとのテスト数の合計より確実に多くなります。テストケースは相互に関連しているので、それぞれのテストケースは他のテストケースに追加されることになります。そして、意味のある方法、および良し悪しを測定できる方法（あるいは少なくとも良し悪しを議論できる方法）でテストケース全体を改善していかなければなりません。

　これはテストケース設計と調査を支援する戦略の必要性を示しています。1つのテストケースでテストできる機能はどれでしょうか？　他に同時にテストしなければならない品質特性や機能はありますか？　最初にテストする機能をどのようにして決定しますか？　プロジェクトに複数のテスト技術者がいる場合、各人のテスト戦略がそれぞれを補うようにするにはどうすればいいでしょうか？　また同じテストを避けることはできないでしょうか？　探索的テスト技術者は、テストケース全体とテスト戦略について、どうやってこの広範囲の決定を下すのでしょうか？

　私はこれを「ラージ探索的テスト」と呼んでいます。なぜなら、決定する範囲が1つの画

面やダイアログではなくソフトウェア全体に及ぶからです。決定事項が導くものは、特定の機能のテスト方法ではなく、アプリケーションをどのように探索するのかです。

第4章では、観光のメタファーを使って、「ラージ探索的テスト」を説明します。このように考えてください。あなたは観光客として初めて訪れた都市にいます。どのレストランに行くかを決めるためには大局的なアドバイスを使いますが、食事や飲み物の選択は小域的なアドバイスを使うでしょう。大局的なアドバイスは、一日全体の計画を立て、訪問するランドマーク、ショー、レストランなどを助言します。一方、小域的なアドバイスはイベントの1つひとつを案内し、大局的なプランでは必ず抜け落ちてしまう微妙で詳細な計画を手助けをします。この2つを完璧に組み合わせることで、あなたは探索的テストのエキスパートの世界に足を踏み入れることができます。

探索的テストとスクリプトテストの組み合わせ

探索的テストをスクリプトテストを完全に置き換えるものと考える必要はありません。事実、2つのテストはうまく共存することができます。正式なスクリプトを準備すれば探索の骨組みを構造化することができます。また、探索的テストはスクリプトに入力値を変動できる要素を加えるので、スクリプトの効果を増幅させることができます。正反対のものが引き合うという言い回しは、形式的なスクリプトテストと探索的テストは手動テストの両極端にあるのにもかかわらず、実際には互いに助け合う部分が多いという意味になります。正しく使用すればそれぞれの弱点を克服でき、テスト技術者は非常に効果的なテクニックの組み合わせの中心に到達します。私が発見した2つのテスト手法を組み合わせる最善策は、正式なスクリプトを起点として、探索的テスト手法を用いて入力値を変化させるテスト手法です。こうすることで、1つのスクリプトを複数の探索的テストケースに変換できます。

従来のスクリプトベースのテストでは、ユーザーストーリー、またはエンドユーザーが実行すると想定されるエンドツーエンド[訳注2]のシナリオを出発点とするのが普通です。これらのシナリオは、ユーザー調査やアプリケーションの旧バージョンからのデータなどから得ることができ、ソフトウェアをテストするためのスクリプトとして使用されます。伝統的なシナリオテストに探索的テストの要素を加えると、スクリプトの対応範囲が拡大し、入力値の範囲、テスト範囲、ユーザーシナリオを追加できます。

ユーザーシナリオをガイドとして使用する探索的テストでは、シナリオに書かれていない別の入力を探索したり、スクリプトに含まれていない潜在的な副作用を探索することがよくあります。しかし、最終的な目標はシナリオに書かれた操作を完了させることなので、回り道をしても最終的にはスクリプトに記述されたメインのユースケースに戻ります。スクリプトからの回り道は、スクリプトの手順を修正する体系付けられた手法、あるいはスクリプトから一旦外れて戻ってくる横道の探索として使われます。第5章の内容はスクリプトベースの探索的テストに特化しています。なぜなら、スクリプトベースの探索的テストは手動テス

[訳注2] エンドツーエンドとは「端から端まで」を意味する言葉で、ここではユーザーとアプリケーションの関係を指すとともにユーザーによる操作を指しています。またエンドツーエンドテストとは、ユーザーの視点でシステムを操作して動作を確認するテストです。多くの場合で手動テストとして実施します。

ト技術者の技術を生み出す重要な道具だからです。

第3章から第5章までの技法はMicrosoft社内の多くのケーススタディやトライアルに用いられました。その結果は第6章「探索的テストの実践」で、実際のプロジェクトに参加したテスト技術者やテストリーダーによる経験レポートの形で紹介しています。第6章では、探索的テスト技法がOSコンポーネントからモバイルアプリケーション、伝統的なデスクトップやWebアプリケーションにいたるまで、異なる分野のソフトウェアにどのように使われたかを説明しています。また、特別なプロジェクトのために特別に書かれた特別なツアーについても、その作者によって解説されています。本書の残りの部分は、私によるテスト業務のキャリア構築とテストの未来についてのエッセイ、さらに私がフロリダ工科大学の教授およびMicrosoft社のアーキテクトであったときのエッセイや論文の総集編です。現在、私はMicrosoft社を退社していますので、Microsoft時代の資料が見られるのはこの本だけになるかもしれません。

2.4 結論

手動の探索的テストの世界は、IT業界で最もやりがいがあり、満足度の高い仕事の1つです。正しく行われれば、探索的テストは戦略的な挑戦であり、隠れたバグ、ユーザビリティの問題、セキュリティの懸念などを発見するためのテスト技術者とアプリケーションとの知恵比べです。あまりにも長い間、探索的テストは適切な指針なしに行われており、何年も何十年もかけて技術を学んだ専門家の専門領域でした。本書は、多数の専門家がすぐに現れるようにと、テストの経験と叡智をまとめたものです。ひいてはより高品質のテストと高品質のアプリケーションが技術の生態系（エコシステム）に取り入れられることを期待しています。

ソフトウェアをテストする際には人間の心が必要です。本書の情報は、テストが可能なかぎり徹底的かつ完全になるよう、人間の心に焦点を当てることを狙いとしています。

2.5 演習問題

1. なぜ、ソフトウェアをテストするためにソフトウェアを作成することがうまくいかないのでしょうか？　なぜ自動テストがソフトウェアテストの問題の解決策にならないのでしょうか？

2. 自動テストが適しているソフトウェアにはどのようなものがありますか？　また、手動テストが必要なソフトウェアにはどのようなものがありますか？　その理由を説明できる理論を立ててみてください。

3. 自動テストが発見しやすいバグにはどのようなものがありますか？　逆に自動テストが発見しづらいバグにはどのようなものがありますか？　例を挙げてください。

第**3**章

スモール探索的テスト

> 「高度に発達したバグは、機能と見分けがつかない。」
>
> —— リッチ・クラヴィエック

3.1 ソフトウェアテストがお望みですか?

　本章冒頭の格言は私のお気に入りの1つであり、ソフトウェアテストが非常に複雑であることを一文で表しています。バグと機能の見分けがつかないのなら、どうすればよいテストができるでしょうか?　バグと機能を見分けるのに仕様書やドキュメントが使えないのなら、テストは不可能ではないでしょうか?　不具合の兆候が自動テストでも手動テストでも検出できないほど微妙なものなら、テストは役に立たないのではないでしょうか?

　次のような業務内容を想像して、応募するかどうか自問してみてください。

　「ソフトウェアテスト技術者募集」この業務では非常に複雑でドキュメントも不十分な製品を、存在しない仕様書、あるいはひどく不完全な仕様書と照合する必要があります。ソフトウェア開発者からの手助けは最低限で、嫌々ながら提供されるものです。この製品は、複数のユーザー、複数のプラットフォーム、複数の言語、その他まだ詳細不明な重要な要求を含む、さまざまな環境で使用されます。それらをどう定義すればいいのかはまだよく分かりませんが、セキュリティとパフォーマンスは最重要事項です。リリース後に不具合が出ることは容認できず、会社は倒産しかねません。

　確かに皮肉めいた表現ですが、ソフトウェアテスト業界に長くいる人ならこの業務内容が正確であると実感できるに違いありません。これが異質な文化のように思える幸運な皆さん、おめでとうございます。

　ソフトウェアのような複雑な製品を、何が品質の懸念点なのかはっきりとわからないのにも

関わらずにテストすることは、実現不可能な目標のように感じられます。実際、適切な情報がないためにテストは必要以上に難しくなり、すべてのテスト技術者を悩ませています。しかしテスト技術者は数十年にわたりソフトウェアのテストを行ってきました。第1章「ソフトウェア品質の事例」で示したようなバグがあるにもかかわらずソフトウェアは世界を変えてきました。間違いなくテスト技術者はテストについて多くのことを知っています。

では、ソフトウェアテスト技術者がこの困難な業務に取り組むときには具体的には何をするのでしょうか？　はい、最初のステップはテストの巨大さと複雑さを理解することです。テストを簡単だと決め付けて軽い気持ちで取り組むことは失敗への最短経路です。何をやっても不十分だと認めることが、始めに取るべき心構えです。テストは無限であり、すべてのテストが終わることはありません。ですからタスクに優先順位を付けて重要なテストを先に行うように努めなければなりません。テストは本当に無限に続き、決して終わることがないからです。ソフトウェアがリリースされたときに、テストしていないことがテストしたことよりも重要ではないといえるようになることが、テストのゴールです。これが達成できれば早期リリースのリスクを最小限に抑えることができます。

テストとは選択することです。テストの実行には複雑さがついて回ることを理解し、テストに利用できる情報を分析して、テストプロセス内に存在する入力候補の中から適切なものを選択できるようにします。本章はこのような小さな選択について記述しています。扱うのは探索的テスト技術者がアプリケーション機能の探索で行う小さな選択です。たとえばテキストボックスへの入力値を決定する方法、エラーメッセージを読み解く方法、先に入力した値をもとにして次に入力する値を選択する方法などです。後の章ではもっと大きな探索の問題について論じますが、まずは小さな決断を下すために必要な道具を身に付けなければなりません。

スモール探索的テストのよい点はテストタスクを実行するために必要な情報が多くないことです。スモールなテストとは、テスト技術者のテスト経験やテストの専門知識をソフトウェアの構造や運用方法の知識と統合して、テスト入力値を適切に選択できるようにすることです。これはテスト技術者が毎日何度も直面する小さな問題を解決するための非常に戦術的なテクニックです。スモールなテストは完全なテスト体制ではありませんし、全体的なテストケースの設計に利用できるものでもありません。このようなテストの大きな問題については後の2つの章で説明します。

本章で紹介する内容はソフトウェアの5つの具体的な特性（入力、状態、コードパス、ユーザーデータ、実行環境）で分類しています。これは、探索的テスト技術者がテストを行う際に考えなければならない特性です。個別で見ても有限のテストリソースで対応するには大きすぎます。5つすべてを扱ってテストを実施するとなると、テスト期間は気が遠くなるほど膨大になります。ありがたいことに、この問題へのアプローチの仕方についてはすでに多くの指針が存在します。本章ではこの指針の詳説である実際のテスト戦術と、スモールなテストへの適用方法について説明します。

3.2 テストとは、さまざまなことを試すこと

テスト技術者は、次のような質問に答えることが仕事です。

- ソフトウェアは設計どおりに動作しますか？
- ソフトウェアはユーザーが求めている機能を実行できますか？
- ソフトウェアはその機能を十分に速く、十分に安全に、十分に確実に実行できますか？

テスト技術者は、ソフトウェアを特定の実行環境で実行し、予想される使用方法を模擬する値を入力して、この質問に答えます。ここからが厄介で、無限問題が職務に忠実であろうとするテスト技術者の顔を正面から直撃します。すべてを試すには入力が多すぎます。すべてを検証するには実行環境が多すぎます。実際、「多すぎる」変数には悩まされます。これが、テストがさまざまなことを行わなければならない理由です。私たちは、テスト中に変化させることができるすべての要素を明確にしなければなりません。そして、その中から特定の値をテスト入力として選択すると同時に（必然的に）別の値をテスト入力から除外する際に、賢明な決定をしなければなりません。

こうすることで、テストは入力の集合（あるいは操作環境の集合など）から選択して、ソフトウェアに適用して、結果が適切であることを確認する作業になります。最終的にはソフトウェアは出荷しなければならず、テストは出荷したコードには影響を与えることはできなくなります。無限の仕事を実行するための時間は有限です。分類方法をどのように選別するのかが唯一の希望になることは明白です。正しいものを選択すればよい製品を作ることができます。間違ったものを選択すればユーザーは不具合に遭遇し、そのソフトウェアを嫌いになるでしょう。テスト技術者の仕事は非常に重要であり、かつ実現不可能でもあります！

アドホックテスト[訳注1]が最善のテスト技法でないことは容易に想像できます。テストパス内の分類対象である入力、操作環境、その他の項目について学んだテスト技術者は、目的と計画を持ってアプリケーションを探索するための優れた能力を身に付けることができます。この知識は、より適切で、よりスマートなテスト実行を支援し、設計や実装の重大な欠陥を発見する可能性を最大にします。

3.3 ユーザー入力

Microsoft Officeのような巨大なアプリケーションやAmazonのような機能が豊富なWebサイトをテストすることを想像してみてください。適用できる可能性のある入力と、入力の組み合わせは非常に多く、それらすべてをテストすることは到底不可能です。

[訳注1]　テスト準備をせずにテスト結果も予測せずに実施する非公式なテストです。実施するたびに毎回テスト方法が変わります。

テストは見た目以上に難しいことが分かりました。テスト技術者がどこを向いても、無限の組み合わせが真正面からぶつかってきます。最初にぶつかるのは無限の入力です。

3.3.1 ユーザー入力について知っておくべきこと

入力とは何でしょうか？　一般的な定義は次のようなものでしょう。

> 入力とはソフトウェア実行環境から生成される刺激で、テスト対象のアプリケーションに何らかの反応を起こさせるものである。

これは極めて非公式な表現ですが、テストのための定義としては十分です。重要なのは入力はアプリケーションの外部で発生してアプリケーションのコードを実行させるということです。ユーザーがボタンをクリックすることは入力ですが、テキストボックスへのテキスト入力はそのテキストが実際にアプリケーションに渡されて処理が開始されるまでは入力ではありません。[1] 入力はソフトウェアを実行し、何らかの応答（無応答を含む）を返させなければなりません。

入力は一般的に原子入力（atomic input）と抽象入力の2つに分類されます。ボタンのクリック、文字列、整数値の4などは原子入力です。原子入力はそれぞれ独立しており、1つのイベントになります。原子入力の中には互いに関連しているものがあり、テストの選択のためにはそれを抽象入力として扱うと便利です。整数4と整数2048は、どちらも具体的な値（つまり原子入力）です。しかし、テスト技術者は代わりに5や256を入力してもかまいません。このような入力についてはひとまとまりで理解できるように抽象的な言葉で説明すれば推測することが容易になります。たとえば、入力は1〜32768の範囲の整数値、というように幅を持った抽象入力として指定できます。

変数の入力は非常に多くの値から選択できるので、抽象化が求められます。正整数、負整数、文字列（文字数は問いません）はすべて現実的に無限であり、テストサイクル中にすべてテストすることはできません。あらゆる変数入力を漏らさずテストしなければ、ソフトウェアがすべての入力値を正しく処理することは保証できません。[2]

アプリケーションによっては、あらゆる種類の原子入力をいつでも受け付けます。そのす

---

[1] これは、テキストボックスがテスト対象のアプリケーションから分離されており、入力の前処理として正しくとらえられることが前提になっています。もちろん、テキストボックスの機能そのものをテストしたい場合もあるでしょう。その場合はテキストボックスへの入力自体が原子入力となります。すべてはアプリケーションの範囲をどのように見るかによります。

[2] 2つ以上の原子入力を同じように扱うことは、入力の同値クラスへの分割として知られています。この考え方は、4と2が同じ同値クラスに含まれるなら、4を入力した後に改めて2を入力しなくてもよいというものです。1つの入力をテストすれば、もう1つの入力をテストする必要はありません。以前、あるコンサルタントが「テストにおける同値クラスは神話だ」と主張しているのを聞いたことがあります（幻想と言っていたのかもしれませんが、覚えていません）。彼の主張は、「2と4が同じか違うかは、両方を入力してみなければわからない。」というものでした。ソフトウェアを完全なブラックボックスとして見れば、技術的には正確です。しかし、実際にそのような狭い視野でテストを計画するためには、テストの常識を完全に捨てさらなければなりません。ソースコードをチェックして確かめるのはどうでしょう？　両方の入力が同じコードパスを通り、両方のデータ構造が合致するのなら、テストの目的上では等価なものとして扱うことができます。バグの発見や新しい領域の探索につながらないのなら、同じパスを何度もテストする頑固さを許さないでください。

べてをテストすることは不可能です。そのため、入力の視点から見たテストとは、想定しうる入力の集合を選択し、そのすべての入力を与え、入力によってすべての不具合を顕在化し、テストしなかった入力が市場のユーザーによって与えられたときでもソフトウェアは十分な品質を確保できると確信できるようにすることです。これをうまく行うには、テスト技術者はよりよい入力を選択するスキルを磨かなければなりません。この章および以降の章では、これを達成するための戦略について説明します。

しかし、それ以上に難しいことがあります。もし原子入力の選択だけを考慮すればよいのなら、テストは実際よりもずっと簡単でしょう。さらに2つの問題が入力の選択をはるかに複雑にしています。

1つ目は入力の組み合わせがソフトウェアに不具合の原因になる事実です。実際、1つずつの入力に問題がなくても、2つ以上の入力の組み合わせによってアプリケーションに不具合が生じることはよくあります。CDの検索はうまくいくかもしれません。ビデオだけを検索することも問題ありません。しかし、CDとビデオの両方を検索すると、ソフトはおかしくなります。テスト技術者は、どの入力が互いに影響しているのかを特定し、2つの入力による動作が適切にテストされたことを確信するために、1つのテストケースの中で入力間の影響が現れるようにしなければなりません。

もう1つは、入力は与える順序によっても問題を引き起こすことです。入力 a と b の入力順序は、ab、ba、aa、bb となります。入力を3つ以上の連続させるとさらに多くの配列（aaa、aab、aba、…）を作成できます。また、2つ以上の入力値を含むならさらに多くの配列が選択肢にあがります。ある組み合わせをテストから省くと、それが不具合の原因になるかもしれません。本を1冊注文して購入することもできますし、2冊注文して購入することもできます。1冊購入した後に、改めてもう1冊購入することもできます。選択肢は多すぎて、すべてを検討する（ましてやテストする）ことはできません。テスト技術者は、入力順序を列挙し、ソフトウェアが実際のユーザー入力への準備ができているという確信を得られるまで確実にテストしなければけければなりません。繰り返しになりますが、このトピックはこの章以降で扱います。

3.3.2 ユーザー入力のテスト方法

カーソルがテキストボックスの中にあり、入力されるのを待って楽しそうに点滅しています。どのテスト技術者もテスト中にこのような状況に何度も直面します。あなたならどうしますか？　入力候補の中から入力を決定するためにどのような戦略をとりますか？　どんなことを考慮しますか？　新人テスト技術者がこのような戦略を学べる場所が1つもないことに、私は驚きを隠せません。また、10人のテスト技術者にどうするかと尋ねると、12通りの答えが返ってくることにも驚かされます。入力を決定する際に考慮すべきことは文書化される時期にきており、本書はこれに対する私なりの試みです。

まず始めなければならないのは、目の前のソフトウェアが特別なものではないことを認識することです。テスト技術者はテスト対象のソフトウェアが、今までに扱ってきたバイナリ

ファイルのビット列とは、なにか異なるものだとという想像にかられることがあります。しかしそうではありません。オペレーティングシステム、API、デバイスドライバ、メモリ常駐プログラム、組み込みアプリケーション、システムライブラリ、Webアプリケーション、デスクトップアプリケーション、フォームベースのUI、ゲームに至るまで、すべてのソフトウェアは、4つの基本的なタスクを実行します。入力の受付、出力の生成、データの記録、演算の実行です。ソフトウェアは大きく異なる環境に存在することがあります。入力装置の構成や入力の送信方法も大きく異なるかもしれません。アプリケーションの種類によってはタイミングが他よりも重要なことがあります。しかし、どのソフトウェアも基本的には同じものです。本書で取り上げるのはこのコアとなる共通点です。読者はこの一般的な情報を、特定のルールを用いているアプリケーションに適用しなければなりません。このルールとは、アプリケーションがどのように入力を受け付けるのか、どのように運用環境と相互作用しているかを規定しているものです。私自身がテストしてきたソフトウェアは、米国政府の兵器システム、リアルタイムセキュリティモニタ、アンチウイルスエンジン、携帯電話のスイッチ、オペレーティングシステムの隅から隅まで、Webアプリケーション、デスクトップアプリケーション、大規模なサーバーアプリケーション、コンソールやデスクトップのゲームソフトウェア、その他にも記憶のかなたに消えてしまった多数のアプリケーションです。本書にはこのすべてに適用できるコアとなるテクニックを提示します。実際のアプリケーションへのテクニックの適用方法は、有能な読者の手に委ねます。

▌適正入力か不正入力か?

　最初に行うべき区別は、ポジティブテストとネガティブテストのどちらを行うかです。[訳注2]アプリケーションが正しく動作することを確認しようとしているのでしょうか、それとも処理を失敗させようとしているのでしょうか？　両方のテストをともに重視することにも、もっともな理由があります。また、アプリケーションのドメインによってはネガティブテストが特に重要なこともあります。そのため、どの正常値や異常値をテストすべきかを検討する戦略を持つことはテストの手助けになります。

　テスト技術者がこの問題を切り分ける第一の手段は、ソフトウェア開発者が何を不正入力と見なしているのかを頼りにすることです。ソフトウェア開発者は不正入力の定義を極めて正確に行わなければなりません。通常、不正とみなされる入力を切り分けるためにはエラーハンドラを記述します。エラーハンドラがいつ、どのように実行されるのかはテストが必要です。

　ほとんどの開発者はエラー処理を書くのが好きではないということを覚えておくとよいでしょう。エラーメッセージの記述がコンピュータサイエンスに魅了される理由になることはほとんどありません。開発者はソフトウェアの機能を実現するコードを書きたいのです。ユーザーがソフトウェアを欲する理由となるコードです。多くの場合、エラー処理コードはなおざりにされるか、手早く（そしてぞんざいに）書かれます。開発者はできるだけ速く「真

［訳注2］　ポジティブテストは正常動作を確認するテスト、ネガティブテストは異常時の動作を確認するテストです。

の」機能コードを書くことに戻りたいのです。そして、テスト技術者はアプリケーションのエラーコード領域のテストを見落としてはなりません。なぜなら、開発者のエラーコードへの取り組み方に起因したバグが多発することがよくあるからです。

開発者が入力を処理する機能コードを書くことを想像してみてください。すぐに入力の妥当性や正当性をチェックする必要性が理解できるかもしれません。そこで、

(a) 機能コードを書くのをやめてエラーハンドラを書く

(b) 簡単なコメント（たとえば「ここにエラーコードを挿入する」）を記述して後で戻ってくることにする

のどちらかをしなければなりません。

前者の場合、開発者の脳を機能コードを書くことからエラールーチンを書くことへ、そしてまた機能コードへとコンテキストスイッチをしなければなりません。これは気が散るプロセスであり、間違いが起きる可能性が高くなります。後者の場合、開発者は忙しいため二度とエラーコードのコーディングに戻ってこないことも珍しくありません。このような「to do」コメントがリリース済みのソフトウェアに残っているのを見たことは一度や二度ではありません！

開発者にはエラーハンドラを定義するための3つの基本的なメカニズム ── 入力フィルタ、入力チェック、例外ハンドラがあります。テスト技術者の視点から、このメカニズムがどのような働きをするかを説明します。

入力フィルタ

入力フィルタは不正な入力がアプリケーションのメインの機能コードに到達するのを防ぐメカニズムです。言い換えれば、入力フィルタは不正な入力をアプリケーションから排除するために書かれ、開発者が不正な値について配慮しなくてもよくなります。入力がアプリケーションに到達すれば、それは正当な入力であるとみなされるのでそれ以上のチェックは必要なくなります。パフォーマンスが問題になる場合、開発者はしばしばこの手法を採用します。

入力フィルターはエラーメッセージを表示しません（これが次に説明する入力チェックとの違いです）。その代わり、不正な入力をひそかにフィルタリングして有効な入力をアプリケーションに渡します。たとえば、整数入力を受け付けるGUIパネルは文字やアルファベットの入力を完全に無視し、フィールドに入力された数値のみを表示します。（図3.1）

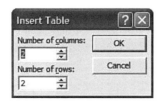

図3.1：PowerPoint のダイアログボックスではユーザーは数値入力だけができ、無効な文字はフィルタリングされる

また、リストボックスやドロップダウンボックスも有効な入力のみを選択できるという点で入力フィルタの一種になります。開発者にとっては複雑な入力チェックをすることなくコードを書くことができるという明確な利点があります。

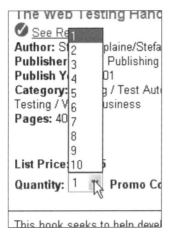

図3.2：入力をフィルタリングするもう1つの方法。ユーザーは有効値の定義済みリストから選択する

　テストの観点からは、入力フィルタに関してチェックする項目があります。

- 1つ目は、開発者が入力フィルタを正しく実装できているかです。もし開発者が有効な入力と不正な入力を間違って認識していたなら深刻なバグが発生するおそれがあります。間違って不正な入力を有効な入力のカテゴリーに入れていたことを想像してください。この場合、（他にチェックは行われないと仮定するなら）ソフトウェア唯一の防衛ラインが不正な値を許可してしまいます。もしテスト技術者が不正入力を受け付けていると思われる懸念を持ったら、バグレポートを書いてコードが修正されるようにしなければなりません。[3] その逆もまた深刻です。有効な入力が不正な入力のカテゴリーに含まれていると、サービスが実行されなかったりユーザーに深刻なフラストレーションを引き起こしたりします。なぜなら、ユーザーが正常な操作を行おうとしたにも関わらずソフトウェアが実行を阻止しているからです。

- 2つ目はフィルタをバイパスできるか否かです。入力をシステム内に取り込む別の手段、あるいはシステムに取り込んだ後で入力値を修正する方法があるなら、フィルタは役に立たないので開発者は追加のエラーチェックを実装しなければなりません。これは深刻なセキュリティリスクを生じさせるため、リリース前に検出しなければならない重大なバグです。図3.3は数値を変更できたドロップダウンリストボックスの例を示しています（WebページのHTMLソースを編集することで変更できました）。この値にこれ以上の

---

[3] 開発者がバグレポートを問題としない場合は、説得するためにもう少しテストをしなければならないかもしれません。一度でも不正入力がシステム内部まで到達していることがわかったのなら、できるかぎりの多くの回数、できるかぎり多くの方法で、不正入力をソフトウェアに注入して、潜在的なバグを顕在化させるようにします。こうすれば、不正入力を処理するときに発生する不具合の詳細情報を使ってバグレポートを強固にできます。

チェックがされなければユーザーにはマイナスの金額を請求され、その結果、オンラインストアから不当に利益を搾取してしまいます。

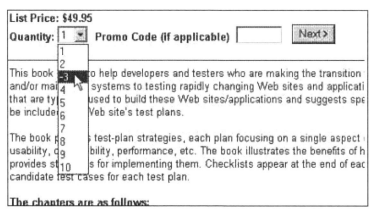

図3.3：「Quantity」フィールドのマイナスが示すように入力制約の迂回は危険、このテクニックは「How to Break Web Software」（Addison-Wesley, 2004）の第3章に掲載されている

入力チェック

　入力チェックはアプリケーション本体のコードの一部であり、IF/THEN/ELSE文（あるいはCASE文、SELECT文、ルックアップテーブル）で実装されます。入力値が入力チェックに渡されると、「IF（入力==有効）」なら「THEN（処理を実行）」し、有効でなければ「ELSE（エラーメッセージ出力と処理の中止）」とします。入力チェックを実装すべきなのは、何が不正入力なのかを正確かつ一般的な言葉で表したエラーメッセージがある場所です。

　エラーメッセージは探索的テスト技術者にとって重要な鍵になります。私のアドバイスとしては、記述に誤りがないか、開発者の考え方を知る手がかりがないか、すべてのエラーメッセージを注意深く読むべきだということです。エラーメッセージには入力が無効になった理由と対応方法がかなり正確に記述されていることが多々あります。そのため、他のエラーメッセージを発生させるテストや、エラーが発生するはずなのにもかかわらずエラーが発生しないケースのテストを行える追加のテスト入力のヒントを得ることができるでしょう。

　入力チェックと例外（次項で説明します）の大きな違いは、入力チェックは入力が外部から読み込まれた直後に行われることです。入力を読み出した直後にその入力自身の妥当性をチェックするIF文が実装されます。そのため、エラーメッセージは非常に詳細になります。「負の数は入力できません」などは詳細なエラーメッセージの例です。入力のどこが問題であるのかをユーザーに正確に伝えます。エラーメッセージがもっと大まかな場合は例外ハンドラが使用されていることを示します。例外ハンドラについては次項で説明します。

例外ハンドラ

　例外ハンドラはエラーチェックに似ていますが、入力を個別にチェックはしていません。例外ハンドラは処理ルーチン全体で不正をチェックします。例外ハンドラはプログラムの最後

か、別のファイルに配置され、ソフトウェアの実行中に発生したエラーに対して処理を行います。つまり、不正な入力がされれば例外が発生しますが、それ以外の異常、たとえばメモリアクセス違反などによっても例外が発生します。その性質上、例外は不正入力だけでなくさまざまなエラーシナリオを処理します。

これは、例外の発生によって生成されたエラーメッセージは、入力チェックが生成する詳細なエラーメッセージに比べるとはるかに大まかなメッセージになることを示しています。なぜなら例外は、処理ルーチンのあらゆるコード上で、ありとあらゆる理由で発生する可能性があるので、例外ハンドラのコードではエラーの正確な内容を判定できず、「エラーが発生しました」以上のメッセージを表示することが困難だからです。

テスト技術者がこのようなオープンエンドで一般的なエラーメッセージに遭遇した場合は、同じ機能のテストを続けることが最善のアドバイスになります。例外の原因となった入力をもう一度テストするか、同じ例外が発生する範囲で少しだけ入力を変更してテストを続けてみてください。あるいは同じ機能に対して他のテストケースを実行してみてください。何度も例外を発生させればプログラムが完全に異常になる可能性が高くなります。

不正な入力は無視されるか、何かしらのエラーメッセージが（ポップアップダイアログが出力する、エラーログファイルに書き込まれる、UIの予約領域に出現する、などで）表示されるべきです。正当な入力は仕様に従って処理されて適切な応答を返すべきです。これを逸脱しているなら、まごうことなきバグです。

通常入力か特殊入力か？

入力には通常入力と特殊入力があります。通常入力は特別な書式や意味は持っておらず、テスト対象のソフトウェアが容易に理解できるものです。通常入力はソフトウェア開発者が策定したものであり、実際のユーザーが普通に入力する文字です。特殊入力は何か特別な状況やただの偶然や事故で発生することがあります。たとえば、ユーザーがテキストフィールドで [Shift]+[c] を入力するところを誤って [Ctrl]+[c] を入力したとします。[Shift]+[c] は通常の入力の例で、大文字のCです。しかしCtrl+cはまったく別の意味になり、たとえばWindowsの場合はコピーまたはキャンセル操作が割り当てられています。入力フィールドで [Ctrl]+[c] や他の特殊文字を入力すると、予期しない不都合な動作を引き起こすことがあります。

Ctrl、Alt、エスケープシーケンスは特殊文字の例です。アプリケーションで特殊文字をテストして望ましくない動作をバグとして報告することをお勧めします。また、テスト技術者はエンドユーザーが使いそうな特別なフォントをインストールし、さまざまな言語をテストすることもできます。Unicodeや他のマルチバイト文字セットの一部のフォントは、特定の言語へのローカライズが不適切な場合にソフトウェアの不具合を引き起こすことがあります。まず製品のマニュアルを見て対応している言語を調べて、特殊入力のテストのための言語パックやフォントライブラリをインストールするのがよいでしょう。

もう1つ、アプリケーションが動作しているプラットフォームが原因となって特殊文字が現れることがあります。あらゆるオペレーティングシステム、プログラミング言語、ブラウザ、ランタイム環境などは、特別な用途に使われる予約語セットを持っています。たとえば

WindowsはLPTI、COMI、AUXなどの予約済みデバイス名を持っています。ファイル名の入力値として予約済みデバイス名が指定されると、場合によってはアプリケーションがハングアップやクラッシュします。アプリケーションを実行するコンテナによりますが、入力フィールドに与えられた特殊文字の解釈をコンテナが行う場合とアプリケーションが行う場合があります。それを確かめる唯一の方法は、関連する特殊文字を調べてテスト入力に用いることです。

デフォルト入力かユーザー入力か？

テキストフィールドを空欄にするテストは簡単に行えます。しかし、テスト技術者にとっては簡単でも、テスト対象のソフトウェアにとっても簡単なことだとは限りません。テスト技術者が何も操作していないときにテスト対象のソフトウェアが何も処理を行っていないというわけではありません。

データ入力フィールドが空欄であったり、APIにNULLパラメータが渡されたりすると、ソフトウェアはデフォルト処理を実行することになります。デフォルト処理は見落とされていたり十分考慮されていないことがあります。単体テストでも見落とされがちなので手動テストの担当者が最後の砦になります。

ソフトウェア開発者は、NULL値を入力するユーザーがいないことには期待できないので、空白の入力にも対処しなければなりません。ユーザーは入力フィールドを見落としていたり、必須入力であると認識していないことがあるので、入力フィールドを空欄にすることがあります。データ入力フィールドが多い場合（請求先住所、配送先住所、その他の個人情報をユーザーが入力するWebフォームなど）、どのフィールドが空欄なのかよってエラーメッセージが変化することがあります。これもテストが重要になります。

しかし、単に入力フィールドを空欄にすることだけが探索ではありません。フォームに初期設定された入力値は開発者によるデフォルト値と呼ばれるものです。たとえば、印刷フォームのフィールドに印刷するページ数としてALLという値が設定されていることがあります。これは多くのユーザーが入力する可能性の高いものであると開発者が考えている値です。このデフォルト値をテストして開発者がデフォルトとして選択した値が間違いではなかったことを確認しなければなりません。

デフォルト値に対峙したときに最初にすべきことは、デフォルト値を削除してフィールドを空白にすることです（これは開発者が思いつかなかったであろうシナリオです。デフォルト値を決定するのに時間をかけたため、空白が入力されたときのシナリオを想像していないのです）。そして、デフォルト値を中心にした他の値を試してみます。数値の入力なら、1加算したり、1減算したりします。文字列なら、文字列の先頭の値を変えたり、文字列の末尾の値を変えたり、文字を追加したり、文字を削除したりします。あるいは同じ長さの異なる文字列を入力してみます。

あらかじめデフォルト値が設定されている入力フィールドは、デフォルト値が存在しない入力フィールドとは異なるコードのことがよくあります。入力フィールドのテストに時間をかけることは重要です。

出力を入力の選択に用いる

本セクションでは入力をどのように選択するかについて説明してきました。ここまでに紹介してきたものは、入力値がどのような値を望ましい（あるいは望ましくない）とみなすかに従って入力を選択する手法です。言い換えれば、入力の特性（型、サイズ、長さ、値など）はテスト入力として使用できる、ということです。もう1つの手法としては、入力が適用されたときに生成される（あるいは生成されなければならない）出力に従って入力を選択する手法があります。

多くの点で、これはパーティーに参加する許可を両親から得ようとするティーンエイジャーの行動に似ています。ティーンエイジャーは、答え（出力）には「イエス」か「ノー」の2つがあることを知っており、両親が「イエス」を出力するように質問します。「親の目が届かないところでやるライブではじけてきたいんだけど？」は、「ジョーイの家で友達と遊んできてもいいかな？」よりもどう考えてもダメです。どのように質問をするかは、回答に密接に関係しています。

この考え方はソフトウェアテストにも当てはまります。ソフトウェアにどのような反応をさせたいかを理解して、その出力が得られるであろう入力を選択します。

多くのテスト技術者が望む出力を得られる入力を見つけるために最初にすることは、テスト対象の機能が持つすべて出力をリストアップし、その出力を生成するテスト入力を作成することです。入力と出力のペアを配置したマトリックスは、着目すべき状況をすべてカバーしているかを確認するためによく使われます。

このようにテスト対象を高いレベルで抽象的に扱うなら、テスト技術者は不正な出力の生成と正当な出力の生成に集中することになります。ただし、不正出力を生成する手法のほとんどはエラーメッセージの生成で説明したテクニックと重複します。このような重複は避けられませんが、新しい機能やシナリオを確実にテストするにはできるだけ多くの正当な出力を生成することに注力してください。

これは出力を能動的に扱うテスト手法です。テスト技術者は、アプリケーションにどのような出力を生成させたいかを事前に決め、望ましい出力が生成されるシナリオを探索します。出力を主体とするテストのもう1つの手法は、どちらかといえば受動的ですが非常に強力です。出力を観察し、同じ出力が得られる、または出力を変更する入力を選択していきます。

ソフトウェアが最初に何らかの応答を生成するときは、多くの場合でデフォルトのケースが生成されます。出力が初めて生成されるときは、ほとんどの内部変数やデータ構造は初期化されています。しかし、2回目以降に応答を生成するときは、ほとんどの変数はすでに使用されているのでなんらかの値が設定されています。これは、まったく新規のパスをテストしていることを意味します。1回目のテストでは、初期化された状態から出力を生成する能力をテストし、2回目のテストでは、初期化されていない状態から出力を生成する能力をテストします。この2つは異なるテストなので、一方が不合格でももう一方が合格になることは珍しくありません。

受動的な出力テストの派生として、永続的な出力を扱う手法があります。多くの場合で永続的な出力は、生成された後に画面表示されるか、ファイルに保存して後から読み出せるよ

うになっています。出力値を変更できるなら、値やプロパティ（出力値のサイズや型など）を変更した新しい出力値によって元の値を上書きするテストが重要になります。永続的な出力を変更するテストを実行するようにしてください。

入力の選択方法は複雑ですが、これはソフトウェアテストの技術的課題の最初のものにすぎません。ソフトウエアに何回も入力が与えられると、内部のデータは更新され続けていき、内部変数はソフトウエアの状態（State）として記憶されます。次項では状態に起因する問題と、状態がソフトウェアテストをどのように複雑にするかについて説明します。

3.4 状態

入力の一部または全部を「記憶」（つまり内部データ構造に保存）できるということは、それ以前の入力をすべて無視して入力を選択することはできないということです。もし入力 a を与え、それがテスト中のアプリケーションの状態を変化させるとしたら、もう一度入力 a を与えることは同じテストとは言えません。アプリケーションの状態は変化し、入力 a を与えた結果は大きく変わるかもしれません。状態は入力と同様に、アプリケーションがエラーになるかどうかに影響します。ある状態である入力を与えるとすべて正常動作をして、別の状態で同じ入力を与えるとすべて異常動作をすることもあります。

3.4.1 ソフトウェアの状態について知っておくべきこと

ソフトウェアの状態を時系列で考えると、ある時点より後のテスト入力を選択するときには、これ以前のすべての入力が積み重なって作られた状態を考慮に入れなければならない、となります。入力は内部変数の値を変化させます。変数がとりうるすべての値の組み合わせによってソフトウェアの状態空間[訳注3]が形成されます。これから、状態の非公式な定義は次のようになります。

> ソフトウェアの状態とは、すべての内部データ構造が正確に1つの値に定まる状態空間の座標である。

状態空間とはすべての内部変数の積です。これは天文学的な数の内部状態の集合であり、ソフトウェアが入力に対して正常応答を返すか、異常応答を返すかを制御します。

数学で考えるとやる気がなくなります。理論的には、アプリケーションがとりうるすべての原子入力（これは非常にたくさんあります）をアプリケーションのすべての状態（これはさらにたくさんあります）に対して与えなければなりません。このようなことは小規模なア

[訳注3]　本書では状態（state）は「ある時点で変数1つずつがどのような値を持っているか」を表すものとして、状態空間（state space）はソフトウェアが持つすべての状態の集合として定義しています。たとえば、1〜10の10種類の値をとる変数が3個あるなら、状態空間は10×10×10で1000個の状態の集合、となります。

プリケーションでも不可能ですし、中規模や大規模のアプリケーションではなおさら無理です。もしこれを、入力が状態遷移を引き起こすことを表すステートマシンとして記述するなら、森ほどの紙が必要になるでしょう。

架空のショッピングサイトを例にとるなら、ショッピングカートに追加できるすべての商品の組み合わせに対して「支払い」の入力が実行できることを保証することが求められています。当然ながら、ショッピングカート内の商品の組み合わせの多くを機能的に同じもの[4]として扱うことができます。すべての商品の組み合わせをテストする必要はなく、カートが空の場合のような境界値のテストに集中できます。このようなテスト戦略については後の章で説明します。

3.4.2 ソフトウェアの状態のテスト方法

ソフトウェアの状態は、アプリケーションと動作環境との相互作用や、入力受け付けの履歴によって決まります。入力が与えられて内部に保存されるとソフトウェアの状態は変化します。テストしたいのは状態の変化です。ソフトウェアが状態を適切に更新していますか？アプリケーションの状態によって入力が誤った動作することはありませんか？　ソフトウェアがありえない状態に遷移してはいませんか？　以下に示すのは、入力と状態の相互作用をテストするために考慮しなければならない事項です。

前のセクションで述べたように、ソフトウェアの入力領域は無限です。扱うことが困難な入力の例としては、入力変数、入力の組み合わせ、入力順序が挙げられます。しかし、状態という次元が加わることでテスト技術者の日常はさらに紛糾するようになります。ソフトウェアの状態は、以前の入力を「記憶」して、ソフトウェアの状態を蓄積する能力によってももたらされます。状態は入力履歴をカプセル化したものであると考えることができます。つまり、ソフトウェアはユーザーが過去にソフトウェアを使うために何をしたのかを記憶しているのです。

ソフトウェアの状態は連続的な入力によって生じるため、状態をテストするためには複数のテストケースとソフトウェアの連続的な実行、終了、再実行が必要です。ソフトウェアの状態は、入力がシステムにどのような影響を与えるかを時間をかけて調べればテスト技術者にも分かります。テスト技術者がシステムにいくつか入力を与えた後にその入力値を調べてみると、入力は内部に保存されてアプリケーションの状態の一部になっています。ソフトウェアが入力を演算に使用して、そして演算が繰り返されるなら、その入力も内部に保存されなければなりません。

ソフトウェアの状態とはソフトウェアが「覚えている」かぎりの入力と出力の総和を表すもう1つの方法です。状態には、アプリケーションの1回の実行の間だけ記憶されてアプリケーションが終了すると消えてしまう一時的なものと、データベースやファイルに保存されてアプリケーションが後からアクセスできる永続的なものがあります。これはしばしばデータ

---

[4] 再び同値クラスの話に戻ります。もし同値クラスが本当に幻想だとしたら、ソフトウェアテスト技術者は極めて深刻な問題に直面することになります。

34

のスコープと呼ばれ、スコープが正しく実装されていることを確認するテストは重要です。[5]

　一時的または永続的に保存されるデータの多くは直接確認することができません。ソフトウェアの動作に与える影響に基づいて推測する必要があります。同じ入力が全く異なる2つの動作を引き起こす場合は、アプリケーションの状態が2つの動作ごとに異なるはずです。たとえば、電話のスイッチを制御するソフトウェアを想像してみてください。「電話に出る」という入力（固定電話では受話器を取る行為、携帯電話では応答ボタンを押す行為）は、ソフトウエアの状態によって全く異なる動作を引き起こします：

- 電話がネットワークに接続されていない場合は、反応がないかエラーになります。
- 電話の呼び出し音が鳴っていない場合、ダイヤル音が発生する（固定電話）か、リダイヤルリストが表示されます（携帯電話）。
- 電話の呼び出し音が鳴っている場合は、発信者との音声接続が行われます。

　ここで状態とは、ネットワークの状態（接続済みまたは未接続）と電話の状態（呼び出し中または待ち受け中）です。状態と入力（電話に出る）の組み合わせによって、どのような応答や出力が生成されるかが決まります。テスト技術者は、時間と予算の制約を考慮し、エンドユーザーに対するリスクの予想に基づいて、可能なかぎり多くの組み合わせを挙げてテストをすべきです。

　入力と状態の関係はテストの重要かつ困難な点です。これはスモール探索的テストにもラージ探索的テストでにもあてはまります。本章では前者を取り上げますので、以下のアドバイスを検討してください。

● 状態の情報は、関連する入力を見つけるのに役立ちます

　入力の組み合わせテストは広く行われています。2つ以上の入力が何らかの形で関連している場合は、その入力を同時にテストをする必要があります。Webサイトをテストしているときに、セール商品と同時に使えないクーポンコードがあるなら、セール商品をショッピングカートに入れた後にクーポンコードを適用するテストが必要です。セール商品が入っていないショッピングカートにクーポンコードを適用するテストするだけでは、クーポンコードの禁則条件はテストされないのでショッピングサイトのオーナーは損失を被ることになるかもしれません。クーポンコードの禁則条件に気がついて、開発者が正しく実装していることの判定を始められるためには、テスト時に状態（ショッピングカート内の商品と価格）がソフトウェアにどのような影響を与えているのかを確認する必要があります。入力と状態データ（この例では、セール商品、クーポンコード、ショッピングカート）に関連している組み合わせがあると判断したら、重要な相互作用と動作を確実にカバーするために、入力の組み合わせをすべてテストします。

---

[5]　データスコープの誤りはセキュリティにかかわります。クレジットカード番号の入力を想像してみてください。クレジットカード番号が永続的な状態になっていないことをテストするためには、アプリケーションを再起動しなければなりません。

● **状態情報を使用して、着目すべき入力順序を特定します**

入力が状態を更新するとき、連続して同じ入力が与えられると状態にも同じ更新が連続して発生します。状態が何らかの方法で累積される場合はオーバーフローを心配しなければなりません。格納される値が多すぎることはありませんか？　数値が大きくなりすぎることはありませんか？　ショッピング・カートがあふれることはありませんか？　商品のリストが大きくなりすぎることはありますか？　テストしているアプリケーションから累積する状態を見つけてください。そして累積する状態に影響するあらゆる入力を繰り返し与えてください。

3.5　コードパス

テスト対象のアプリケーションに入力が与えられて状態が累積されると、アプリケーションはプログラムの指示に従ってコードを次々に実行します。コードの列はソフトウエアを通過するパスを構成します。非公式には、コードパスとはソフトウエアの起動から始まり、多くの場合ソフトウエアの終了を表す文で終わるコード列のことです。

コードパスには多くの例があります。単純な分岐構造（たとえば IF/THEN/ELSE 文）は2つの分岐先が発生するので、テスト技術者は THEN 節と ELSE 節のそれぞれのテストを作成する必要があります。多枝分岐構造（たとえば CASE 文や SELECT 文）では3つ以上の分岐先が発生します。分岐構造は互いに入れ子にすることができますし、分岐先に別の分岐が続く構造にできるため、複雑なコードではパス数が非常に多くなる可能性があります。

テスト技術者はこのような分岐の可能性を認識して、ソフトウェアにどのような入力を与えるとこちらに分岐するのではなくあちらに分岐するのかを理解しなければなりません。ソースコードを見ることができなかったり、入力をコードカバレッジに対応させるツールがなかったりすると、これは極めて難しくなります。そして、見落とされたパスにはバグが含まれている可能性が非常に高いのです。

分岐文はコードパスの数を増やす構造の一例に過ぎません。ループはコードパスの数を無限に増やします。無限ループはループ条件が false と評価されるまで実行されます。多くの場合、ループ条件の判定はユーザー入力に従っています。たとえば、ユーザーは支払いに進む前にいつショッピングカートに商品を追加するのを止めるかを決定します。つまり、ユーザーはショッピングの無限ループを終了してチェックアウトコードに分岐する選択をしています。

コードパスのカバレッジを満足させるための具体的な戦略は、本書を通して明らかにされます。

3.6 ユーザーデータ

　ソフトウェアがデータベースや複雑なユーザーファイルの集まりのような大規模なデータストアとやりとりすることが予想される場合、テスト技術者はテスト環境で大規模なデータストアの再現を試みるという、やっかいな仕事をしなければなりません。解決すべき問題は単純です。必要なデータで構成されるデータストアを、ユーザーが用いると考えられるデータの種類にできるだけ似せて作成することです。しかし、実際に成し遂げるのは至難の業です。

　第一に、現実のユーザーデータベースはデータの追加や変更を繰り返して数ヶ月から数年かけて発達して、非常に大きくなる可能性があるからです。テスト技術者には数日または数週間しかテスト期間がないという制約があるので、もっと短い時間軸でデータ入力を行わなければなりません。

　第二に、現実のユーザーデータに含まれている関係や構造はテスト技術者が知らない物であることが多く、また関係や構造を簡単に推測することもできないからです。テスト環境では問題なく動作していたソフトウェアが現実のユーザーデータを扱う段階になると壊れてしまうのは、多くの場合で関係や構造の複雑さが原因になります。

　第三に、ストレージ領域へアクセスしなければならないからです。大規模なデータストアには高額のデータセンターが必要なことが多く、テスト技術者がアクセスするにはコストが大きすぎます。テスト技術者がどのようにテストをするにしても、リリース後に現場で起こることよりもはるかに小さな規模で短時間で行わなければなりません。

　賢明なテスト技術者は、実際のユーザーデータベースを使用すればこの複雑さを簡単に解決策できるのではないかと考えるかもしれません。おそらく、ベータ版の顧客と相互に有益な関係を構築して顧客の実際のデータソースに接続してアプリケーションをテストすれば問題は解決するでしょう。しかし、テスト技術者は、細心の注意を払って実際のデータを使用しなければなりません。データベースからレコードを追加したり削除したりするアプリケーションを想像してください。レコードを削除するテスト（特に自動化されたもの）は、データベースの所有者にとって受け入れづらいものでしょう。テスト技術者は、テスト後にデータベースを元の形に戻すか、あるいはデータベースの使い捨てのコピーで作業するために、余分な作業をしなければなりません。

　最後に、実際の顧客データを扱う場合にはもう1つ複雑な問題（すでに十分複雑なのですが）が顕在化することになりテスト技術者を悩ませます。プライバシーの問題です。

　顧客のデータベースにはセキュリティの面で取り扱いに注意が必要な情報、または個人情報が含まれていることがよくあります。オンライン詐欺や個人情報盗難の時代において、機密情報をテストチームに公開することは重大な問題になります。実際の顧客データを使用する場合は、個人情報の取り扱いに注意しなければなりません。

　以上のことから、現実の顧客データをテストに使う場合も、使わない場合も問題になります！

3.7 　環境

　仮にすべてのコードパスのテストを、すべてのユーザー入力、すべての状態の組み合わせ、ありとあらゆるユーザーデータを用いて実施できたとしても、ソフトウエアはまだ見ぬ環境にインストールされたとたんに異常が出る可能性があります。これは、環境そのものがテスト入力であるためです。そのため、テスト技術者はリリース前に可能なかぎり想定されうるユーザー環境を確実にテストしなければなりません。

　環境には何が含まれますか？　テストするアプリケーションのタイプによって異なります。一般的には、オペレーティングシステムとその設定方法、同じオペレーティングシステム上で実行されておりテスト対象のアプリケーションと相互作用する可能性のあるアプリケーション、アプリケーションと入力に直接的または間接的になんらかの影響を与える可能性のあるドライバ、プログラム、ファイル、設定などです。また、アプリケーションが接続されているネットワークの帯域幅、性能なども含まれます。テスト対象のアプリケーションの動作に影響を与える可能性のあるものはすべて、テスト中に考慮しなければならない環境の一部です。

　ソフトウェアに受動的な影響を与えるユーザーデータ（データはテスト対象のソフトウェアに利用されるまでは何もしません）とは異なり、環境はソフトウェアと計画的かつ能動的に相互作用します。環境はソフトウェアに入力を与え、出力を使用します。環境にはWindowsレジストリのようなリソースだけでなく、共有コンポーネントのような互いに影響を与えるアプリケーションなどもあります。このように多様な環境はテスト環境として構築できる範囲を超えています。すべての利用環境を構築するためのマシンをどこで手に入れればいいのでしょうか？　また、仮にハードウェアがあったとしても、テストに使用する適切な環境の組み合わせをどうやって選択するのでしょうか？　すべての環境をテストすることはできません。しかし、テスト経験が豊富なテスト技術者なら皆、あるマシンでは問題なく動作するテストケースが別のマシンでは不具合を引き起こすという経験をしたことがあるはずです。環境は極めて重要であり、テストは鬼のように難しいのです[6]。

3.8 　結論

　ソフトウェアテストは複雑です。入力、コードパス、状態、保存したデータ、動作環境など、変動するものが多いのでテスト技術者の負荷が大きすぎるのです。実際問題として、テストの多様性に対応することは不可能です。テスト計画を作成してテスト開始前に変動するものを網羅しておくのは無理です。探索的アプローチでテスト計画とテスト実行を同時に行おうとしても無理です。最終的にどのようにテスト手法をとるにしても、完璧に行うにはテ

---

[6]　本書では環境の変更方法とテスト実施方法は扱っていません。しかし、「How to Break Software」の第4章と第5章、および付録Aと B では、多くのトピックを記述しています。

ストは複雑すぎます。

　しかし、探索的テストには利点があります。テスト技術者がテストを実施しながら計画を立てることができます。テスト中に集めた情報を使ってテストの実施方法を変化させられます。これは、事前に計画を立てるテスト手法に対する大きな利点です。シーズン開始前に、スーパーボウルやプレミアリーグの勝者を予想することを想像してください。チームがどのようにプレーするのかを確認する前に予想をするのは困難です。どのような作戦で試合に臨むのか、主要選手がケガをしないかなどがわからないからです。シーズン開始後に入ってくる情報が、少しでも正確に結果を予測する鍵を握っています。同じことがソフトウェアテストにも当てはまります。探索的テストはテスト中にソフトウェアを動作させて得られたすべての情報を完全に把握した上で、テストの計画、テストの実施、テストの再計画を小さな単位で継続的に行うことを目指します。

　テストは複雑です。しかし探索的テスト手法を効果的に用いれば複雑さは緩和できます。探索的テストは高品質なソフトウェアの生産に繋がるテスト手法です。

3.9　演習問題

1．あるアプリケーションが、1つの整数を入力として受け取るとします。整数が2バイトの符号付き整数の場合、とりうる原子入力の範囲はどれほどになりますか？　2バイト符号なし整数や4バイト整数の場合はどうなりますか？

2．問1と同様に、あるアプリケーションが1つの整数を入力として受け取るとします。148という整数を入力してソフトウェアが動作したならば、他のどの整数を入力したときでも動作すると考えて問題ありませんか？　答えが「はい」ならその理由を説明してください。答えが「いいえ」なら、148以外の整数が入力されたときにソフトウェアが異なる動作をするための条件を、少なくとも2つ挙げてください。

3．問2について、整数以外にどのような値を入力できますか？　なぜその値をテストしようと考えましたか？

4．入力の組み合わせによってソフトウェアに不具合が発生しうるケースを述べてください。別の言い方をするなら、各入力は単独では不具合が出ませんが、複数の入力の組み合わせによってはソフトウエアに不具合が発生するケースです。

5．名前、住所、その他いくつかのフィールドが存在する、顧客の配送情報を入力するWebアプリケーションを想像してください。ほとんどのWebアプリケーションでは各情報の入力はまとめて処理され、ユーザーが「次へ」または「送信」ボタンをクリックした後に情報の妥当性がチェックされます。この処理は入力チェックの例ですか、それとも例外

ハンドラの例ですか？　答えを説明してください。

6. 入力の順序によってソフトウェアの不具合が発生する例について述べてください。別の言い方をするなら、入力をある順序で処理してソフトウェアが動作しているとして、入力の処理順序を変えるとソフトウェアの不具合が生じる場合です。

7. ソフトウェアを長期間継続的に動作させたときに不具合が発生したとします。この不具合は入力、状態、コードパス、環境、データのどれが原因だと考えられますか？　理由を説明してください。

第4章

ラージ探索的テスト

「よい旅人は、決まった計画を持たず、到着することを目的としない」　　── 老子

4.1　ソフトウェアの探索

　前章で紹介したテスト技法は、テストケース実行時にソフトウェアテスト技術者が多数の小さな決定を下すことを手助けします。原子入力の選択、および原子入力の組み合わせと順序付けを行う際に役立つ技法です。本章ではより大きな決定について述べます。フィーチャ[訳注1]の連携、データフロー、アプリケーションに実際の処理をさせるためにUIを介したパスの選択に関して、テスト技術者が行わなければならない大きな決定についてです。1つ入力すればすぐに目的が果たされる原子入力の決定ではありません。テストをより大きなゴールへ導くための入力について説明します。探索的テスト技術者は実際にテストを開始する前に大きなゴールを設定します。そしてテストの実施中はずっとゴールへと向かっていきます。これを観光のメタファーを用いて実現します。つまり、よく使われる観光客のツール（パッケージツアー、ガイドブック、地図、地域の情報）を使ってソフトウェアの探索を行います。こうすることでテストに目標を設定でき、意思決定を行う指針が得られます。

　「How to Break Software」シリーズ[1]では、ソフトウェアテストを説明するために軍隊のメタファーを使いました。このシリーズがソフトウェアを壊すことだけを目的にしていたことを考えると、軍隊のメタファーは攻撃的なテスト戦略を読者の頭に入れることに役立ちました。読者からはこのメタファーが役に立った（そして楽しかった！）と、圧倒的に好意的

[訳注1]　「ISTQBソフトウェアテスト標準用語集（日本語版）」の定義では、フィーチャ（feature）は「要求仕様ドキュメントで、明示的、暗示的に規定したコンポーネントやシステムの属性となる機能群（たとえば、信頼性、使用性、設計上の制約など）」とされています。単なるソフトウェアの機能のことではなく、ユーザー視点で意味のある機能の集まりを指していると考えてください。

[1]　Whittaker, How to Break Software (Addison-Wesley, 2003); Whittaker and Thompson, How to Break Software Security (Addison-Wesley, 2004); Andrews and Whittaker, How to Break Web Software (Addison-Wesley, 2006).

な感想をいただきました。そこで、より幅広い目的を持つ本書でも、別のメタファーを使って同じアプローチを使うことにしました。

　メタファーは、ソフトウェアテスト技術者にとって強力なガイドになりえます[2]。テスト技術者が適切な入力、データ、状態、コードパス、環境設定を選択することを支援し、テスト時間と予算を最大限に有効利用するためのガイドです。これこそがテストで達成すべき目的なのです。

　テスト技術者はテスト中に多くの決定を下さなければなりません。顧客データベースをシミュレートするために、現実的なデータをどのように入手するかといった大きな決定もあります。テキストボックスに入力する文字列を選ぶような小さな決定もあります。適切な考え方とガイダンスがないと、テスト技術者はアプリケーションのインターフェースのまわりをあてもなく歩きまわって、実際にあるかどうかわからないバグを探し続け、そのプロセスでアプリケーションの十分なカバレッジが得られないことになりかねません。

　私にはテスト技術者によく話すことがあります。テストセッション中にゴーストハンティングをしているように感じたら、おそらくそのとおりだ、と[3]。いるのかわからない幽霊を探してさまよっているように感じたらテストを中止して、テスト成果を得るための指針になる目標を探してみてください。

　メタファーが手助けしてくれることは、テスト技術者がアプリケーションを探索するときに従うべき戦略と具体的なゴールを提供する（少なくとも頭の片隅に置いておけるようにする）ことです。探検家にとっては、ただ歩き回るよりも追い求めるゴールがある方が望ましいです。ガイドとなるメタファーはテスト技術者に目標を与えるものでなければなりません。また、その目標を達成するためにどのようにテストを実施すればよいのかを理解できるものであるべきです。テスト技術者が大局的な決定と局所的な決定を下せるような目標がメタファーから得られるのであれば、テスト技術者はただ漠然とさまようことにはなりません。メタファーはソフトウェアの複雑さと幅広いフィーチャに対してより理路整然とした方法でアプローチするために、テストを体系化することに使えました。本章ではメタファー、特に観光のメタファーを使って、全体的な探索的戦略とフィーチャの使用方法をガイドするような、大局的なテストの決定を行うことについて説明します。

　探索的テストに役立つメタファーを見つけるには、探索的テストの精神と意図を理解することが重要です。そのメタファーは有益であることが保証されます。探索的テストのゴール

---

[2]　しかし、メタファーを間違えるとあさっての方向に向かってしまいます。テストの歴史におもしろい事例があります。1980年代後半から1990年代前半にかけて湖にいる魚の数を推定する技術が、フォールトシーディング（訳注：意図的に欠陥を加えて残存欠陥数の見積りや欠陥除去割合を測定する手法）のコンセプトに結びつくメタファーとして使われました。このアイデアは、湖にいる魚の数を推定するために特定の種類の魚を湖に一定数投入するというものです。数匹の魚を釣り（テストして）、捕まえた本物の魚と投入された魚の数を調べ、投入した魚の総数に対する捕まえた魚の数の割合から本物の魚の数を推定します。この技法が使われなくなったテスト技法のライブラリにおいやられてほこりが積もっているという事実は、このメタファーがあまり役に立たなかったことの十分な証拠です。

[3]　「Ghost-hunting」はアメリカの人気テレビ番組です。この番組では超常現象専門家チーム（本当にそんなものがあるのですかね？）が古い建物や墓地を捜索して超常現象の証拠と思われるものを探します。私の子供たちもこの番組が好きで、よく一緒に見ています。ゴーストのストーリーは素晴らしいのですが、専門家は決して超常現象の実在性を明確にしません。否定もしません。白黒付けないやり方はエンターテイメントとしては有効かもしれませんが、テストにはあまり適していません。ソフトウェアにバグがあるかどうか（あるいは仕様どおりに動作しているかどうか）を明確にすることも否定することもできないのであれば、それはあまりよいテストとは言えません。代わりに、そのテストプロセスのテレビ番組を始めるべきでしょう。

を以下に示します。

- **アプリケーションがどのように動作し、インタフェースがどのような見た目をしており、どのような機能が実装されているかを理解する**：こういったテストゴールはプロジェクトに参加したばかりのテスト技術者がよく採用します。それ以外ではテストのとっかかりを見つけたいとき、テストの課題をはっきりさせたいとき、テスト計画を策定したいときなどに採用されます。他にもこのゴールは経験豊富なテスト技術者がアプリケーションを探索するときに採用されることがあります。テストニーズの深さを理解したり、新しい未探索の機能を発見することが目的です。

- **ソフトウェアの能力を最大限に発揮させる**：このアイデアは、ソフトウエアにハードワークをさせながらそのペースに合わせて難しい質問を投げかけることです。こうすることでバグが見つかるかもしれませんが、バグが見つからないかもしれません。しかし、ソフトウェアが設計された機能を実行できていることや、要求を満たしていることの証拠になることは間違いありません。

- **バグを見つける**：アプリケーションの隅々まで探索して潜在的なリスクが潜む場所を探り当てることは、探索的テストの得意分野です。このゴールは目的がはっきりしています。当てのない探索ではありません。テストされていない機能や、今までバグが多く出た機能を特定するために探索します。探索的テスト技術者は単にバグを見つけるだけではいけません。目的と意図を持ってバグをゼロにしなければなりません。

　本当の探検家が計画を立てず、いっさいの作戦もなしに探検を始めることはめったにありません。探索的テスト技術者も同じようにテストをした方が賢明です。こうすればテストのゴールを見つけられる可能性が高くなります。ゴールとは、複雑な機能、ユーザーが実行するであろう操作、バグが潜んでいると思われる場所です。このテストは単にソフトウェアのバグを見つけるだけではない、もっと多くの意味があるミッションになります。新しいメタファーを用いるべきテストです。新しい観光地の探検を始めようとする観光客をメタファーにすることが最も効果的と考えます。そこでこのテストを「ツーリングテスト」と呼ぶことにしました。名前の由来であるチューリングテスト[訳注2]を提案したアラン・チューリングに敬意を表した命名です。

［訳注2］　チューリングテストとは人間と機械を見分けるためのテストです。Web サイトの認証画面でゆがんだ文字を読み取って入力させる「CAPTCHA」などはチューリングテストのバリエーションの１つです。

4.2 ツーリングメタファー

イギリスのロンドンのような大都市を初めて訪れることを想像してみてください。初めて訪れる観光客にとって、ロンドンは大きく、騒がしく、混乱する場所です。そして、見るべき場所がたくさんあります。実際、世界有数の富豪が有り余る時間を費やしたとしても、ロンドンのような都市のすべてを見てまわるのは難しいでしょう。充分な設備を用意したテスト技術者が複雑なソフトウェアを探索しようとする場面でも同じことが言えます。世界中から膨大なテスト予算を集めたとしてもうまくいく保証はありません。

ロンドンを回るのに、車、地下鉄、バス、徒歩のどれを選べばいいのか、賢明な観光客はどうやって判断するのでしょうか？　限られた時間でできるだけ多くの街を見るには？　最短の移動時間で最多のアクティビティを巡るには？　有名な観光名所やアトラクションをすべて見て回るには？　問題が起きたら誰に助けを求めますか？　ガイドに料金を払いますか？　それとも自分で決定しますか？

初めて訪れる都市の観光には、ある程度の作戦と多くの目標設定が必要です。旅の目標によって訪れる場所が決まります。そして滞在時間にも影響をあたえます。一泊しか滞在しない航空会社の乗務員と、学生のグループ旅行とでは、観光へのアプローチの仕方は大きく異なります。観光客の目的と目標は、実際の行程を決める上で大きなウェイトを占めるでしょう。

私が初めてロンドンに行ったのは、ひとりきりでの出張でした。そこで、探検の作戦として単純に通りを歩くことを選びました。ガイドブックも読まず、ツアーにも参加せず、街中のクールなものを探そうという漠然とした心持ち以外には何も指針を持っていませんでした。その時にわかったことは、ロンドンでクールなものを見つけるのは楽だということです。ところが、一日中歩いたにもかかわらず、いくつもの有名な観光名所を完全に見落としていました。なぜならどこに何があるのかよくわからなかったからです。それが何であるかを理解せず流し見になっていました。あの時見つけた「素晴らしい教会」は実はセント・ポール大聖堂でした。しかし私は重要性と歴史的価値がわかっていませんでしたし、価値も見い出していませんでした。歩き疲れて地下鉄に乗ると、方向感覚を失ってしまい、今どこにいるのか、どこにいたのか、よくわからなくなり、行き当たりばったりで地下鉄から降りてしまいました。多くのものを見たような気がしていましたが、実際に見たものはほんの表面だけです。この探検をテストとして見るなら、カバレッジが欠落しているので問題があります。

ロンドン観光の経験は、手動テスト、自動テスト[4] が頻繁に陥る状況をきわめて一般的に述べています。最初のロンドンはフリースタイルの観光でした。その後何度もロンドンを訪れてもっと計画的に探索する幸運に恵まれなかったら、ロンドンの良さを知らずに終わっていたでしょう。テスト技術者には後日再訪する機会はあまりありません。最初の「訪問」が、アプリケーションを徹底的に掘り下げて探索する最初で最後の唯一のチャンスになる可能性

---

[4] 自動テストと手動テストの設計には根本的な違いはありません。どちらも似たような設計原則が必要です。主な違いは実行方法です。テスト設計原則が悪いと、手動テストも自動テストもダメになります。自動テストは意味のない処理が高速で実行されるだけです。まじめな話、私は優れた自動テストはすべて手動テストが基になっていると考えています。

が高いのです。あてもなく歩き回ってしまい、重要な機能や重大なバグを見落とすわけには
いきません。一期一会を心にとめなければなりません！

　二度目のロンドン旅行は妻と一緒でした。妻は枠組みがある旅が好きなので、ガイドブッ
クを買って、観光パンフレットでポケットを（実際には私のポケットも）いっぱいにして、
ビッグレッドバスツアー[訳注3] を予約し、地元のガイドが案内するさまざまなウォーキングツ
アーに参加しました。ガイドツアーの合間には、あてもなくぶらぶら歩くという私の方法を
使いました。ガイドツアーの方が私の街歩きより、はるかに短時間でもっとおもしろい場所
に行けたのは間違いありません。しかし、この2つの方法には相乗効果がありました。ガイ
ドツアーではおもしろそうな脇道や路地を見つけたので行ってみたいと思っても、カバーで
きません。フリースタイル観光はそのフォローアップにうってつけでした。一方で、フリー
スタイル観光で見つけたクールな場所をガイドツアーでもっと詳しく探索することもありま
した。

　観光は枠組みとフリースタイルを融合するとよいものになります。それは探索的テストも
同様です。ここで用いるのが観光（ツーリング）のメタファーです。ツーリングメタファー
は探索に枠組みを追加します。フリースタイルで実施するテストに比べて、アプリケーショ
ンの探索をより速く、より徹底的に行えるようにします。本章ではツーリングメタファーに
ついて説明します。次章以降では、ラージ探索的テスト戦略の一環として実際にツーリング
テストを実施した例を示します。ツーリングメタファーの多くは大局的なテスト戦略として
用いることに適しています。同時に、従来のシナリオベースのテストと組み合わせて用いる
こともできます。大局的なテスト戦略として使うにはツアーがどのように編成されているか
を明確に定めておきます。ただし本章では、ツーリングメタファーを「頭に入れる」ために
すべてのツアーを説明します。後の章でもっと戦略的に使うときの参考にしてください。

4.3 「ツーリング」テスト

　テスト計画を議論する際には、ソフトウェアを管理しやすい小さな単位に分解することか
ら始める必要があります。ここで、フィーチャテストのような概念が登場します。テスト対
象のアプリケーションを構成するフィーチャごとにテスト作業を分解していきます。これに
よりテスト進捗の管理と、テストリソースの割り当てを単純化しますが、大きなリスクもも
たらします。

　フィーチャは、互いに独立していることはほとんどありません。多くの場合、アプリケー
ション内のリソースを共有し、共通の入力を処理し、同じ内部データ構造で動作します。そ
のため、フィーチャごと個別のテストでは、フィーチャが相互作用したときにのみ顕在化す
るバグの検出を妨害する可能性があります。

　幸いなことに、ツーリングメタファーはフィーチャの分解を求めません。テスト対象アプ

［訳注3］　Big RED Bus はロンドンのバス観光ツアー会社。

リケーションの構造の分解の代わりに、テストの意図に基づいた分解を求めます。観光客ができるだけ短期間で、できるだけ多くのものを見ようと休暇にのぞむように、テスト技術者はツアーを編成します。実際の観光客は、見るべきランドマークや訪れるべき場所を組み合わせて選びます。テスト技術者もまた、テストの意図に合わせて、ソフトウェアのフィーチャを組み合わせて選択するでしょう。テストの意図が要求するアプリケーションの機能やフィーチャの組み合わせは、フィーチャ単体のテストではありえないようなものです。

　観光ガイドブックは章立てが区域ごとになっていることがよくあります。ビジネス街、娯楽街、劇場街、歓楽街などです。実際の観光客にとっては、このような区分は物理的な境界に相当します。ソフトウェアテスト技術者にとっては、アプリケーションのフィーチャの論理的な分割に相当します。ソフトウェア内の物理的な距離は気にしなくていいからです。その代わり、ソフトウェアテスト技術者は多くのフィーチャをさまざまな順序で通過するアプリケーション内のパスを探索する必要があります。このように、ツーリングテストでは観光ガイドブックに異なった解釈を与えます。

　ツーリングテストでは利便性と整理のために、ソフトウェアの機能をいくつかの「区域」に分けています。ビジネス区域、歴史区域、観光区域、エンターテイメント区域、ホテル区域、犯罪区域です。それぞれの区域と関連するツアーをここにまとめ、それらの地区を巡るツアーについては、後のセクションで説明します。

- **ビジネス区域**：都会においては、ビジネス街は朝のラッシュアワーと夕方の通勤時間帯で区切られています。ビジネスの場所でありとアフターファイブの社交の場でもあります。ビジネス街には、銀行、オフィスビル、カフェ、ショップなどがあります。ソフトウェアの場合はビジネス区域は「ビジネスが行われる場所」であり、スタートアップとシャットダウンのコードに区切られており、顧客がソフトウェアに求める機能やフィーチャを含んでいます。マーケティングCMや販売デモで披露されるような「売りになる」フィーチャと、そのフィーチャをサポートするコードです。

- **歴史区域**：多くの都市には歴史的な場所や、歴史的な出来事の舞台となった場所があります。観光客は過去の謎や遺産が好きなので、歴史区域はとても人気があります。ソフトウェアの場合は、レガシーコードと過去のバグだらけの機能やフィーチャが歴史となります。実際の歴史と同様にレガシーコードは理解されていないことが多く、レガシーコードを含む箇所を修正、使用する場合には、多くの仮定がなされます。この区域を巡るツアーはレガシーコードのテストが目的になります。

- **観光区域**：多くの都市には、観光客しか行かない地区があります。地元の人やその街に住んでいる人は、このような混雑した大通りを避けます。ソフトウェアも同様で、初心者のユーザーは経験豊富なユーザーがもう使わないような機能やフィーチャに惹かれるものです。

- **エンターテイメント区域**：観光客が名所旧跡を巡りつくしたとき（あるいは観光客が疲れ果てたとき！）、最高の休暇のためには、心置きなくリラックスできるエンターテイメントが必要になることがよくあります。ソフトウェアにもそのようなサポートフィーチ

ャがあります。そのようなフィーチャをテストするツアーはこの区域に関係しています。エンターテイメント区域ツアーは他の区域のツアーを補い、テスト計画の隙間を埋めるものです。

● **ホテル区域**：観光客の宿泊する施設、忙しい一日の疲れを癒して悪天候をやり過ごす場所を確保することは、どのような都市にとっても必須です。後述するように、ソフトウェアは「休息時」に非常に忙しく働きます。ホテル区域ツアーは休息時のフィーチャのテストです。

● **犯罪区域**：犯罪区域とはガイドブックや観光案内所ではあまり紹介されていない、いかがわしいところのことです。いるのは悪事や違法行為をしている人ばかりで、近づかないほうがいい場所です。しかし、こういったところはとにかくある種の観光客を惹き付けます。犯罪区域ツアーはテスト技術者にとっては欠かせません。なぜなら、製品に残っているとユーザーを非常に不愉快にさせかねない、脆弱性のある場所を見つけることができるからです。

4.3.1　ビジネス区域

　都市のビジネス街は、午前と午後のラッシュ時やランチタイムに賑わいます。また、仕事が行われる場所でもあります。銀行やオフィスビルがあり、観光客が訪れるようなおもしろい場所ではありません。

　ソフトウェアの観光客にとってはそうではありません。アプリケーションの「ビジネスを成功させる」部分は、顧客がソフトウェアを購入して使用する理由になります。マーケティング部門のドキュメントに記載されているフィーチャであり、顧客アンケートでソフトウェアを使う理由を尋ねれば回答に挙げられるフィーチャです。

　ビジネス区域ツアーはソフトウェアの重要なフィーチャに焦点を当てるテスト手法です。そして重要なフィーチャが使われる場面にテスト技術者を案内します。

▎ガイドブックツアー

　観光客向けのガイドブックは、多くの場合、見るべき観光スポットを厳選して（扱いやすいように）数を絞って掲載しています。ガイドブックには、ベストホテル、ベストショップ、トップアトラクションが紹介されています。あまり詳しく記述はしておらず、観光客を圧倒するほど大量のオプションも載せていません。ガイドブックに掲載されているアトラクションは専門家が実際に訪れたものです。専門家は観光客がそのアトラクションを最大限に楽しむための方法を的確に伝えています。

　私の憶測に過ぎませんが、多くの観光客はガイドブックに書かれている範囲内で行動すると思います。観光客が何度も訪問してお金を落としてくれるように、観光地はガイドブックに記載されている地域を清潔、安全で、歓迎される場所として確保する必要があります。テストの観点からは、ガイドブックに載っているような人気の観光地に相当するものをソフトウェアの中から見つけることは重要です。そのため、このツアーはあらゆるテスト戦略の中で

欠くことのできない役割をもっています。観光地と同じように、ソフトウェア開発者はユーザー体験を楽しんでもらいたいと考えています。そのためには、主要なフィーチャは優れたユーザビリティを持ち、信頼性が高く、広告で謳われたとおりに機能しなければなりません。

　探索的テストにとってのガイドブックに相当するものはユーザーマニュアルです。印刷物であるのかオンラインヘルプ（ヘルプのショートカットの多くはF1キーなので、しばしば私はこれをF1ツアーと呼びます）であるのかは問いません。このツアーではユーザーマニュアルのとおりに操作して、記述内容からは決して外れないようにします。用心深い観光客と同じようにふるまいます。

　ガイドブックツアーは、ユーザーマニュアルを読んで、その内容に忠実に従うテストです。マニュアルにフィーチャや使い方が書かれているなら、テスト技術者はその指示どおりに操作します。テストの目標は、ユーザーマニュアルに記述されているシナリオを、できるだけ忠実に実行することです。多くのヘルプシステムは、シナリオではなくフィーチャについて書かれています。ただし、ほとんどのヘルプに書かれているものは、フィーチャを実行する入力とユーザーインターフェースの操作についての、非常に具体的な指示です。したがってガイドブックツアーでは、記述されているソフトウェア機能の利用方法だけでなく、ユーザーマニュアルの正確さもテストします。

　このツアーのバリエーションとしては、第三者のアドバイスを利用する「ブロガーツアー」や、不満のあるレビュアーの苦情を用いてテストケースを作成する「識者のツアー」があります。このようなテストの情報源になるものは、オンラインフォーラム、ベータ版コミュニティ、ユーザーグループのニュースレターなどです。あるいは、Microsoft Officeのように大規模で広く使われているアプリケーションなら書店の棚でも見つけることができるでしょう。もう1つの有用なバリエーションは、競合システムのヘルプ等の記述を利用する「競合ツアー」です[5]。

　ガイドブックおよび類似ドキュメントを使用したテストでは、ソフトウェアが売りにしている機能を提供できているかを検証します。このテストは単純明快であり、マニュアルの記述から外れてないかに注意して、マニュアルからの逸脱を見つけたらバグとして報告します。最終的にはマニュアルを修正することになるかもしれませんが、いずれにしてもユーザーの利益につながります。ガイドブックツアーでは、テスト技術者はユーザーの使用方法と同じようにソフトウェアを使用して、フィーチャ同士が影響を及ぼしあうようにします。以上のことから、ガイドブックツアーで見つかるバグの多くは重要なものになります。

　第6章「探索的テストの実践」では、ガイドブックツアーの例をいくつか示します。

---

[5]　競合システムの「ガイドブック」を使って自社のアプリケーションをテストすることは、ガイドブックツアーにおける斬新なアプローチです。競合製品が市場のリーダーであり、自社製品がそれに取って代わろうとしている状況では、非常に効果的です。このような場合、アプリケーションを移行するユーザーは、移行前のユーザーマニュアルに記述されている方法での操作に慣れているかもしれません。そのため、自社のアプリケーションを（できるなら）移行ユーザーと同じような操作で探索すべきです。ユーザー自身が移行先ソフトウェアがユーザーニーズを満たしているかを確認するよりも、テスト技術者が探索的テストで確認する方がよいでしょう。

マネーツアー

　観光客を惹き付ける場所には、必ず観光客が来るだけの理由があるはずです。ラスベガスならカジノとストリップ、アムステルダムならコーヒーショップ[訳注4]と風俗街、エジプトならピラミッド。こういったランドマークがなくなればそこはもはや魅力的ではなく、観光客は他の場所にお金を落とすようになるでしょう。

　同じようにソフトウェアにもユーザーが購入するための理由が必要です。ユーザーを惹き付けるフィーチャを見つけたなら、そこにはお金が埋まっています。探索的テスト技術者にとってお金になるフィーチャを見つけるということは、文字通りお金を追い求めることを意味します。たいていの場合はお金を生み出すフィーチャの品質は売り上げに直結するので、重要なテスト対象です。

　営業担当はユーザーに購入してもらえるように、アプリケーションのデモに多くの時間を費やします。思うに、営業担当は販売ノルマを達成することで給料をもらっているので、アプリケーションのデモが得意のはずです。顧客が求めている使用方法を実演して最高の製品であることを演出するでしょう。ショートカットを駆使したスムーズなデモの実演もできるはずです。営業担当が販売を促進するためのアプリケーション使用シナリオを思いつくこともあるでしょうが、そのシナリオは限定的な要求やユーザーストーリーに依存するものではありません。要するに、営業担当はマネーツアーのための素晴らしい情報源です。

　マネーツアーでは、自分のために自分で製品デモを実行してアプリケーションの問題を探します。マネーツアーを実施するテスト技術者は、営業のデモに同席したり、製品デモの動画を見たり、営業担当に同行して顧客と話したりする必要があります。バグフィックスやフィーチャ追加のために製品のコードが修正されると、製品デモがうまく実行できなくなるかもしれません。デモができないことは重大なバグに間違いありません。それだけではなく、営業担当をかなり深刻な窮地から救ったことにもなります（おそらく、売上も救われるでしょう）。私はマネーツアーで多くのバグを発見して営業を助けてきました。だから、テスト技術者が営業担当のインセンティブの一部を受け取ってもいいのではないかと内心では思っています！

　このツアーの強力なバリエーションは、「疑い深い顧客ツアー」です。これは製品デモを実行している最中に顧客が常にデモを中断して「××するにはどうすれば？」と尋ねてくる状況を想定します。「これをやりたいんだけどどうすればいい？」や、「あれをするにはどうすればいいの？」などです。顧客から質問されればデモは台本通りには進められなくなり、デモに新しいフィーチャの説明を追加することになります。このような質問は実際の製品デモでも投げられます。特に、購入の直前に顧客が最後の試用をする段階で行うデモでよく起こります。マネーツアーはエンドユーザーにとって重要な操作シナリオを含むテストケースを作成するための強力な方法です。

　繰り返しになりますが、営業が実施する顧客デモに同席して営業担当と良好な関係を築いておくことは、マネーツアーを利用する際に明確なアドバンテージになります。また、マネ

［訳注4］　オランダでコーヒーショップとは大麻を扱っている店を指します（オランダでは大麻が合法です）。

ーツアーのバリエーションの効果を最大限発揮することができます。

マネーツアーで見つけたバグは、実際のユーザーが目にする可能性が高いため、非常に重大なものであることは明らかです。

第6章では、マネーツアーの例をいくつか示します。

ランドマークツアー

ケンタッキー州の野原、牧草地、森で過ごした少年時代、私はいつも森で過ごしていたように思われる兄の姿を見てコンパスの使い方を学びました。兄が教えてくれたのは、コンパスを使って行きたい方向にある目印（ランドマーク）を指し示すことで進行方向を決める方法です。やり方は簡単です。コンパスで行きたい先にあるランドマーク（木、岩、崖など）を指してまっすぐ歩いていきます。その後はまた別の目印を見つけて同じように歩いていきます。ランドマークがすべて同じ方向にあるなら、ケンタッキー州のうっそうとした森を通り抜けることもできます[6]。

探索的テスト技術者にとってランドマークツアーは、ソフトウェアの中にランドマークを設定して、ランドマークからランドマークへ渡りながらソフトウェアの中を移動していくテスト手法です。コンパスを使った森歩きに似ています。Microsoftではツアー実施前にあらかじめランドマークを選んでいました。ランドマークに選ばれたのはガイドブックツアーとマネーツアーのテスト対象となったフィーチャです。その中からツアーの対象とするランドマークを選択して、実行する順番を決めてすべてのランドマーク（フィーチャ）を実行します。どのランドマークを実行したかを記録しておき、ランドマークカバレッジマップを作成して進捗を確認できるようにするとよいでしょう。

ランドマークツアーのバリエーションとしては、最初は少数のランドマークでツアーを行い、その後にランドマークの数を増やしたり訪れる順番を変える手法があります。

Visual Studio開発チームは、Microsoftで最初に製品開発でランドマークツアーを採用したグループでした。そのためMicrosoftではランドマークツアーが最も人気でしたし、効果もありました。次に人気だったのは次項で述べるインテリツアーです。

インテリツアー

以前、ロンドンの街歩きツアーに参加したことのことです。ガイドは50代の紳士で、ツアー開始時に自分は今までずっとロンドンで生活してきたと説明していました。ただ、その時はたまたま英国史に詳しい学者がツアーに参加しており、ガイドに何度も難しい質問をしていました。学者には悪気はなかったのですが、好奇心が強く、ロンドンの知識が豊富だったこともありツアーとの相性は最悪になってしまったのです……少なくともガイドにとっては。

オスカー・ワイルド[訳注5]が住んでいたチェルシーのアパート、1666年の大火災、馬が主な交通手段だったころの生活など、ガイドがロンドン市街について話すたびに、英国史の学

---

[6] 私たち兄弟はこの方法で密造酒用の蒸留器を見つけたこともあります。これはケンタッキーの田舎を探検するときの危険の1つです。もっとも、危険な虫のほうがもっと早く遭遇します！

[訳注5] 19世紀のアイルランド出身の詩人、作家、劇作家。「幸福な王子」、「サロメ」などの作品で知られています。

者はガイドの説明にいちゃもんを付けたり、答えに窮するような難しい質問をしていました。気の毒なガイドがこれほど苦労したツアーは今までなかったでしょう。学者が口を開くたびに、ガイドは自分が試されていることがわかっていました。そして、気を抜くことができないこともわかっていました。ついにガイドは音を上げてしまい、本当はロンドンには5年しか住んでいないことと、ツアーの台本は暗記していたことを認めました。インテリ学者がツアーに参加するまでは、ガイドの策略は成功していたのです。

　なんと見事なデバッグ！　学者はガイドからバグを検出したのです！　感動した私は、ツアー終着点のパブでガイドと英国史の学者の両方に一杯おごりました（ちなみに、パブの知識は学者よりガイドの方がはるかに豊富でした）。

　この出来事を探索的テストに当てはめると、インテリツアーはソフトウェアに難しい質問を投げかけるというアプローチになります。どうすればソフトウェアを可能なかぎりハードに動作させることができるのか？　どの機能がソフトウェアを限界まで遅延させるか？　どのような入力やデータが最も多くの処理を実行させるのか？　どういった入力がエラーチェックルーチンをすり抜けることができるのか？　どのような入力や内部データが出力の生成に負荷をかけるのか？

　もちろん、難しい質問はテスト対象のアプリケーションによって大きく異なります。ワープロをテストする人は、グラフィック、表、複数の列、脚注などできるだけ複雑な文書を作成するように指示します。オンライン通販システムのテストではできるだけ難しい注文を考案してみましょう。200個の商品を注文できますか？　複数の商品を取り寄せにできますか？　使用するクレジットカードを何度も変更できますか？　データ入力フォームのすべてのフィールドでエラーを発生できますか？　インテリツアーで行うことはアプリケーションによって異なりますが、方法論は同じです。「ソフトウェアに難しい質問をすること」。インテリ学者がロンドンのガイドに質問したのと同じように、ソフトウェアの論理的な上限と実際の上限のギャップを見つけることができるでしょう。

　インテリツアーのバリエーションには「傲慢なアメリカ人ツアー」が挙げられます。ここで行うことは、アメリカ人が海外旅行で行うステレオタイプな振る舞いです。難しい質問をするのではなく、単にツアーをいらつかせたり邪魔をしたりして、自分たちを注目させるためのくだらない質問をします。テストでは、ソフトウェアの反応を見るために意図的に妨害をすることに相当します。インテリツアーのように非常に複雑なワープロ文書ファイルをテストに用いるのではなく、とてもカラフルな文書を作ったり、1ページおきにページの向きを反転させたり、素数のページだけを印刷したり、ほとんど意味のない場所にオブジェクトを配置したりします。ショッピングサイトなら、最も高価な商品をカートに追加してすぐに返品します。意味がなくてもいいのです。ユーザーが同じことしないとは決して言えません。

　インテリツアーとそのバリエーションは、高優先度のバグから取るに足らないバグまで、さまざまな種類のバグを見つけることができます。検出バグ数を制御できるかは、探索的テスト技術者次第です。本当に突拍子もなく難しい質問と、ソフトウェア機能を試すことができる質問を区別してください（突拍子もなく難しい質問とは、ロンドンのガイドにテムズ川の北側と南側のどちらからロンドンの街を築いたかを尋ねるようなものです。これは難問で

51

すが、あまり意味のある質問ではありません）。現実的な範囲で複雑なワープロ文書ファイル、ショッピングサイトの注文方法、あるいはその他のデータを作成すべきです。ユーザーにとって本当に重要なバグを発見して、修正が必要なことを提示しやすくなるようにしてください。

インテリツアーの例は、第6章のボラ・アグボニルによるWindows Media Playerのテストで示します。

FedExツアー

FedExは代表的な荷物配達企業です。FedExは荷物を受け取ると各地の配送センター間を配送して最終目的地まで配達します。FedExツアー[7] では、FedExのシステム内を移動する荷物の代わりに、ソフトウェア内を移動するデータを対象にします。データは入力としてソフトウェアに与えられ、変数やデータ構造に格納します。ソフトウェア内部では操作、変更、計算を行います。最終的に出力としてユーザー出力インターフェースに「配送」されます。

FedExツアーの間は、テスト技術者はデータの移動を注視することになります。入力データが保存される場所を特定し、ソフトウェア内部を「追跡」してください。たとえば、ショッピングサイトに住所が入力されたとき、その住所はどこに表示されますか？　住所を使うフィーチャはどれですか？　請求所の住所として使われるなら、請求書を表示してください。配送先住所として使われるなら、発送先入力画面まで進んでください。住所を変更できるなら変更してください。住所を印刷したり、消去したり、他にも何か処理をしますか？　FedExが荷物を扱うのと同じような、データを扱うすべてのフィーチャを見つけてください。データのライフサイクルに含まれる処理過程のすべてを調べてください。

FedExツアーの例は、第6章のデビッド・ゴレナ・エリゾンドによるVisual Studioのテストで示します。

アフター5ツアー

仕事といえども、どこかの時点で中断しなければなりません。労働者は帰宅したり、仕事終わりになじみの店に向かいます。都市が混雑する時間帯なので、多くの観光客は業務終了後のビジネス街には近づかないようにします。

しかし、テスト技術者は違います！　営業終了後の売り上げが出ない期間であっても、多くのソフトウェアアプリケーションは稼働し続けます。メンテナンスタスクを実行し、データをアーカイブし、ファイルをバックアップします。このタスクはアプリケーションが自動的に行うこともあれば、テスト技術者が強制的に行うこともあります。アフター5ツアーは、テスト技術者の仕事を思い出させてくれるツアーです。

アフター5ツアーのバリエーションとして、起動手順と起動スクリプトのテストが目的の「朝の通勤時間ツアー」があります。このツアーがZune[訳注6] に適用されていれば、2008年12月31日に発生した、第一世代のZuneデバイスが起動しなくなる無限ループのバグを回避

[7]　FedExツアーは、Microsoftのトレイシー・モンティスが最初に提案しました。
[訳注6]　2006年に発売されたMicrosoftの携帯音楽プレイヤー。日本では未発売。

できたかもしれません。

Zune のバグ

2008年12月31日はうるう年の366日目でした。その日、Microsoftの第一世代Zuneがフリーズし、そのまま回復しませんでした。このバグは、365日ある年だけしか処理できないループが原因のエラーでした。その結果としてループが終了しなくなり、Zuneはフリーズしてしまいました。コードはこのようになっています。

```
year ORIGINYEAR;    /* = 1980 */
While (days > 365)
{
    if (IsLeapYear(year) )
    {
        if (days > 366)
        {
            days -= 366;
            year += 1;
        }
    }
    else
    {
        days -= 365;
        year += 1;
    }
}
```

このコードは時刻情報を受け取り、年を計算して、月と日が決まるまで365または366からカウントダウンします。問題は、366という数字が大きすぎてwhileループから抜け出せないことです（つまり、ループが終わらないためZuneは"ネバーランド"に行ってしまいます）。このスクリプトは起動コードに含まれているので、Zuneの電源を入れたときに実行されます。デバイスをリセットするためには、1月1日の時刻情報が必要です。そのため、年が明けるのを待ってからバッテリーを抜けば解決します！

ゴミ収集ツアー

ゴミ収集の担当者は、住民や警察よりも地域のことをよく知っています。なぜなら、ゴミ収集は通りから通りへ一軒一軒を回り、道路の段差まで熟知しているからです。丁寧に地域をまわり、家々に立ち寄りながら移動します。しかし、急いでいるので一か所に場所に長く留まることはありません。

ソフトウェアに当てはめるなら、ゴミ収集ツアーは順序だてられた抜き取り検査に相当します。表示画面から表示画面へ、またはダイアログボックスからダイアログボックスへ順番

に移動していく、インターフェースの抜き取り検査です。ゴミ収集車のように最短ルートで移動していきます。一か所に立ち止まって詳細なことはテストはせず、明白な内容だけをチェックするようにします（後述するスーパーモデルツアーに似ています）。また、他にもゴミ収集ツアーはソフトウェアごとに適切なランドマークに適用することができます。フィーチャからフィーチャへ、モジュールからモジュールへ移動するテストです。

画面ごと、ダイアログごとに（ゴミ収集のように最短経路を優先して）進み、詳細なテストには立ち寄らないようにします。（スーパーモデルツアーのように）よくわかっているインターフェースだけの抜き取りチェックをしましょう。また、このツアーを使って機能ごと、モジュールごと、あるいは特定のアプリケーションにとって意味のあるランドマークの動作を確認することもできます。

ゴミ収集ツアーはテストゴール（たとえば、すべてのメニュー項目、すべてのエラーメッセージ、すべてのダイアログボックスをチェックする）を選び、リストのすべての項目を可能なかぎり最短経路で移動するテストです。ゴミ収集ツアーの例は、第6章のボラ・アグボニルによるWindows Media Playerのテストとジェフ・スタネフによるVisual Studioのテストで示します。

4.3.2 歴史区域

都市内の歴史区域とは、古い建物や歴史的な名所が存在する地域です。ボストンのような都市では、歴史地区は街のあちこちにあり遊歩道で結ばれています。ドイツのケルンでは市街地内の一角を「旧市街」と呼んでおり、再開発が行われる前からあった場所を区別しています。

ソフトウェアでは、歴史区域はボストンのように緩くつながっていることもあれば、ケルンのようにまとまっていることもあります。歴史区域に相当するものはレガシーコード[訳注7]や、旧バージョンから存在してバグ修正がされたフィーチャです。特にバグ修正履歴があるフィーチャは重要です。歴史は繰り返すの言葉どおり通り、バグが発生した箇所の再テストは重要な意味があります。

▍危険地域ツアー

訪れる価値のある都市には必ず治安の悪い地域があります。観光客が避けなければならない地域です。ソフトウェアにも危険地域があります。バグが含まれたコードです。しかし、観光客と探索的テスト技術者は違います。観光客は悪い地域を避けようとしますが、テスト技術者はできるだけ多くの時間を過ごすようにします。

はっきり言うと、どのフィーチャが危険地域になりそうかは事前に知ることはできません。しかし、テストが進みバグが検出されていくにつれ、フィーチャごとのバグ数がわかってきます。そのため、製品のどこでバグが発生しているのかを追跡できるようになります。バグ

［訳注7］ 単に古いバージョンから存在しているわけではなく、不具合が出やすく、また変更することも困難なソースコードを指します。

4.3 「ツーリング」テスト

は特定の場所に集まる傾向があるので[8]、製品のバグが多い部分を再度訪れることには意味があります。実際、バグの多い領域がわかったら、ゴミ収集ツアーを実施して、バグ修正によって新たなバグが発生していないことを確認したほうがいいでしょう。

博物館ツアー

古美術品を展示している博物館は観光客に人気があります。スミソニアン博物館やその他の自然史博物館には毎日何千人もの人が訪れます。同様にコード内の骨董品もテスト技術者の注目に値します。この場合、ソフトウェアの骨董品に相当するものはレガシーコードです。

手付かずのレガシーコードを手早く特定する方法は、コードリポジトリやプロジェクトのバイナリファイルやアセンブリファイルの日付／タイムスタンプを見ることです。多くのソースリポジトリには修正記録も残されているので、テスト技術者は古いコードに含まれている直近の修正をある程度は調べることができます。

リビジョンが古いコードファイルや、新しい環境に配置された古いコードは不具合が発生しやすくなります。元の開発者がずいぶん前にいなくなっていたり、ドキュメントが整備されていなかったりするので、レガシーコードは修正もコードレビューも困難です。また、開発者による単体テストの網からこぼれ落ちてしまいます（通常、単体テストは新しいコードにしか実施しません）。博物館ツアーの間は、テスト技術者は古いコードと古いバイナリファイルを明確にして、妥当なテストがなされるようにしなければなりません。

旧バージョンツアー

製品が旧バージョンからのアップデートなら、前バージョンで行ったすべてのテスト手順とテストケースを再度実行するのがよいでしょう。こうすることで、ユーザーが使い慣れた機能が新バージョンでもサポートされており、機能が有効であり使いやすいことを確認できます。新バージョンで修正または削除された機能があるなら、テスト技術者は最新バージョンに合わせたテスト入力を選ばなければなりません。また、必要な機能がなくなっていないことを確認するためには、新バージョンでテストができなくなったツアーが本当に行うことができないのかを詳しく調べる必要があります。

4.3.3 エンターテイメント区域

どのようなバケーションでも、観光客は人混みと戦いながら観光地を巡る忙しいスケジュールから離れることが必要です。エンターテイメント区域でショーを見たり、静かに外食をしたりするのが一般的な方法です。エンターテイメント区域は観光することが目的ではなく、休暇の思い出作りや、地元の味覚でくつろぐ場所です。

---

[8] バグが特定のフィーチャに集まる理由はいくつもあります。開発者は担当するフィーチャを割り当てられてプロジェクトに参加することが多いので、フィーチャごとのバグ出現率は開発者個人のスキルによって決まります。また、バグは複雑な箇所に集まるので、コーディングが難しいフィーチャほどバグが多くなる可能性があります。これは、バグが多いフィーチャを見つけたら、そのフィーチャを探すともっと多くのバグが見つかる可能性が非常に高いということを意味しています。

多くのソフトウェアにもエンターテイメントになるフィーチャがあります。たとえば、ワープロのビジネス区域に相当するものは、文書の作成、テキスト入力、図、表、アートワークの挿入などのフィーチャです。一方でエンターテイメント区域は、ページのレイアウト、テキストの書式設定、背景やテンプレートの変更などその他のフィーチャです。言い換えると、仕事とは文書を作ることであり、「楽しみ」とは見栄えをよくすることになります。エンターテイメントとは実際の仕事から離れて、知的な息抜きをすることです。

エンターテイメント区域を巡るツアーでは、主役ではなく脇役を訪ねます。この2つが有用かつ有意義な形で結びついていることを確認します。

脇役ツアー

この章をロンドン旅行のたとえ話で始めたのはよかったと思います。なぜなら、ロンドンには面白い場所や本当にクールな建物がたくさんあるからです。ロンドンのほぼ全域を巡るガイド付きウォーキング・アーに何度も参加していますが、私はガイドが説明する建物よりも、ガイドが指摘しない建物のほうに惹かれていました。ガイドが歴史的に重要な役割のある有名な教会について説明しているとき、私は丸みを帯びたドアの高さが約5フィート（約1.5メートル）程度しかない、長屋のような低い建物に惹かれていることに気づきました。その建物はまるでホビットの街のようでした。別のスポットで、ガイドは街の公園で飼われているペリカンの話をしていました。私はペリカンには興味がありませんでした。そのかわりに池の中の小さな島にある、竜の歯のような根を持つ柳の木に心を奪われていました。

営業担当者が製品のデモをしたり、マーケティング担当者がアプリケーションのフィーチャを宣伝したりときも、ユーザーはスポットライトを浴びているフィーチャの近くにある別のフィーチャに気を奪われがちです。ユーザーが頻繁に使用すると予想されるフィーチャと同じ画面にある、別のフィーチャにテスト技術者の注意を向けることが脇役ツアーの役割です。メインフィーチャの近くにあるのですから、脇役フィーチャは見つけやすくなっています。だから、脇役にはテストで注意を払わなくてもよいという間違いはしないでください。

たとえば、ショッピングサイトで表示される関連商品のリンクです。ほとんどの人は検索した商品をクリックするので無視する、関連商品のリンクをクリックします。商品の一覧では、もし2番目の商品が一番人気なら3番目の商品を選んでみます。テスト目的が購入シナリオのテストなら、製品レビューフィーチャを選んでみます。他のテスト技術者がどこをテストしていたとしても、左右を指さし確認して、脇役にも十分な注目を向けるようにしてください。

第6章では、ニコール・ホーゲンが、Dynamics AX[訳注8] のクライアントソフトウェアで脇役ツアーをどのように実施したかを示します。

裏通りツアー

よい観光とは人気のある場所を訪れることである。多くの人の目にはこう映るでしょう。

［訳注8］　Microsoft 社製の ERP ソフトウェアパッケージ。

その対極にあるのが、誰も行かないような場所を訪れる観光です。公衆トイレ巡りとか、町工場のエリアを歩くといったものです。あるいは、ディズニーワールドのバックステージツアーや映画スタジオの裏側ツアーなど、観光客が通常足を踏み入れない場所を訪れる、いわゆる「舞台裏ツアー」も含まれるでしょう。探索的テストの観点で裏通りに相当するものは、使われる可能性が非常に低く、ユーザーにとってほとんど魅力のないフィーチャです[9]。

　もし開発グループがフィーチャの使用頻度を調査しているのなら、裏通りツアーではリストの一番下にあるものをテストするようになります。もし開発グループがコードカバレッジを記録しているのであれば、裏通りツアーではまだテストされていないコードのテスト方法を見つけることになります。

　このテーマの面白いバリエーションが、混合目的地ツアーです。最も人気のあるフィーチャと最も人気のないフィーチャを組み合わせて訪問してみてください。これは、大きなランドマークと小さなランドマークを混ぜたランドマークツアーと考えることができます。開発者が1つのシナリオの中で混在させることを想定していなかったため、予想外の相互作用をするフィーチャを見つけることができるかもしれません。

フィーチャの相互作用

　あるフィーチャを死ぬほどテストしてもバグが見つからなかったのに、別のフィーチャと組み合わせて使用するとバグが出るというのは、テスト活動のやりきれない事実です。本来ならば、アプリケーションのすべてのフィーチャを2つの組み合わせ、あるいは3つ組み合わせでテストしなければなりません。そしてソフトウェアの不具合の原因となる相互作用があるかを判断します。このような網羅的なテスト戦略は実現不可能ですし、ほとんどの場合は必要もありません。代わりに、2つのフィーチャを一緒にテストする必要があるかどうかを判断する手法を用います。

　私はこれを質問リストとして扱うことが好みです。組み合わせテストの候補である2つのフィーチャを選び、次のように自問するだけです。

- **入力の質問**：両方のフィーチャがともに処理する入力はありますか？
- **出力の質問**：両方のフィーチャをともに操作するUIはありますか？　両方のフィーチャがともに生成または更新する出力はありますか？
- **データの質問**：両方のフィーチャがともに操作する内部データはありますか？両方のフィーチャがともに使用または変更する内部保存情報はありますか？

　これらの質問の答えがいずれかでも「YES」であれば、そのフィーチャは相互作用しており、一緒にテストする必要があります。

---

[9]　このようなフィーチャをすべてテストする必要があるのかという疑問はもっともです。しかし、私はテストは必要だと考えています。もしそのフィーチャが製品に存在するなら、それはどこかの誰かにとっては重要なフィーチャなのです。ユーザー層が非常に大きいMicrosoft や Google のような企業なら、あまり人気のないフィーチャでも1日に何百万回も使われることがあります。このようなプロジェクトでは、まったく重要ではないフィーチャというものは存在しません。しかし、できるかぎり使用頻度に応じてテスト予算を配分するほうが賢明です。

第6章では、ニコール・ホーゲン、デビッド・ゴレナ・エリゾンド、ジェフ・スタネフの3人が、さまざまなテストタスクに裏通りツアーを使用した例を示します。

■ オールナイトツアー

クラブツアーとも呼ばれるこのツアーは、夜遅くまでナイトスポットに繰り出す人たちのためのものです。ここで重要なのはオールナイトということです。オールナイトツアーは決して止まってはいけません。もう一軒、もう一杯という具合です。オールナイトツアーは耐久テストだと考える人もいます。ラストまで持ちこたえられますか？　オールナイトを乗り切ることができますか？

探索的テスト技術者も、ソフトウェアに同じ質問をします。アプリケーションは最後まで持ちますか？　アプリケーションがクラッシュするまで、何時間データ処理を実行し続けられましたか？　これはソフトウェアにとって大きな課題です。なぜなら、メモリ内に蓄積されるデータ、および変数の継続した読み取りと書き込み（および再読み取りと再書き込み）により、時間が経過すると異常が発生することがありえるからです。メモリリーク、データ破損、競合状態など、テストに時間をかけるべき理由はたくさんあります。また、アプリケーションを再起動すると時刻やメモリがリセットされます。そのため、オールナイトツアーの背景にある考え方は、アプリケーションを絶対に終了してはならないというものです。これは、同じフィーチャを継続的に使うことや、1つのファイルを継続的に開き続けることも当てはまります。

オールナイトツアーに参加する探索的テスト技術者は、アプリケーションを終了することなく実行し続けます。ファイルを開いたまま閉じません。多くの場合、保存時に起こりうるリセット効果を避けるために、ファイルを保存することさえしません。リモートリソースに接続し、決して切断しません。そして、リソースを常に使用する目的で、ソフトウェアを動作させてデータを移動させ続けるために他のツアーを使ってテストを実行することもあります。オールナイトツアーの実施中に他のツアーを続ければ、他のテスト技術者が見つけられないようなバグを発見できるかもしれません。なぜなら、ソフトウェアが再起動時に行う初期化処理を実行しないからです。

多くのグループは、決して電源を切らない専用マシンを使用して、自動処理を繰り返し実行します。通常の使い方として何日も電源を入れっぱなしにすることが多いモバイル・デバイスの場合、これを行うことはさらに重要です。もちろん、スリープモードやハイバネーションモードなどさまざまな動作モードがあるなら、ソフトウェアが状態情報を保持し続ける範囲でいろいろなモードを使用してみます。

4.3.4　観光区域

観光に力を入れている都市には必ず観光客が集まるエリアがあります。土産物店やレストランなど、観光客の消費を喚起し地元商店の利益を確保するための施設がたくさんあります。ラグジュアリー商品、サービス、最高の体験が用意されています。

観光区域を巡るツアーにはいくつか種類があります。土産物を買うための短いツアーは、短時間で行う特別なテストケースに似ています。また、チェックリストを準備して名所を巡るもっと長いツアーもあります。観光区域ツアーは、ソフトウェアを動作させることが目的ではありません。ただそこに行くことだけを目的にして名所を訪れることに似た、ソフトウェア機能の手早い確認を目的としています。

コレクターツアー

私の両親はすべての州が異なる色で塗り分けられたアメリカの地図を持っています。最初はすべての州が白色でしたが、休暇で各州を訪れるたびに地図が塗られていきました。両親の目標は50州すべてを訪れることだったので、コレクションを増やすことだけを目的に出かけていました。州をコレクションしていたと言ってもいいかもしれません。

コレクションできるような無料特典が含まれている観光ツアーもあります。ワインの試飲会や、子供たちが工作を楽しめるブースのあるフェアなどです。それが何であれ、すべてをやりたい、すべてを集めたいと思う人は必ずいます。たとえば、美術館で展示されている彫像をすべて写真に収めようとする人、ディズニーワールドですべてのキャラクターと会わせたいという子供を持つ母親、あるいはスーパーで試食をすべて食べずにはいられない人などです。いずれにせよ、こういった収集癖は探索的テスト技術者に持ってこいです。

探索的テスト技術者も完璧なコレクションを目指します。コレクターツアーではソフトウェア出力の収集を提示します。収集すればするほど、よい結果が得られます。コレクターツアーの背景にある考え方は、可能なかぎりあらゆる場所を訪れ、目にするすべての出力を文書化することです（私の両親がアメリカの地図で行ったようにです）。ソフトウェアが生成できるすべての出力を確認してください。ワープロソフトなら、印刷、スペルチェック、書式設定などできることすべてを確認します。入力可能なあらゆる表、図、図形、そのすべてが含まれる文書をユーザーは作成するかもしれません。オンラインショッピングサイトでは、あらゆるユーザーからの購入、クレジットカード決済の成功と失敗すべてのパターンなど、考えられるすべてを確認する必要があります。あらゆる場所を訪れ、あらゆるものを見て、コレクションが完成したと言えるようになるまで、あらゆる出力を検証し続ける必要があります。

コレクターツアーは大規模なツアーなので、グループ作業として進めるのがよいでしょう。グループメンバーの担当はフィーチャごとで決めたり、出力の種類ごとに担当を割り当てたりして収集します。また、アプリケーションの新しいバージョンのテストをする際には、変更されたフィーチャの出力を一旦すべて破棄して収集をやり直さなければなりません。

第6章でニコール・ホーゲンによるコレクターツアーの例を示します。

孤独なビジネスマンツアー

私には出張が多い友人がいます（このツアーはあまり褒められたものではない名称が付けられているので、名前は伏せておきます）。友人は世界中の多くの大都市を訪れていますが、ほとんどは空港、ホテル、オフィスにしか行きません。この状況を改善するために、訪問先

のオフィスからできるだけ離れた場所にあるホテルを予約するという作戦をとりました。そして、オフィスまでは徒歩、自転車、タクシーなどを利用して移動し、観光名所を見ることで滞在場所の雰囲気を味わうようにしています。

このツアーは非常に効果的であり、探索的テスト技術者はツアーのさまざまなバリエーションを採用できます。孤独なビジネスマンツアーは、アプリケーションの開始地点からできるだけ離れた場所にあるフィーチャに滞在するテスト手法です（もちろん滞在とはテスト実行のことです）。たどり着くまで最もクリック数が多いのはどのフィーチャですか？　テスト対象を選んだら、そのフィーチャにたどり着くまでクリックすることがテストになります。効果を発生させるために最も多くの画面遷移が必要なのはどのフィーチャですか？　テスト対象を選んで画面遷移をすることがテストです。目的地に到達するまで、アプリケーション内をできるだけ遠くまで移動することが目的です。短い経路よりも長い経路を選んでください。アプリケーション内で最も奥深くに埋もれている部分を目的地としてください。

目的地に向かう途中と、目的地に到着した後の両方でゴミ収集ツアーを実行する手法もあります。

スーパーモデルツアー

スーパーモデルツアーでは、外見だけを考えてほしいのです。何があっても、内面には踏み込まないでください。スーパーモデルツアーは機能や内部構造についてではなく、見た目や第一印象についてのテストです。セレブが参加するクールなツアーだと思ってください。有意義だとか、体験から学ぶことが多いだとか、そんなツアーではありません。むしろ、華やかな見た目だけのツアーです。

お分かりでしょうか？　スーパモデルツアーでは、機能性や操作したときの処理は重視していません。インターフェースのみを重視します。スーパモデルツアーを実施するときは、インターフェースの要素を観察してください。見栄えがよいでしょうか？　適切にレンダリングされていますか？　パフォーマンスは良好ですか？　画面を変更するとGUIは適切に再描写されますか？　それとも画面上に見た目の悪いパーツが残っていませんか？　GUIの色彩になんらかの意味があるなら、色使いは一貫していますか？　GUIパネルのボタンやコントロールの位置に矛盾はありませんか？　インターフェースは規約や標準に違反していませんか？

このテストに合格したソフトウェアは、他の多くの点ではまだバグだらけかもしれません。ただ、スーパーモデルのように、側に立っているととても素敵に見えるでしょう。

第6章にはスーパーモデルツアーの例を多く示しています。ランドマークツアーやインテリツアーとともに、Microsoftのすべてのパイロットプロジェクトに採用された実績があります。

1個テストしたら1個無料ツアー（TOGOFツアー）

「1個テストしたら1個無料ツアー」は、買い物客に人気の「Buy One Get One Free（1個買ったら1個無料）」略して「BOGOF」という言葉をもじったものです。BOGOFはイギリスやアメリカで一般的ですが、いずれにしても、食品や安売りの靴だけのものではありません。

このテストでは探索的テスト技術者が何かを購入するのではありません。「Test One Get One Free（1個テストしたら1個無料）」というものです。

「1個テストしたら1個無料ツアー」は、同じアプリケーションを複数同時に実行した際の挙動をテストすることが目的のシンプルなツアーです。1個テストしたら1個無料ツアーを開始したらアプリケーションを起動し、次に同じアプリケーションを起動し、さらに同じアプリケーションを起動してください。そして、各アプリケーションのメモリ操作をするフィーチャや、ディスク操作を行うフィーチャを使用してください。起動中のすべてのアプリケーションで同じファイルを開いたり、同時にネットワーク上にデータを送信してみます。おそらく、各アプリケーションは何らかの形で互いに干渉したり、同じファイルから読み取り／書き込みを行う際に何か不正な動作をするでしょう。

なぜ1個テストしたら1個無料ツアーと呼ぶのでしょうか？　1つのコピーにバグが見つかれば、すべてのコピーにバグが見つかったことになるからです！　第6章ではデビッド・ゴレナ・エリゾンドによる1個テストしたら1個無料ツアーのVisual Studioへの適用方法を説明しています。

スコットランド人のパブツアー

私の友人であるアダム・ショスタック（『The New School of Information Security』の著者）がアムステルダムを訪れた際、偶然にスコットランド人観光客の一団と出会いました（キルトと訛りから、スコットランド人であることがすぐに分かりました）。一団は国際的に活動するパブ巡りグループのメンバーでした。アダムはグループに加わってパブ巡りに参加し、グループの案内がなければ決して見つけられなかったと思われるパブをいくつか訪れました。小さくてあやしい店から、田舎町の地域住民の憩いの場になっている店までさまざまなパブです。

私の住んでいる町には、パブを見つけることが得意なスコットランド人にしか見つけることができないようなパブがどれだけあるのでしょうか？　ソフトウェアにも口コミや、詳しいガイドに巡り合わなければ見つけられない場所はたくさんあります。

スコットランド人のパブツアーは、特に大規模で複雑なアプリケーションに適用できます。このカテゴリーに該当するものはMicrosoft Office製品などです。eBay、Amazon、MSDNなどのサイトも該当します。このツアーでは、アプリケーション内の、知っていなければ見つけられないような場所を探索します。

これは、ほとんど利用されていないフィーチャという意味ではなく、見つけることが難しいフィーチャという意味です。アダムは、スコットランド人とのパブ巡りで訪れた多くのパブが、見つけづらい店であっても大勢の人々で賑わっていたと話しています。ツアーを適用する際の秘訣はガイドを見つけられるかどうかです。

しかし、テスト技術者にキルトを着たガイドとホテルで偶然出会うことは期待できません。このツアーを適用するためには、どこかにいるガイドに会いに行かなければなりません。つまり、ユーザーのグループを見つけてメンバーと話し、業界ブログを読み、あるいはアプリケーションの奥深くを調べるために多くの時間を費やすことになります。

4.3.5 ホテル区域

ホテルは旅行者にとって聖域のような場所です。休日に賑わう人気スポットの喧騒から離れ、休んでリラックスする場所です。ソフトウェアテスト技術者にとってのホテル区域とは、主要機能や人気のフィーチャから離れ、テスト計画では無視されたり軽視されたりしがちな二次機能や補助機能が該当します。

雨天中止ツアー

このツアーも、ロンドンを観光の拠点に選んだことで得られた知見です。というのも、どんなに素晴らしいツアーでも時には雨に見舞われてしまいます。秋から春にかけてのロンドンのパブ巡りでも、雨に降られて濡れてしまうことがあります。こういうときは早々にツアーを切り上げてしまいたくなるかもしれません。

観光客ならツアーをキャンセルすることはお勧めできません。もう雨で濡れているのですから、そのままパブ巡りを続ければいいのです。次の店にいけばきっといい気分になれることでしょう。しかし、探索的テスト技術者ならキャンセルボタンの使用を強くお勧めします。

雨天中止ツアーの背景にある考え方は、開始した処理を停止するとどうなるかです。旅行予約サイトのフライト検索ページに情報を入力し、検索が開始された後にキャンセルしてみます。文書の印刷を開始して、印刷が完了する前にキャンセルしてみます。キャンセルボタンがあるフィーチャや、完了までに数秒かかるフィーチャも完了前にキャンセルしてみます。

探索的テスト技術者は、キャンセル攻撃を最大限に行うために、アプリケーション内の時間のかかる操作を探し出さなければなりません。検索機能は分かりやすい例です。より検索時間を長くする検索キーワードを使用することは、雨天中止ツアーを少し簡単にできる戦術です。さらに、キャンセルボタンが表示されたらすべてをクリックしていきます。キャンセルボタンがない場合は、Esc キー、あるいは Web アプリケーションならブラウザの戻るボタンをクリックしてみましょう。Shift-F4 キーや X ボタンをクリックしてアプリケーションを終了させる方法もあります。また、操作を開始した後に、その操作を中断せずにまた同じ操作を開始することもお勧めします。

雨天中止ツアーで検出される不具合のほとんどは、アプリケーションがクリーンアップ処理をできていないことに起因しています。ファイルが開いたままになっていたり、内部変数のデータが残り続けていたり、ソフトウェアが他の作業を行うことができないシステム状態になっていたりすることがよくあります。キャンセル（など）をクリックした後、アプリケーションが正常に動作していることを時間をかけて調べてください。少なくとも、キャンセルしたアクションを再び実行したときに正常完了することは確認したいものです。つまりは、ユーザーは何かあったときにキャンセルしてからもう一度同じ操作を行うことはよくあるということです。

雨天中止ツアーの例は第6章に多く載っています。

カウチポテトツアー

団体ツアーにはいつも、ツアーに参加していない人がひとりはいます。彼は腕組みをしてツアー参加者の後ろに立っています。退屈そうで活気もなく、そもそもなぜツアー代金を払って参加したのか疑問に感じます。しかし、このような参加者のいるツアーでは、ガイドはカウチポテト[訳注9]をツアーに引っ張りこんで楽しませることが求められます。

他のツアー参加者にしてみれば、時間の無駄のように思えるでしょうし、実際そうかもしれません。しかし、ソフトウェアテスト技術者にとっては、まったく逆です。カウチポテトはとても優秀なテスト技術者になることができます！ 理由は単純です。直感的ではないかもしれませんが、テスト技術者があまり作業をしていないからといって、ソフトウェアが何も処理をしていないわけではありません。熱心なツアーガイドのように、非アクティブのときに非常にハードな作業を強いられることがよくあります。なぜなら、ソフトウェアが「IF-THEN-ELSE」条件の「ELSE」節を実行しているからです。ユーザーがデータフィールドを空白にしたときは、何をしなければならないのかを判断しています。ユーザーが何も操作を行わない場合には、膨大な「デフォルトロジック」が実行されます。

カウチポテトツアーとは、実際の作業をできるだけ行わないテストです。つまり、すべてのデフォルト値（アプリケーションによって事前に設定された値）を使用して、入力フィールドは空白のままにし、フォームデータはできるだけ入力せず、広告をクリックせず、画面を遷移させるときにはボタンのクリックもデータ入力もしない、といった具合です。アプリケーションでどちらか一方を選択することになったら、カウチポテトツアーでは常に最も手間がかからないほうを選びます。

怠け者のように見えるかもしれませんが、テスト技術者が実際の操作をほとんど行わなくても、ソフトウェアが機能していないというわけではありません。ソフトウェアはデフォルト値を処理しなければなりませんし、空白の入力を処理するコードを実行しなければなりません。私の父がよく言っていました（ほとんどはバスケットボールの試合中でした…私はバスケットボールが人気だったケンタッキー州で育ちました）、「ベンチの控え選手も、何もしないで控え選手になれたわけではない」。そして、デフォルト値やエラーチェックのコードについても同じことが言えます。デフォルト処理のコードは自動的に実行されるわけではありません。デフォルト処理の欠落がリリースされた製品で見つかることはよくありますが、非常に恥ずかしいことです。

4.3.6 犯罪区域

第3章「スモール探索的テスト」で紹介されているテスト手法の多くは、ツアーに組み込むとするならばこの区域に当てはまります。ソフトウェアを破壊する入力や、一般的に有害な現象を引き起こす入力は、根本的に不適切な入力なので犯罪区域ツアーの目的に合致しています。

［訳注9］ カウチポテト（couch potato）とは一日中ソファーに寝転がってだらだらと過ごす人を意味する俗語です。

破壊行為ツアー

破壊行為ツアーを実施している期間は、あらゆるチャンスを逃さずにアプリケーションを妨害していきます。アプリケーションにディスクから読み込み（ファイルのオープンや、ディスクリソースの使用）を要求する一方で、ファイル操作が意図的に失敗する（たいていの場合は処理対象のファイルを破損しておく）ようにして処理を妨害します。他にも、アプリケーションをメモリ不足のマシン上で実行していたり、バックグラウンドで動作している他のアプリケーションがメモリリソースのほとんどを消費していたりする状態で、メモリを大量に消費する処理を実行してみます。

破壊行為ツアーのコンセプトはシンプルです。

- ソフトウェアに何らかのアクションを実行させる。
- そのアクションを正常に完了するために必要なリソースを理解する。
- 必要なリソースを大小さまざまな程度で削除または制限する。

破壊行為ツアーを実施していると、テスト技術者は環境を不正に操作する方法が数多くあることに気づくでしょう。ファイルの追加や削除、ファイル権限の変更、ネットワークケーブルの取り外し、他のアプリケーションのバックグラウンドでの実行、問題があるマシン上にのテスト対象アプリケーションをデプロイする、など無数にあります。

また、フォールトインジェクション[10][訳注10]を用いて、不適切な環境条件を人為的に作り出すこともできます。

破壊行為ツアーはMicrosoft社でとても人気があり、第6章で紹介しているフォールトインジェクションツールやもっとシンプルな手法などを使用しています。特に、ショーン・ブラウンはWindows Mobile[訳注11]でこの手法を広く使用しています。

反社会的ツアー

パブ巡りは個人的にとても好きなことの1つで、ひとりで楽しむこともあれば、ガイド付きツアーで楽しむこともあります。あるツアーに、明らかに旦那さんに無理やり連れてた来られたと思われる奥さんが参加していました。奥さんはツアーには一切参加したくないようでした。ツアー参加者がパブに入るときも、外に残っていました。パブを出る時間になると、逆に店内に入って飲み物を注文しました。ツアー参加者が景色や名所を眺めていても、近くにいたリスに夢中になっていました。ツアー内のすべてに対して、反対のことをするよう努めていました。あまりにも徹底的だったので、ツアーの終わりに参加者のひとりが旦那さんに名刺を渡したほどです。その人は離婚専門の弁護士でした。

ユーモアのセンスがある弁護士はともかくとして、彼女の反社会的な行動は、テストの観

---

[10] ランタイムフォールトインジェクションの概念については、「How to Break Software」の 81 ページから 120 ページ、および付録 A と B で詳しく説明されています。

[訳注10] フォールトインジェクションとは、システムに欠陥が発生したときの振る舞いを確認するために、システムに意図的に欠陥を追加するテスト手法です。

[訳注11] Microsoft が開発したモバイル端末向けオペレーティングシステム。2010 年ごろに開発が終了しています。

点からは非常に刺激を受けました。探索的テスト技術者は、時として本気でソフトウェアを破壊しようとすることがあります。この場合は、親切、思いやり、周りに合わせるなどといった性質は、まったく不要です。テスト技術者としては、反社会的な行動を取る方が得策です。ですから、開発者がテスト技術者に離婚専門弁護士の名刺を渡した場合は、最高の褒め言葉だととらえてください。

　反社会的ツアーでは、最も発生しそうにない入力や不正と分かりきっている入力を与える必要があります。実際のユーザーがAを行うのであれば、反社会的ツアーのテスト技術者は決してAを行わず、代わりに、まったく無意味な入力を探すべきです。

　このような反社会的な行動をとるための3つの具体的な方法があり、サブツアーとして以下に示します。

- **正反対ツアー**：あらゆる機会に最もありそうもない値を入力するツアーです。このツアーを採用したテスト技術者は、状況にそぐわない値、的外れな値、まったく意味不明な値を入力として選択します。ショッピングカートの購入数はいくつですか？　14,963個。何ページ印刷しますか？　マイナス12ページ。入力フィールドに対して、最もありそうもない入力を適用することが目的です。こうすることで、アプリケーションのエラー処理能力をテストできます。あるいは、アプリケーションの耐久性を試していると思ってください。

- **犯罪多発ツアー**：不正な入力を与えるツアーです。本来は発生しないはずの入力が与えられたときの挙動をテストします。パブ巡りの参加者がビールを盗むことは想定されていませんが、犯罪多発ツアーではそれが当たり前の振る舞いとなります。反社会的というだけでなく、明らかに違法なことを行うのです。観光客として法を犯すと、トラブルに巻き込まれたり、刑務所に入れられたりするでしょう。テスト技術者として法律を破れば、大量のエラーメッセージが表示されるでしょう。犯罪多発ツアーの入力でエラーメッセージを呼び出そうとしたのにも関わらず表示されない場合は、バグの可能性が高いです。不正な型、不正な書式、長すぎたり、短すぎたり、さまざまな値を入力してください。「この入力に付随する制約は何か」を考えて、その制約を破ってみましょう。アプリケーションが正の数値を要求している場合は負の数値を与え、整数を要求している場合は文字を与えます。次章以降でのツーリングテストの実際においては、エラーメッセージ数の記録が重要な意味を持っています。

- **間違った順番ツアー**：反社会的行動のもう1つの面と言える、テスト技術者が誤った順序で作業を行うツアーです。正しい操作をいくつかまとめて、不正な順序で実行するテスト手法になります。ショッピングカートに商品を入れる前に、会計してみてください。購入していない商品を返品してみてください。購入手続きを完了する前に配送オプションを変更してみてください。

強迫観念ツアー

　現実の観光ではこのようなツアーに人気が出るのかどうかはよく分かりませんが、強迫観念ツアーはその名称をもって犯罪区域のツアーに加えることにしました。歩道のひび割れを

踏まないように歩くウォーキングツアーに、幼稚園児以外の参加者が集まることは想像できません。また、運転手が一切のミスをしないようにするために、一本道だけを走るバスに乗ろうとする乗客もいないでしょう。しかし、おかしなこだわりを持ってテストに臨むことでよい結果が得られることがあります。

強迫観念のテスト技術者は同じ入力を何度も繰り返します。同じ動作を何度も繰り返します。繰り返し、やり直し、コピーし、貼り付け、参照し、さらにそれを繰り返します。ほとんどの場合、肝心なのは繰り返しです。ショッピングサイトで商品を購入し、複数購入割引が適用されていることを確認するために、もう一度同じ商品を購入します。画面にいくつかのデータを入力したら、すぐに戻ってまた同じデータを入力します。こういったものは開発者がエラーケースをプログラムしないことの多い処理です。そのため大惨事を引き起こす可能性があります。

通常、開発者が想定することは、ユーザーは決まった順序で作業を行い、目的を持ってソフトウェアを使用することです。しかし、ユーザーは間違いを犯し、手戻りをしなければならないことがあります。開発者が想定していた操作手順は知らないでしょう。その結果として、開発者が慎重に計画した使用方法もすぐに台無しになってしまうことがあります。ユーザー操作に起因する不具合はリリース以前に発見することが望ましいので、テスト技術者が実施しなければならない重要なテストとなります。

4.3.7 ツアーの活用

ツアーを使ってテストを行うとテストの枠組みが作られます。テスト技術者がフリースタイルの探索だけで行うテストよりも、もっとおもしろくて有意義なシナリオの元で探索を行えるようになります。テスト技術者に目標を与えてくれるので、ツアーを活用するとソフトウェアのおもしろい使い方を思いつくようになります。それは、1つのフィーチャだけをテスト対象とする従来のテスト手法ではもいつかないものです。もっと洗練されたソフトウェアの使用方法です。

フィーチャはテスト技術者にとって共通の切り口です。テストマネージャーはアプリケーションをフィーチャごとに分割し、そのフィーチャをテスト技術者に割り当てることがあります。しかしフィーチャを個別にテストしただけでは、ユーザーがフィーチャを組み合わせて順番に使用する際に発生する重大なバグの多くを見逃すことになります。ここでツアーが重要なテストツールになります。テスト技術者にテストケースの中から気になるフィーチャと気になる組み合わせを教えてくれます。テスト対象となったフィーチャ間の相互作用が多ければ多いほど、より綿密なテストになります。

ツアーを使用する際に私が実際に気づいたことのもう1つの側面は、再現性です。2人のテスト技術者に「このアプリをテストして下さい。」と指示した場合、おそらく2人はまったく異なる方法でテストを行うでしょう。同じ2人のテスト技術者に「このツアーを実行して下さい。」と指示した場合、2人は非常に似たテストを行う傾向があり、同じバグを検出することもあるでしょう。ツアーに組み込まれた戦略と目標のおかげで、別のテスト技術者がテ

ストを行っても似た結果が得られますし、割り当てを別のテスト技術者に代えることができます。また、ツアーはテスト技術者に「何をテストすべきか」という質問を投げかけるので、優れたテスト設計とはどのようなものかをテスト技術者に教育する上でも非常に役立ちます。

一部のツアーが他のツアーよりもはるかに多くの不具合を発見する場合があります。そのため、詳細なテスト記録を残しておけば、すべてのテストケースを実施できたテストサイクルの後半では、ツアーをランク付けすることができます。テスト技術者は、最も多くのバグを発見し、最も短時間で実行でき、最も多くのコード／UI／フィーチャをカバーするツアーを把握できます。ツアーのランク付けは、実際のテスト結果を用いたテスト管理で得られる副次的な効果です。これによりツアーが提供するさまざまなカテゴリーのテストを、プロジェクトの状況ごとに適しているか適していないかを判定できます。つまり、時間はかかりますが、テスト手法や技術を修正できますし、プロジェクトごとのテスト活動を改善していけます。検出バグ数の推移、ユーザビリティやパフォーマンスの問題の検出状況、あるいは単にフィーチャの検証にかかるコストと時間効率、これらを注意深く追跡することでどのツアーが効果的であるかが理解できるようになるでしょう。

ツアーはテストチームのメンバー間でテストの作業負荷を分配するための優れた方法です。ツアーに慣れてくると、特定の種類のバグを発見しやすいツアーや特定のフィーチャと相性のよいツアーなどのパターンが見えてきます。このような知識を文書化して、組織内のテスト文化の一部として取り入れることが重要です。このように、ツアーはテスト手法となるだけのものではありません。テストを組織化して、テスト知識をチームに浸透・定着させる方法にもなります。

多くの点で、テストとは繰り返して洗練していくものだと言えます。今回はベストを尽くし、次回はさらによくするというものです。ツーリングメタファーはテストをこの目的にそって体系化することに役立ちます。

4.4 結論

アプリケーション探索のアプローチの仕方についてテスト技術者の考えを整理することと、実際のテスト実行を整理すること。ツアーはこの2つを実現するためのメカニズムです。ツアーの一覧は「テストでこのことを考慮しましたか」チェックリストとして使用できます。また、アプリケーションのフィーチャと、フィーチャを適切に検証できるテスト技術とを一致させる手助けにもなります。

さらに、ツアーは、テスト技術者がどのパスを選択するか、どの入力を適用するか、どのパラメータを選択するかなど、無数の決定の手助けになります。この決定は選択したツアーの精神に基づいたものです。そのため「よりよい」選択肢として自然と現れ出てくるものです。これが、最も純粋な形でのテストの指針です。

最後に1つ、Microsoftではツアーはテストチームの知識を集約するためのメカニズムと見なされています。そして、ツアーはやがてテストの成功の礎になるでしょう。Visual Studio

の開発では、ランドマークツアーとインテリツアーは、テストコミュニティで日常的に使われる言葉となっています。テスト技術者は、ツアーとは何なのか、どのように適用すればいいのかを理解しています。またツアーごとに、どの程度のカバレッジが得られるか、どのような種類のバグが検出されるかについてもおおむね把握しています。このように、ツアーを導入するとテストに関する意思疎通がしやすくなります。また、ツアーはチームの新人テスト技術者のトレーニング方法としても使われています。

4.5 演習問題

1. 自分のツアーを作成してみましょう！　この章で説明したツアーを参考にして、自分のツアーを作成してください。ツアーには名前を付け、ツーリングメタファーと関連付け、ソフトウェアに適用して、そのツアーがテストにどのように役立つかを説明してください。

2. 似たようなテストの助言を提供するツアーを少なくとも2つ見つけてください。言い換えるなら、同じバグを発見したり、アプリケーションの同じフィーチャをカバーすることになるツアーを見つけてください。2つのツアーがテスト技術者にほぼ同じテストを実施させることになるテストシナリオの例を挙げてください。

3. お気に入りのWebアプリケーション（eBay、Amazon、MySpace[訳注12] など）を対象に、この章で説明したツアーのうち5つを用いて、Webアプリケーション用のテストケースを作成してください。

［訳注 12］　SNS の 1 つ。2008 年ごろは世界最大のユーザー数でした。

第5章

ハイブリッド探索的テスト

「ひどい脚本（スクリプト）を渡されたときよりも、よい脚本（スクリプト）を渡された
ときのほうがもっと厄介だ。」

— ロバート・ダウニー Jr.

5.1　シナリオと探索

　第3章と第4章で示したように、探索的テストには多くのテスト戦略が存在しています。テスト戦略とは、体系化されたテストのアイデアとフリースタイル探索的テスト[訳注1]の適切な組み合わせのことです。テスト戦略はバグの発見や正確性の検証に非常に有効です。本章では、探索的テストの概念を、従来から行われているシナリオベースのテストやスクリプトテストと組み合わせる方法について説明します。このハイブリッド手法は、通常スクリプトテストを行う際に感じる融通の利かなさを大幅に緩和し、第3章と第4章で紹介した探索的テスト戦略を大いに活用できます。また、従来どおりのスクリプトテストに極端に偏っているテストチームにおいても、探索的テストをテスト手法の1つとして採用することができます。

　従来のシナリオテストは、本書の読者にとっては馴染みのある概念であろうと思われます。多くのテスト技術者は、手動テストを実施する際には何らかのスクリプトやエンドツーエンド[訳注2]のシナリオを作成して、それに従ってテストを実施します。シナリオテストが広く用いられているのは、市場のユーザーがシナリオに沿った操作を行うものだと確信しているためです。想定される使用方法が反映されたシナリオであるほど、その確信は強まります。探索的テストをスクリプトテストに取り入れると、より広範囲の製品をテストできるようにシナリオを変化させることができます。テスト技術者が想定したとおりにソフトウェアを実行

［訳注1］　探索の仕方をテスト技術者が自分の判断で自由に決めることができる探索的テスト。詳しくは付録Cの「予防 vs 治療（その5）」に記載されています。

［訳注2］　エンドツーエンドとは「端から端まで」を意味する言葉で、ここではユーザーとアプリケーションの関係を指すとともにユーザーによる操作を指しています。またエンドツーエンドテストとは、ユーザーの視点でシステムを操作して動作を確認するテストです。多くの場合で手動テストとして実施します。

するように、ユーザーの使用方法を制約することはできません。そのため、変化を加えたシナリオを網羅できるようにテストを拡大する必要があります。

　シナリオベース探索的テストでは、単純なシナリオテストの範囲外のケースをカバーし、シナリオから外れることの多い実際の使用方法をより正確に模倣できます。つまり、製品の使われ方にはさまざまな可能性があるのです。ソフトウェアがテストで行ったように使われることを期待するより、ソフトウェアが行えることをテストすべきです。

　シナリオベース探索的テストの背後にある考え方は、探検家が地図を頼りに荒野や未知の土地を移動するように、既存のシナリオを使用するというものです（シナリオの入手方法については、この章で説明します）。どの入力値を選択すべきか、どのコードパスをたどるべきかなど、シナリオは地図と同じように全般的なテストのガイドですが、絶対的なものではありません。地図は目的地の位置を示しますが、そこへ行くには無数の道があることも示しています。同様に、探索的テスト技術者にも代替ルートが提示されます。テストシナリオを実行する際には、可能なかぎりのさまざまな経路を考慮することが期待されています。実際、シナリオベース探索的テストの目的は、シナリオで説明されている機能のテストを可能なかぎり多くのバリエーションを加えて実施することです。探索的テストの「地図」は、最短ルートを見つけるためにあるのではなく、多くのルートを見つけるためにあります。テストができるなら、より多くテストをしたがよいのです。そうすることで、想定外の行動を取るかもしれないユーザーの手に渡ったときでも、ソフトウェアがシナリオを確実に実行できるという確信につながります。

　私が知るかぎり、本当にテスト技術者の役に立つシナリオの正式な定義はありません。シナリオには、全般的なテストのガイドになる地図のようなものもあれば、曲がり角や交差点ごとのこと細やかな指示が記載された運転案内のようなものもあります。一般的に、シナリオは決まった形式に従わない散文で書かれています。記述されているのは、ソフトウェアのフィーチャ[訳注3]や性能がユーザーの問題を解決するためにどのように働くのかです。シナリオには、入力、データソース、使用環境（レジストリ設定、利用可能なメモリ、ファイルサイズなど）に加え、UI、出力、および使用した際に考えられるソフトウェアの挙動を記述できます。

　シナリオ自体は、テスト技術者の専門分野外の情報から作成されることがよくあります。シナリオの情報は設計部門や開発部門から引き継いだドキュメント類から入手できます。通常、要件定義や仕様書にはシナリオの形式でソフトウェアの目的が記述されています。マーケティング部門が製品デモ用のスクリプトを作成することもあります。アジャイル開発の形式によっては、ユーザーストーリー[訳注4]の作成が必要です。要求は、期待される使用例のシナリオを含めて文書化されることがよくあります。多くの場合、テスト技術者はシナリオを作成する必要はなく、集めるだけで十分です。実際、テスト中にキャプチャ／リプレイツールや

[訳注3]　「ISTQB ソフトウェアテスト標準用語集（日本語版）」の定義では、フィーチャ（feature）は「要求仕様ドキュメントで、明示的、暗示的に規定したコンポーネントやシステムの属性となる機能群（たとえば、信頼性、使用性、設計上の制約など）」とされています。単なるソフトウェアの機能のことではなく、ユーザー視点で意味のある機能の集まりを指してると考えてください。

[訳注4]　ユーザー要求やビジネス要求の中でも高位のもののこと。製品の受け入れ基準も含みます。

キーロガーなどを使用して記録したものは、正式なシナリオとして認められます。したがって、前章で説明したツアーは優れたスクリプトやシナリオの源泉になります。ここで挙げられたすべてのシナリオは、探索の開始点として使用できます。

一般的に、有用なシナリオには以下のうち1つ以上が含まれています。

● ユーザーストーリーを伝える

ユーザーストーリーを説明するシナリオでは、一般的にソフトウェア使用時のユーザーの動機、目標、行動が文書化されます。ユーザーストーリーは、「ユーザーがここをクリックする」という詳細なレベルではなく、「ユーザーが銀行口座の情報を入力する」のようなより一般的な内容のことがよくあります。シナリオをテストケースに適した詳細レベルまで落とし込むのはテスト技術者の仕事です。

ユーザーストーリーは、探索的テストの優れた出発点です。

● 要求の記述

要求とはソフトウェアが持つ能力です。ある程度の規模のソフトウェアプロジェクトであれば、文書化された要求が数多く存在しています。要求を説明するシナリオには、製品をどのように使用すれば能力が発揮されるかが記述されなければなりません。

● フィーチャがどのように動作するかを示す

フィーチャの動作が示されたシナリオは、たいていの場合は非常に詳細かつ具体的です。どのメニューが使用され、どのボタンが押され、どのようなデータが入力されるかについて、詳細に指示されています。これは、オンラインヘルプやユーザー向けの操作ガイドによく記載されています。

● 統合シナリオのデモ

他のアプリケーションと統合したり、情報を共有したりする製品には、統合シナリオやエンドツーエンド（e2e）シナリオが定義されていることがよくあります。この場合、シナリオにはフィーチャがどのように連携するのかや、ユーザーが実際の作業でフィーチャの集まりをどのように使用するのかが記述されます。

● セットアップとインストールの説明

初期インストール手順、セットアップと構成、アカウント作成やその他の管理タスク、オプションのインストールフラグ、カスタマイズなど、セットアップとインストールついての説明は、探索的テストのシナリオとしてすぐに利用できます。ユーザーマニュアルやオンラインヘルプシステムの記述はセットアップとインストールのシナリオの優れた情報源です。

● 注意事項や故障時の対処方法

トラブルシューティングやメンテナンス手順を説明する文書は、とてもよいシナリオとなります。これは問題が発生した場合にユーザーが実行するフィーチャであるため、正しく動作することが重要です。対タンパ性[訳注5]を説明するための脅威モデルや攻撃ツリ

［訳注5］　内部の情報を外部から不正に読み出し、改ざんされることを防ぐための技術の総称です。

ーが記述された文書も、このような「ネガティブ」な使用シナリオの優れた情報源となります。

　探索的テスト技術者は上記すべてのカテゴリーから可能なかぎり多くのシナリオを集められるように努力すべきです。テスト技術者の次の仕事は、シナリオに沿ってテストを実施することと、必要に応じてシナリオにバリエーションを追加することです。シナリオベース探索的テストを真に探索的なものにできるかは、バリエーションをどのように追加するのかで決まります。そこで、次項はバリエーションの追加手法について説明します。

5.2　シナリオベース探索的テストの適用

　テスト技術者はソフトウェアテストにユーザーの意図が記述されたシナリオをよく使用します。シナリオテストが有効なのは、実際のユーザーの行動を模倣できるためであり、テストを生き延びたバグが実際のユーザーに被害をもたらすことを防げます。

　しかし、市場のユーザーがシナリオに記述されているとおりにしかソフトウェアを使用しないことはまずありえません。ユーザーは、操作手順を追加したり削除したりするなど想定シナリオを自由に変更します。また、ユーザーのスケジュールやタイムテーブルに合わせるためにシナリオを変更します。ユーザーの変更を予測してテストすることがテスト技術者の仕事です。なぜなら、ユーザーの予期しない使い方は、リリース後のソフトウェアが間違いなく遭遇する使われ方だからです。

　シナリオに変化をもたらすことが、シナリオベース探索的テストの目的です。入力、使用するデータ、実行環境。こういったものの選択肢を順序だてて検討することで、1つのシナリオを無数のテストケースに変換できます。そのためには主に2つのテクニックが用いられます。シナリオオペレーターとツアーです。

5.3　シナリオオペレーターによるバリエーションの追加

　探索的テストをシナリオテストと組み合わせると、テスト技術者が大小のバリエーションを追加したシナリオを探索する手助けになります。シナリオにテスト技術者がテストで実行するアクションが記述されているなら、本章に示すテクニックを用いてアクションの順序を変更できます。そして、シナリオから外れた状態やコードパスのテストケースを作成できます。シナリオにソフトウェアの一般的な動作が記述されているなら、本章に示すテクニックを用いて何をテストするのかを選ぶことができます。また、テスト技術者がシナリオにない動作にテストを、より順序立てて検討できるようなります。

　以下に、この目標を達成するために用いるシナリオオペレーターの考え方を示します。シナリオオペレーターは、シナリオ内のステップを操作してシナリオに変化をもたらす、シナ

リオの工事と言えます。既存のシナリオにシナリオオペレーターを適用すると、派生シナリオと呼ばれる新しいシナリオが作成されます。テスト技術者は、任意のシナリオに任意の回数シナリオオペレーターを適用することができます。また派生シナリオにシナリオオペレーターを適用することもできます。探索的テストの原則に従って、シナリオオペレーターを適用する範囲や回数はテスト技術者の裁量に委ねられます。テスト前にシナリオオペレーターを適用することもできますし、私の好む手法になりますが、テスト実施中にシナリオオペレーターを適用することもできます。

　以下の項で説明しているシナリオオペレーターは、ほとんどのテスト技術者が有益だと感じるでしょう。

5.3.1 ステップの挿入

　シナリオにステップを追加するとシナリオに変化を与えることができ、もっと多くの機能をテストできるようになります。また、ソフトウェアの不具合が発生する可能性も高くなります。ステップ追加前とは異なるデータでコードを実行することがあるため、ソフトウェアの状態が元のシナリオの想定とは異なる変化をするからです。ステップの追加は以下の方法で行います。

- **データの追加**：たとえばシナリオがデータベースに10件のレコードを追加するように指示しているなら、テスト技術者はそれを20件、30件、あるいはそれ以上の数に意味があるならもっと増やします。シナリオがショッピングカートに商品を追加するように指示しているなら、指示された商品を追加した上でさらに商品を追加してみます。関連したデータを追加することも有用です。シナリオで新規アカウントの作成が指示されているなら、シナリオに示された以上の情報を新規アカウントに追加してみます。テスト技術者は「このシナリオではどのようなデータが使用されているのか、また、自分が入力するデータの量を増やすことにどのような意味があるのか？」と自問すべきです。

- **追加入力の使用**：シナリオが要求する入力に関連した別の入力があるなら、その入力に指定できる値をもっと探します。シナリオがオンラインショッピングサイトの製品レビューを入力するように指示しているなら、同時に他の顧客のレビューを評価するステップを追加してみます。この手法の目的は、シナリオで指示されたテスト対象のフィーチャに関連する他のフィーチャとは何であるかを理解することと、他のフィーチャも同時にテストできる入力を追加することです。テスト技術者は「このシナリオで使用されている入力に関連した他の入力は何か？」と自問すべきです。

- **未使用UIの使用**：シナリオが使用する画面やダイアログボックスを指示しているなら、テスト技術者は他に利用できる画面やダイアログがないか探してシナリオに追加します。シナリオが金融サービスのWebサイトでの請求金額の振り込みが指示しているなら、振り込み前に残高照会のページを表示して口座残高を確認するステップを追加してみます。テスト技術者は「このシナリオで使用されているUIに関連した他のUIどれか？」と自問すべきです。

最終的には、追加したステップから元のシナリオに戻ってくる必要があります。シナリオの根本的な目的を変更するのではなく、シナリオを強化することが目的であることを念頭に置いておけば間違えないでしょう。シナリオの目的がデータベースにレコードを追加することなら、レコードの追加は常に第一の目的であり続けます。目的を変更してはいけません。シナリオオペレーターでテスト技術者が行うことは、入力、データ、およびシナリオのバリエーションを追加してシナリオを大きくすることであり、シナリオの中核の目的は変更しません。

5.3.2　ステップの削除

冗長なステップやオプションになっているステップは、シナリオを可能なかぎり短くするという考えに基づいて削除することができます。ステップを削除して作成した派生シナリオには、他のステップの前提条件となるステップが欠落することがあります。そのため、アプリケーションが情報の欠落を検出する能力や、機能の依存関係をテストできます。

テスト技術者はステップ削除のシナリオオペレーターを繰り返し適用し、ステップを1つずつ削除していくことができます。ステップを削除する際には、ステップを削除するごとにテスト対象のソフトウェアに対してシナリオを実行します。テストケースが最小限になるまで削除とシナリオ実行のサイクルを繰り返していきます。たとえば、ショッピングサイトにログオンして、商品を検索して、ショッピングカートに追加して、アカウント情報を入力して、購入を完了して、最後にログオフするシナリオがあったとします。最終的にこのシナリオは、テストケースを実行するたびに1ステップずつ削除され、最終的にはログオンとログオフ（有意義かつ重要なテストケースです！）だけになります。

5.3.3　ステップの置き換え

シナリオ内に複数の方法で実行できるステップがあるなら、ステップを別の方法で実行するようにシナリオを修正します。置換は削除＋追加と同義なので、ステップの置き換えシナリオオペレーターは、前述の2つのシナリオオペレーターの組み合わせであるといえます。

テスト技術者は、シナリオ内の各ステップやアクションの代替方法を調査する必要があります。たとえば、購入するアイテムを検索する代わりに、そのアイテム番号を使用して直接検索する方法などです。テスト対象のソフトウェアでは、どちらを適用するかを選択できるようになっているので、代替方法をテストする派生シナリオを作成ができます。同様に、マウスの代わりにキーボードショートカットを使用する方法や、アカウント作成をスキップしてユーザー登録もしないで商品を購入する方法もあります。ステップ置き換えシナリオオペレーターを効果的に適用するためには、テスト技術者はアプリケーション内に存在するすべてのオプションや機能について理解しておかなければなりません。

5.3.4 ステップの繰り返し

シナリオには、非常に具体的なシーケンスが含まれていることがよくあります。このシナリオオペレーターは、シナリオが指示しているステップ繰り返すことで、シーケンスを変更してバリエーション追加します。ステップを繰り返したり順序を変更するとそれまでとは異なるコードパスをテストできるので、データ初期化に関連するバグが発見されることがあります。あるフィーチャが別のフィーチャで使用されるデータ値を初期化しているなら、2つのフィーチャを実行する順序が重要です。順序を変更すると不具合が発生する可能性があります。

特定のアクションは、繰り返し行うことが理にかなっていることがよくあります。たとえば、金融サービスのWebサイトで、アカウントへのログイン、残高確認、振り込み、入金、ログアウトという一般的なシナリオをテストしている場合を考えます。ユーザーは振り込みの後に「残高確認」アクションをもう一度行い、入金後にさらにもう一度行うことがありえます。全般的には同じシナリオですが、ユーザーが繰り返し行う可能性が高いアクションを同様に繰り返しています。他にも、オンラインショッピングサイトのシナリオでは「ショッピングカートを見る」という動作が何度も繰り返される可能性があります。

また、複数のアクションを繰り返すこともありえます。たとえば、振り込み、残高確認、別の振り込み、残高確認、といった具合です。テスト技術者の任務は、シナリオのどこが変更されやすいのかを理解し、適切な繰り返しシーケンスを作成することです。

5.3.5 データの置換

シナリオがデータベース、データファイル、その他のローカルまたはリモートのデータソース[訳注6]への接続を求めていることがよくあります。そのデータを何らかの方法で読み取り、変更、操作するために、シナリオにはテスト技術者が実行するアクションが指示されています。テスト技術者はテスト対象のアプリケーションがやりとりするデータソースを認識して、データソースに変化を加えることができます。

バックアップデータベース、代替テストデータベース、実際の顧客データベースなど、テスト技術者がアクセスできるデータベースはありますか？　もしあるなら、シナリオをテストする際にデフォルトのデータソースではなくそのデータベースを使用してください。データソースがダウンしている、または利用できない場合は、テスト対象のソフトウェアはどうなるでしょうか？　データソースが利用できない状況を作り出したりシミュレートして、テスト対象のソフトウェアがどのように反応するかをテストできますか？　データソースに必要とする量の10倍のレコードがある場合はどうなるでしょうか？　逆に1つのレコードしかない場合はどうなるでしょうか？

ここで重要なのは、アプリケーションが接続または使用するデータソースを理解し、データソースとのやりとりが強固であるかを確認することです。

[訳注6]　データが配置されている場所を指す言葉です。

5.3.6 環境の置換

第3章の「スモール探索的テスト」で説明したように、テストはどうしてもソフトウェアのテストケース実行環境に依存します。ソフトウェアがある環境に存在するときは何十億ものテストを成功させることができたとしても、ソフトウェアを別の環境に移行するとそのすべてが失敗することがあります。したがって、このシナリオオペレーターは、別の環境でもテストが確実に実行できるようにするために使用されます。

シナリオ自体は実際には変更されないため、環境の置換オペレータで行うことはシンプルです。シナリオを適用する際に、ソフトウェアを実行しているシステムだけを変更します。ただ残念ながら、環境のどこを変更すべきかを理解し、実際に変更することは非常に困難です。以下に環境を置換する際の検討項目を示します。

- **ハードウェアの置換**：環境の中で最も変化させやすいのは、アプリケーションを実行するハードウェアです。高速で高性能なものから旧式で低速なものまで、ユーザーはさまざまなハードウェアを使用すると想定できます。そこで、オフィスに新旧さまざまなマシンを準備して、テストやリリース前検査に力を貸してくれるベータ版ユーザーを募集する必要があります。もちろん、最適なのは仮想マシンの利用です。

- **コンテナの置換**：もしテスト対象のアプリケーションが、いわゆるコンテナ内（たとえばブラウザなど）[訳注7]で動作するコンテナアプリケーションの場合は、ユーザーが利用すると想定できる主要なコンテナのすべてで、確実にシナリオが動作しなければなりません。Internet Explorer、Firefox、Opera、Chromeなどのブラウザや、Java、.NETなどのプラットフォーム、あるいはFlashやSilverlight[訳注8]などのアニメーションツールが異なれば、アプリケーションの動作に影響を与えます。

- **バージョンの入れ替え**：古いコンテナには、まだ市場シェアが大きいものもあります。テスト対象のアプリケーションは、旧バージョンのFlashではどのように動作しますか？

- **ローカル設定の変更**：テスト対象のアプリケーションはクッキーを使用したり、ユーザーのマシンのファイルにデータを書き込んだりしますか？　ローカルレジストリを使用していますか？　ユーザーがブラウザの設定を変更してアプリケーションの実行を制限した場合、どのようなことが起こりますか？　ユーザーが（アプリケーションを介さずに）直接アプリケーションのレジストリ設定を変更した場合、どのようなことが起こりますか？　上記のことをテストしなかったら、代わりにユーザーがテストをしてくれます。その場合、リリース後に開発チームにとって厄介な問題が発生するかもしれません。アプリケーションをリリースする前に、ローカル設定の変更がどのように処理されるのかを自分の手で確認しておいたほうがよいでしょう。

派生シナリオを作成するためにシナリオオペレーターを使用する際には、一般的に、元の

［訳注7］　コンテナとはDockerなどソフトウェアの実行環境をパッケージにしたものを指すことがありますが、ここではもっと広義に「ソフトウェアの上で動作するソフトウェア」の意味で使っています。

［訳注8］　Flashは2020年、Silverlightは2021年にサポートを終了しています。

シナリオからできるだけ離れないようにします。あまりにも多くのシナリオオペレーターを使用したり、元になったシナリオがわからなくなるほどにシナリオオペレーターを使用しても、たいていは役に立ちません。しかし、この言葉を鵜呑みにしないでください。試してみてうまくバグが見つかったなら、それは有用なテクニックです。ただし、ツアーを大幅に修正する役割はシナリオにバリエーションを注入するもう1つのテクニックである、ツアーを用いたシナリオ変更に任せます。ツアーによるシナリオの変更は次項で述べます。

5.4 ツアーによるバリエーションの追加

　テスト技術者は実行中のシナリオを好きな時に停止して、バリエーションを挿入した派生シナリオを作成できます。前述のシナリオオペレーターがこの方法の1つです。他にもツアーを用いる方法があります。私はシナリオをツアーを使って変更する手法を「寄り道」と呼んでいます。ツアーを使うアイデアはシンプルです。シナリオ実行時に意思決定を行う場面や、ロジックを分岐できる場面、全く違う方向に進むことが可能な場面に出くわしたら、元のスクリプトの実行を継続する前に実行中のスクリプトを見直すだけのことです。

　ツアーを使った派生シナリオの作成法は、車で森に移動してからの徒歩でのハイキングをたとえ話として使うと理解しやすくなります。森でのハイキングでは、眺めのよい展望台を見つけることがよくあります。車を停め、山々の美しい景色の中を少し歩き、展望台からの眺めを楽しみ、車に戻って旅を続けます。展望台への寄り道がツアーで、長い車の運転がシナリオです。ツアーを使えばシナリオにバリエーションを追加することが容易に行えるようになります。

　シナリオオペレーターとツアーの決定的な違いは、ツアーのほうがオペレーターよりも長い寄り道をすることです。シナリオオペレーターはシナリオの小さな変更をいくつも行ったり、実施するステップの選択に焦点を当てます。一方でツアーは、より長く、より幅広い派生シナリオを作成します。

　寄り道が旅の目的地になることがあるように、ツアーが元のシナリオより長くなることがあります。これがもっとも望ましい効果なのかもしれません。探索的テストはバリエーションを扱うものであるということを、常に念頭に置いておくことが重要です。そして、シナリオとツアーと組み合わせると、結果として大量のバリエーションが追加されます。そのバリエーションが有用かどうかを判断するのはテスト技術者の役目です。アプリケーションごとにどのツアーが最も効果的かを判断するには、ある程度の試行錯誤が必要になるでしょう。

　シナリオベース探索的テストの寄り道に適しているツアーの一覧を以下に示します。第3章に書かれたツアーの説明を本項の説明とあわせてもう一度読んでください。何度かツアー実施すれば、本項のアドバイスを実際の開発状況に合わせて、どのように適用するのが最適かを判断できるようになっているはずです。

5.4.1　マネーツアー

　アプリケーションの主要フィーチャのうちでまだシナリオで使われていないものを、問題なくシナリオに追加することはできますか？　もしできるのなら、新しいフィーチャを使用するようにシナリオを変更してください。元のシナリオにすでに主要フィーチャのテストが含まれているなら、本ツアーを適用するとシナリオに従った追加フィーチャとの相互作用テストができるようになります。シナリオにユーザーが現実的に行いそうな操作が記述されているなら、さらによい結果が得られます。なぜなら本ツアーは、普段の作業の合間に新たなフィーチャを覚えて使い出すという、ユーザーの使用方法を再現しているからです。アプリケーションに慣れたユーザーの多くは、新しいフィーチャの使い方を覚えて使いこなせるようになると、さらに別の新しいフィーチャを使おうとします。このテクニックはそういったユーザーの使用方法を再現します。

5.4.2　ランドマークツアー

　シナリオを開始し、めぼしいフィーチャをランドマークとして選びます。次に、ランドマークの実行順序をランダムに変更して、元のシナリオとは異なるように変更します。新しい実行順序でいくつかテストを実行したら、必要に応じてこのプロセスを繰り返してください。当然ながら、繰り返し数は扱うランドマークの数によって異なります。自分の判断で決めてください。構造化されたシナリオとランドマークツアーの組み合わせは、Microsoftでは非常に有効でした。

5.4.3　インテリツアー

　シナリオを見直し、ソフトウェアにさらに負荷をかけるように変更する手法です。つまり、ソフトウェアに難しい質問を投げかけるのです。シナリオがソフトウェアにファイルを開くよう指示しているなら、質問するのは、「最も複雑なファイルはどのようなものか？」です。ソフトウェアにデータを入力する場面では、「最大負荷をかけるデータとはどのようなものか？」です。負荷をかけるためには非常に長い文字列を入力すればいいでしょうか？　あるいは、書式ルールを外れる入力（たとえば、Ctrl文字、Escシーケンス、特殊文字）を与えるほうが負荷が高くなるでしょうか？

5.4.4　裏通りツアー

　これはマネーツアーのバリエーションの1つです。シナリオに新しいフィーチャを追加することは同じですが、裏通りツアーでは最も使われる可能性が低い、または最も役に立たないフィーチャを追加します。使われないフィーチャをテストするので、このバリエーションでは不具合なのかはっきりわからないバグが発見されるでしょう。しかし、テスト対象のア

プリケーションが広く使われているなら、どのようなフィーチャでも使用するユーザーがいます。使われないフィーチャなどは存在しないことになるので、あらゆるフィーチャのテストを実施することが重要です。

5.4.5 強迫観念ツアー

このツアーは簡単です。シナリオのすべてのステップを2回繰り返します。あるいは3回でも。好きなだけ繰り返してください！

特に、シナリオ内のデータ操作ステップは繰り返すことが望ましいです。内部データを操作して内部状態を設定した後に、また変更するテストになるからです。ソフトウェア内のデータ移動は、重要なバグの発見につながるので、どのような場面でも効果的なテストです。

5.4.6 オールナイトツアー

このツアーは、シナリオを自動化している、あるいは操作を記録して繰り返し自動実行できる場合に最適です。テスト対象のアプリケーションを終了させずに、シナリオを何度も実行するように変更します。シナリオでソフトウェアのシャットダウンが指示されているならその部分を削除して、シナリオを何度も実行し続けます。ソフトウェアに負荷をかけ、メモリやネットワークを使用し、その他のリソースを消費するシナリオ（派生シナリオも含む）を選んで繰り返し実行します。このようなシナリオを長時間実行すると問題が発生することがありえます。

5.4.7 破壊行為ツアー

シナリオは破壊行為ツアーの最高のスタート地点です。シナリオまたは派生シナリオを見直して、アクセスできるリソース（他のコンピュータ、ネットワーク、ファイルシステム、その他のローカルリソース）を見つけるたびにメモを取ります。そして、シナリオを実行する際にそのリソースを使用することになったら、リソースを破壊してください。

たとえば、シナリオがデータをネットワークに送信することを要求しているなら、シナリオのデータ送信のステップの直前、またはステップ実行中にネットワークケーブルを抜いてみます（またはOSの操作でネットワークを切断する。あるいは無線通信なら無線機器の電源をオフにする）。このような破壊可能な箇所をすべて文書化して、結果をよく考えて慎重に、できるだけ多く実行します。

5.4.8 コレクターツアー

シナリオを実行する際に出力を記録して、すべての出力が得られるようにシナリオを変更してく手法です。また、出力の数でシナリオを評価することにも含みます。出力の多いシナ

リオほど高評価です。他のシナリオにはない出力を持つ新しいシナリオを作成（または派生）することができますか？　他を凌駕するほどの大量の出力を持つスーパーシナリオを作成できますか？　ゲーム形式で出力の数を競うやり方もあります。テストチームで出力を探す競争をして、勝者には賞品を贈りましょう。

5.4.9　スーパーモデルツアー

　インターフェースの中身までは追わないようにしてシナリオを実行していく手法です。インターフェースのすべてが想定どおりの場所に配置されていること、インターフェースが適切であること、特にユーザビリティの問題がないことを確認するようにシナリオを変更します。このツアーを行うなら、データを操作してUIに表示するシナリオを選んでください。データをできるだけ多くの回数表示し、その後に再表示し、画面の更新に問題がないかを確認します。

5.4.10　脇役ツアー

　私はこれを「最近傍探索ツアー[訳注9]」と呼んでいます。スクリプトに記述されたフィーチャを実行するのではなく、テスト技術者が最も近い別のフィーチャを探してシナリオを変更する手法だからです。

　たとえば、シナリオがドロップダウンメニューの選択を指示しているなら、指定されたアイテムの上または下を選択します。シナリオが何を選ぶのかを指示しているなら、指示された選択肢ではなくすぐ隣にある選択肢（インターフェース上で隣にあるか、または意味的に近いもの）を選びます。シナリオでイタリック体を使うように指示されているなら太字を使い、テキストの選択が指示されているなら、別のテキストを選択します。常に「最も近い」ものを選ぶようにします。

5.4.11　雨天中止ツアー

　これは、キャンセルボタンをうまく利用する（シナリオを実行中にキャンセルボタンが表示されたら、そのたびに押していく）だけでなく、実行の開始と終了にも利用するツアーです。複雑な検索やファイル転送など、時間がかかるタスクのシナリオを変更する手法です。時間がかかるフィーチャを開始して、表示されるキャンセルボタンを押す、またはEscキーなどを使用して実行をキャンセルする派生シナリオを作成します。

[訳注9]　最近傍探索とは、空間上の1点から最も近い位置にある1点を探す数学上の問題、およびその解放のアルゴリズムを指す言葉です。

5.4.12 割り込みツアー

このツアーは本章のために新しく作られたもので、ツーリングメタファーの説明では挙げていません。実際のところ、割り込みツアーはシナリオベースのテストならではのものです。本ツアーのコンセプトは、料金を払わずにツアーに参加する人のように振舞うことです。人ごみに溶け込んで最初からツアーに参加していたかのようにふるまっていますが、実はツアーの途中から勝手に参加している人のことです。ツアーに割り込むだけでなく、（博物館や歴史的建造物などのツアーが多く集まる場所にいる）他のツアーグループを見つけて、別のツアーに紛れ込むことも含みます。

割り込みツアーでは、複数のシナリオを1つのシナリオにまとめるために、シナリオからシナリオへと移行するプロセスを用います。シナリオを見直して、同じデータを使うもの、同じフィーチャを確認するもの、同じ手順を持つものを探します。この同じ部分が、シナリオからシナリオへと切れ目なく移ることを可能にします。あるツアーから離れ、別のツアーの参加者に溶け込む人のようにです。ツアーからツアーに移ることができるのは、2つのツアーグループが博物館の同じフロアの同じ空間を共有しているからです。テスト技術者がシナリオからシナリオに移ることができるのは、2つのシナリオがアプリケーションの同じ部分を実行するからです。ある地点まではシナリオAを実行しますが、その次からはシナリオBを実行するようにします。

5.5 結論

シナリオベーステストと探索的テストは、対立するものではありません。シナリオは探索の優れた出発点となりえますし、探索は限定的なシナリオに有益なバリエーションを加えます。優れたテスト技術者は2つの手法を組み合わせることで、テスト範囲を広げて、テスト対象となる入力、コードパス、使用データのバリエーションを増やすことができます。

5.6 演習問題

1. 本章で説明しているように、既存のスクリプトまたはシナリオから派生シナリオを作成する方法を2つ挙げてください。どちらがより多くバグを発見できると思いますか？　理由を説明してください。

2. シナリオの元になるソフトウェア開発成果物を、3つ以上挙げて説明してください。また、本章で説明していないシナリオ作成方法をあげることができますか？

3. 派生シナリオを作成するとき、ツアーを使用する場合とシナリオオペレーターを使用する場合の主な違いは何ですか？　元のシナリオからより多くのバリエーションが得られるのはどちらですか？

4. 強迫観念ツアーに近い働きを持つシナリオオペレーターはどれですか？　そのオペレーターと強迫観念ツアーから同じ派生シナリオを作成するためにどうすればいいですか？

5. 本章では使われていないツアーを前章から選び、シナリオベース探索的テストでそのツアーを効果的に使用する方法を考えてみてください。

6. オールナイトツアーを適用できるシナリオが持つ性質とはどのようなものですか？　理由を説明してください。

第6章

探索的テストの実践

「迷う者すべてが迷うわけではない」

― J. R. R. トールキン

6.1　ツーリングテスト

　実際の開発で効果を出せなければ、テスト技術には何の意味もありません。冒険や旅行の話をすることと、実際に体験することがまったく違うようにです。本章は、現実の開発プロジェクトで、納期のプレッシャーにさらされながら、初めてツーリングメタファーを採用したのテスト技術者の記録です。

　スモール探索的テストおよびラージ探索的テストのテスト技術は、Microsoftの開発者部門で誕生しました。ワシントン州レドモンドのチームとインド開発センターで、デビッド・ゴレナ・エリゾンドとアヌタラ・バラドワジがそれぞれ初めて使用しました。2008年11月にオランダのデン・ハーグで開催されたEuroSTAR 2008[1]で初めて公開されました。それ以来、Microsoftの社外でも数十のグループがこのテスト手法を導入したことがわかっています。

　2008年11月の後半、ツアーを普及させるための2つの取り組みがMicrosoft社内で開始されました。1つ目の取り組みはVisual Studioの公式な開発タスクとして始まり、本稿執筆時点でも継続中です。同じころに始まったもう1つの取り組みは、全社的な草の根活動です。私は手始めに、経験の有無に関わらず優秀なテスト技術者を集めることにしました。特に、有望な手動テスト技術者を求めていました。そこで、Microsoft社内でも最高レベルの技術力を持ち、人脈も豊富なテストマネージャーとテストアーキテクトにメールで依頼することにしました。

　多くの応募者の中から面接で候補者を絞り込みました。率直に言って、最も熱意があると

---

[1]　ヨーロッパ最大規模のソフトウェアテストカンファレンス。現在は EuroSTAR 2008 の情報はリンク切れ。

思われる人を選びました。私は情熱的な人たちと仕事をするのが好きだからです！　ツーリングテストのトレーニングでは、テスト技術者にはテキストを読むだけでなく、必要に応じて加筆もしてもらいました。そしてツアーを使ってテストを始めました。

　ゲーム、エンタープライズ、モバイル、クラウド、OS、Webサービスにいたるまで、多くの製品にツアーを適用しました。その中でも特に参考になると思われる5つの事例を本章に掲載します。他の製品は現在も継続中ですので（原著執筆時の情報）、Microsoftのブログなどに続報が掲載されても驚かないでください。

　この後に掲載している事例を見てもわかるように、ほとんどのツアーは第4章「ラージ探索的テスト」で説明したとおりに実施されました。しかし、テスト実施中の多くのテストバリエーションが作成されました。場合によっては、新しいツアーをゼロから作成しました。これは許されているどころか、望ましいことです。すべてのテストチームが、チームに合うツアーと合わないツアーを見分けられるようになることを願ってやみません。本章の目的は、ツアーが実際にどのように機能するかを示すことです。

　本章に掲載する探索的テストの体験レポートは、Microsoft社の以下のテスト技術者の手によるもので、許可を得て掲載しています。

- ●ニコール・ホーゲン：Dynamics AX クライアント製品チーム　テストリーダー
- ●デビッド・ゴレナ・エリゾンド：Visual Studio Team Test ソフトウェア開発エンジニア
- ●ショーン・ブラウン：Windows Mobile　シニアテストリーダー
- ●ボラ・アグボニル：Windowsテスト担当ソフトウェア開発エンジニア
- ●ジェフ・スタネフ：Visual Studio Team System　ソフトウェア開発エンジニア

6.2　Dynamics AXクライアントのツアー

ニコール・ホーゲン

　私のチームは、Dynamics AX[訳注1] クライアントのテストを担当しています。Dynamics AXは、20年以上前にネイティブC++で実装されたERP（エンタープライズリソースプランニング）ソリューションで、MicrosoftがNavision社の買収とともに取得しました。私のチームはクライアントテストチームとして、「基盤」チームととらえられていました。それはアプリケーションを構築するための土台となる、フォーム、コントロール、シェル機能の提供に責任を負っていたからです。これ以前は、私のチームは主に公開APIをテストしていました。Dynamics AXの担当になってからはGUIを使ったテストにそなえて取り組み方を変えることにしました。この変化によっていくつか学んだことがあります。

- ●発見したバグの多くは、テスト設計フェーズで作成したテストケースでは検出できませんでした。

[訳注1]　Microsoft製のERPソフトウェアパッケージ。

6.2 Dynamics AXクライアントのツアー

- GUIを使ったテストでは、自動テストでは実施が難しい膨大な数のシナリオや複雑なユーザー操作のテストを実施できました。
- 自動テストでも手動テストでも、回帰テストにはメンテナンスが必要でした。すでに数千を超えるテストケースがあったため、新しいテストを回帰テストに追加する際には、常に費用対効果を意識しなければなりませんでした。
- Dynamics AXは巨大なアプリケーションです。どのようにテストすべきかはもちろん、アプリケーション自体にもわからないことがたくさんありました。

探索的テストの導入により、上記のすべての問題に対処することができました。そのために、以下の手法で探索的テストをテストプロセスに組み込みました。

- 機能をチェックインする前に、テスト技術者は探索的テストを実施します。重要なバグを迅速に、できればチェックイン前に検出するためです。重大なバグ修正、または高リスクのバグ修正後のチェックインでも同様の手順をとりました。
- 探索的テストは、テスト設計と同時にテストケースを作成するために用いました。こうすることで、テスト要求定義で見落とされていた新しいシナリオを作成できます。
- 第5章「ハイブリッド探索的テスト」で述べているように、手動テストを実施する際にはテストスクリプトをスタート地点として探索的テストを実施します。個人的な経験ですが、テストスクリプトに書かれたとおりに実施する手動テストでは、新しい問題が検出されることはほとんどありません。しかし、テストスクリプトから少し外れるだけで多くのバグが発見できます。
- バグたたき（バグを徹底的に検出すること）では探索的テストを実施しました。探索的テストは、現在テスト中のフィーチャ以外の部分を調べて、関連する問題を発見するために役立ちました。

6.2.1 探索に使えるツアー

ツアーのコンセプトによって、探索的テストはより具体的で、教えやすく、再現性のあるテストになります。本項では、Dynamics AXのバグ検出を特に手助けしたツアーについて記述します。

タクシーツアー

公共交通機関を利用する場合、観光客は間違った路線に乗ったり、間違った停留所で降りてしまうリスクが常にあります。また、目的地まで公共交通機関だけではたどり着けないというもう1つの欠点もあります。まれに目的地行きの便がありますが、毎回同じルートを通るので1回利用した人にとっては退屈な行程になります。公共交通機関の代替案に最適なのはタクシーの利用です。旅費は高くなりますが、昔から言われている「高かろう良かろう」という格言は間違いなく当てはまります。ロンドンのような大都市には、25,000以上の通り

があります。だから、A地点からB地点まで移動できるすべての道を理解していることを保証するために、タクシー運転手は厳しい試験を受けなければなりません。1ドル（いや、1ポンドといったほうがいいでしょうか）を賭けてもかまいません。タクシー運転手はどの道が最短距離か知っているはずです。移動時間が最短の道も、一番いい景色の道も知っているでしょう。加えて、乗客が指示した場所に毎回確実に到着します。

タクシーを使ったツアーは、ソフトウェアアプリケーションのテストにも応用できます。画面、ダイアログ、機能など、テストの目的地のにたどり着くために無数のルートから選ばなければならないことがあります。そのため、テスト技術者にはタクシー運転手と同じ要求が課されます。目的地にたどり着くすべてのルートを把握しておくことが求められるのです。タクシーツアーでは、テスト技術者はアプリケーションの知識を活用して、すべてのルートが目的地に繋がっていることを確認します。場合によっては、ルートを選択することでアプリケーションの状態が変化することがあります。この場合もすべてのルートを確認しなければなりません。タクシーツアーは強迫観念ツアーの派生版です。ツアーの最終的な目的は同じ操作を繰り返してバグを見つけることですが、まったく同じ操作を繰り返すのではなく、異なる操作を繰り返すという違いがあります。

Microsoft Officeの印刷ページを表示させる例で考えてみましょう。この画面を開くには、さまざまな方法があります。

- **Ctrl＋P** ショートカットキー。
- ツールバーの［ファイル］→［印刷］を選択する。
- クイックアクセスツールバーの［印刷プレビューと印刷］を押す。

どのルートを選んでもたどり着く目的地は同じです。印刷画面が表示されます。

反対に、「タクシー通行止めツアー」というコンセプトもあります。このテストはどのようなルートを選んだとしても、目的地にたどりつけないことを確認するテストです。アプリケーション内の機能を利用できない理由にはさまざまなものがあります。ユーザーに十分な権限がない、アプリケーションが異常な状態になるのを防ぐため、などです。いずれにしても、開発者が見落としたルートは意外に多いので、すべてのルートのテストが重要になります。

前述の印刷ページを例にするのは作為的かもしれませんが、シンプルなので印刷ページでのタクシー通行止めツアーを説明します。文書の印刷を禁止する状態があるものとして、そのテストを行うとします。すでに印刷ページへはさまざまなアクセス方法があることがわかっています。そこで、ユーザーがどのような方法をとっても印刷ページへのアクセスが常に禁止されていることを確認するテストを行います。最低限しなければならないのは、Ctrl+Pの入力が受け付けられない、［ファイル］→［印刷］プリントメニュー項目とクイックアクセスツールバーのボタンが無効になっていることの確認です。

多文化ツアー

　ロンドンの素晴らしい点として、人々の多様性が挙げられます。観光客はロンドンにいながらにして、世界中の文化を体験ができます。たとえば、観光客がロンドンのチャイナタウンを訪れたとします。そこでは、中華料理のおいしい香りが漂い、いたるところで中国の伝統的な経典を見ることができます。同じように、ロンドンの賑やかな通りにあるインド料理店で、水タバコの煙を楽しむこともできます。ロンドンでの休暇をエキサイティングで素晴らしいものにする方法の1つは、さまざまな文化に触れることです。

　テストにも多文化に触れるツアーが適用できます。なぜなら、ソフトウェアが世界中のさまざまな国にローカライズされていることをテストしなければならないからです。言語、通貨、日付の書式、カレンダーの種類などは、エンドユーザーの地域に対応した表記が必要不可欠です。また、選択したロケールにかかわらず、アプリケーションの機能は期待どおりに動作し続けなければなりません。

　製品のローカライズテストは非常に複雑になることがありますが、まずは基本的な考え方をいくつかご紹介しましょう。テストのために外国語の詳しい知識は不要です。

- ローカライゼーションの基本的な考え方として、テキストのハードコード（テキストが翻訳できないようになっている状態）の回避が挙げられます。これをテストするためには、アプリケーションまたはオペレーティングシステムの使用言語を変更します。そしてラベル、例外メッセージ、ツールチップ、メニュー項目、ウィンドウのキャプションなどが変更した言語で表示されることを確認します。また、ブランド名の一部になっている単語など翻訳してはならない単語もありますので、表示言語を変えても同一であることも確認します。

- アラビア語などの右から左に書く言語でテスト対象のアプリケーションを起動してみてください。コントロールやウィンドウが正しく動作することを確認します。右から左に書く言語では、ウィンドウのサイズを変更したときに正しく再描画されることを確認するのがおもしろいでしょう。また、コントロール、特にカスタム実装のコントロールが、左から右に書くモードと同じ動作をすることを確認します。

　上記ローカライズテストのすべてをカバーするものではありませんが、少なくとも、言語固有の情報がなくてもアプリケーションの一般的な動作を確認方法のアイデアにはなります。

6.2.2 ツアーの実践とバグのお土産

本セクションでは、Dynamics AX をタクシーツアーと多文化ツアーで観光して集めたお土産であるバグを紹介します。このツアーでは多くのバグを発見ができましたが、その中からいくつかのお気に入りをご紹介します。

タクシー通行止めツアーで収集したバグ

Dynamics AX には、アプリケーションのワークスペースを同時に開くことができるのは8個までという既知の制限があります。[2]　8個を超えるとアプリケーション全体がクラッシュしてしまいます（ちなみに、これは1個テストしたら1個無料ツアーを利用すれば発見できたバグです）。この問題の修正には複雑な作業が必要でした。そのため、アプリケーションがクラッシュしないようにするために、単純にユーザーが8つ以上のワークスペースを開けないようにする対策をとりました。

このバグを聞いたときに、すぐにタクシーツアーが頭に浮かび、ユーザーが新しいワークスペースを開くために行うであろうあらゆる操作を考え始めました。そして経験豊富なタクシー運転手のように以下のルートを探し出しました。

- Dynamics AX のツールバーの [New Workspace] ボタンをクリックする。
- [Ctrl] + [W] ショートカットキー
- Dynamics AX のメニューの [New Workspace] を実行する。
- Dynamics AX の Select Company Accounts フォームにある New Workspace ボタンをクリックする。

ワークスペースを開くルートが準備できたので、まず7個のワークスペースを開きました。最初のテスト目標は、8個目のワークスペースを開けるかの確認です。結果として、すべてのルートで8個目のワークスペースを開けました。

次に「タクシー通行止めツアー」を実施しました。今、8個のワークスペースを開いています。テストの目的は9個目のワークスペースのオープンがブロックされることの確認です。最初の3つのルートを試してみましたが、いずれもブロックされました。しかし、4つ目のルートを試すと、新しいワークスペースが作成できました。その結果、9個目のワークスペースが起動してアプリケーションがクラッシュしました。

タクシーツアーで収集したバグ

ほとんどのアプリケーションと同じように、Dynamics AX には [表示]、[ウィンドウ]、[ヘルプ] などの一般的なメニューがあります。Dynamics AX のメニュー動作のテストとして、各メニュー項目を実行して目的のアクションが実行されることを確認しました。もちろん、こ

---

[2] 複数のアプリケーションワークスペースが作成されますが、このシナリオではすべてのワークスペースが Ax32.exe プロセスに関連付けられることに注意してください。

れはきわめて単純なテストです。そこで、もっと面白いテストをするために、タクシーツアーを実施することにしました。具体的には、以下のルートを通りながら各メニュー項目を実行しました。

- マウスでメニュー項目をクリックする。
- メニュー項目のショートカットキーを入力する。
- メニュー項目のアクセスキーとアクセラレータキー[訳注2] を入力する

やはりと言いますか、3番目のとアクセスキーとアクセラレータキーでメニュー項目を実行する方法でバグを発見しました。たとえば、ヘルプメニューのヘルプメニュー項目を実行するには、Alt + H のアクセスキーを入力してメニューを開き、次に H のアクセラレータキーを入力してメニュー項目を実行します。驚いたことに、ヘルプのメニューすら開かなかったため、ヘルプメニュー項目の確認まで至りませんでした。しかし幸いだったのは、これが製品出荷前に発見・修正されたアクセシビリティの重大バグだったことです。

多文化ツアーで収集したバグ

Dynamics AX は多くの言語に対応しています。その中には右から左に書く言語が含まれるので、アプリケーションがグローバリゼーションとローカライズをサポートしていることに確認が重要になります。多文化ツアーはこの分野のバグを数多く発見するのに役立ちました。

例1

多文化ツアーを実施することで、メニューのアクセスキー情報を表示するツールチップのバグを発見しました。ここでは英語環境では Windows メニューは「Windows <Alt+W>」と表示されるツールチップを例にします。

私は多文化ツアーとしてさまざまな言語で Dynamics AX を起動していました。イタリア語環境で起動したところ、Windows メニューが「Finestre <Alt+W>」と表示されていることに気づきました。Windows メニューの名称は「Finestre」と正しいイタリア語に翻訳されていましたが、アクセスキーは英語のまま「<Alt+W>」でした。正しくは、「Finestre <Alt+F>」と表示されるべきです。

例2

Dynamics AX のコントロールの大部分はカスタム化されています。そのため、右から左に書く言語でアプリケーションを実行し、コントロールが正しく動作することを確認するのはとてもおもしろいことです。実際、同僚が見つけた素晴らしいバグの例として、Dynamics AX

[訳注2] アクセスキーとはキーボードからメニューを操作するために割り当てられたキー入力のことです。Windows の場合は Alt キーとの組み合わせで実装されており、入力するとメニューにカーソルが移動します。アクセラレータキーとはアクセスキーでメニューにカーソルが移動した後にメニュー項目を操作するためのキー入力のことです。ショートカットキーもキーボードからメニューを操作するために割り当てられたキー入力ですが、一部のメニュー項目のみに割り当てられています。

のナビゲーションペインのものがあります。ナビゲーションペイン（図6.1の左にある「My Favarites」などのペイン）は、ユーザー操作によって展開（図6.1）することもは折りたたむ（図6.2）こともできます。

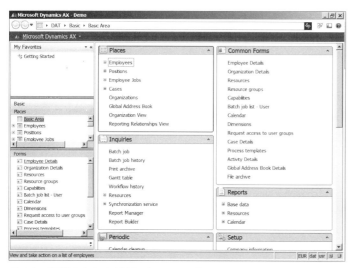

図6.1：展開されたナビゲーションペイン

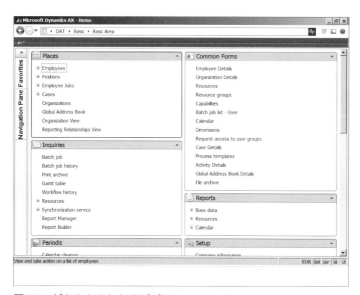

図6.2：折りたたまれたナビゲーションペイン

ナビゲーションペインの上部にある「<<」、「>>」ボタンが、ペインを操作するために使われることに注目してください。同僚が右から左への言語でDynamics AXを起動すると、「<<」ボタンをクリックしてもナビゲーションペインが折りたたまれませんでした。しかし、左か

ら右への言語では両方のボタンは正常に機能しました。

この2つのバグはDynamics AXで多文化ツアーを実施していなければ発見されなかったでしょう。

6.2.3 ツアーのヒント

第4章で説明されているツアーを実施する際に、経験豊富なテスト技術者からの「旅のお供」となるヒントを以下にまとめました。

スーパーモデルツアー

GUI製品のテストではインターフェースのひと目でわかる不具合を取り除くためにスーパーモデルツアーが必須です。スーパーモデルツアーを第4章で説明されている他のツアーと組み合わせると、非常に見つけづらい不具合を発見する手掛かりが得られます。

脇役ツアーと組み合わせる

インターフェースのテストでは、テスト中のウィンドウやコントロールの裏側まで常に意識を向けてください。そして、注視してテストをしている箇所以外もどのように表示されるのかを確認するようにしてください。このテクニックは「脇役ツアー」に似ています。効果を最大限に引き出すためには「左に10度または右に10度、視線を移動させる」ことが必要です。たとえば、私は以前、フォーム上のポップアップウィンドウを開いたところ、タイトルバーがグレー表示になり、入力を受け付けなくなっているように見えるバグを発見したことがあります。ポップアップウィンドウに注目してテストを行っていたのですが、一歩下がってフォーム全体を見ることでタイトルバーの見つけづらいバグを発見ができました。

裏通りツアー/混合目的地ツアーと組み合わせる

裏通りツアー/混合目的地ツアーの主な目的は、異なる機能が互いにどのように影響し合うかを確認することです。GUIのテストなら、外部環境の機能がアプリケーションの外観にどのような影響を与えるかの検証が目的になります。以下にいくつか例を挙げます。

- OSの表示設定を、たとえば高コントラスト設定などに変更して、スーパモデルツアーでGUIを操作します。すべてのコントロール、アイコン、テキストが正しく表示されることを確認します。

- リモートデスクトップを使用して、アプリケーションがインストールされているマシンにリモート接続します。アプリケーションのウィンドウが表示されるときに、塗りつぶしやちらつきが発生しないことを確認します。

- デュアルモニターでアプリケーションを実行して、メニューとウィンドウが表示されるモニターが正しいモニターに表示されることを確認します。

製品の第一印象は見た目だけで判断されます。そのため、アプリケーションの見た目にバグがあると、プロの仕事ではない製品である、あるいは設計がよくない製品であるという印象を持たれるます。残念ながら、表示上のバグは修正の優先度が低くなることがよくあります。アプリケーションの表示にバグが残っていても一見無害に見えるかもしれません。しかし、いくつものバグが積み重なるとユーザビリティへ影響を与えることが多いので、無視してはなりません。

■ 雨天中止ツアー

雨天中止ツアーは機能が停止しているときに重点を置くツアーです。アプリケーションが引き続き正常に動作することを確認します。本項では雨天中止ツアーの2つのヒントを提示していますが、両方ともすでに第4章で説明しています。しかし、バグ検出に非常に役立つ内容のため、本セクションで改めて提示したいと思います。

まず1つ目のヒントは、テスト対象のオブジェクトの状態を変更してから、そのオブジェクトを停止しなければならないことです。ダイアログボックスを例にするなら、ダイアログボックスを開いてすぐに閉じることはしないでください。ダイアログボックスあるいはアプリケーションの状態を変更してから閉じてください。状態変更の必要性をお見せするため、このテクニックを使ってDynamics AXで発見した実際のバグをいくつか紹介します。

- ダイアログボックスを開き、そのダイアログボックスからポップアップウィンドウを開きました。ポップアップウィンドウを開いたまま [X] ボタンをクリックしてダイアログボックスを閉じました。その結果、ダイアログボックスがポップアップウィンドウの終了処理を適切に実行できなかったためアプリケーションがクラッシュしました。
- ユーザー設定ダイアログボックスを開いた後、ダイアログボックスを開いたままアプリケーションを別のモジュールに切り替えました。次に、ユーザー設定ダイアログボックスの [キャンセル] ボタンをクリックしたところ、アプリケーションがクラッシュしました。

2つ目のヒントは操作をキャンセルした後に同じシナリオを再試行しなければならないということです。私は最近、Dynamics AX 6.0でリリースが予定されている新機能の探索的テストで、まさにこの手法を使用しました。その結果、クライアントがクラッシュするバグを発見できました。この新機能では、内部結合/外部結合されたデータソースの作成、更新、削除を単一のトランザクションで実行しています。更新機能のテスト中に、ダイアログボックスのツールバーにある「元に戻す」ボタンをクリックして、変更をキャンセル（破棄）してみました。すると変更が破棄されてデータベースの値に書き換えられました。しかし、そのあとに同じレコードの更新をもう一度試したところ、なんとDynamics AXがクラッシュしました。

ランドマークツアー

アプリケーションの中にはERPソリューションなど非常に大規模なものがあります。大規模なアプリケーションは機能が多すぎるので、ランドマークツアーを行おうにもどこから手をつければよいのか、考えるだけで気が滅入りそうになります。時として、テスト技術者は、自分が主に担当している機能以外はあまり詳しくないことがあります。この問題に対処するためのヒントとしては、他の機能を担当している技術者とペアを組むことが挙げられます。

6.3 ツアーを使ってバグを見つける

デビッド・ゴレナ・エリゾンド

私は大学を卒業してすぐにMicrosoftで働き始めました（入社の1年前にMicrosoftの夏季インターンシップを経験していました）。テスト部門のソフトウェア設計エンジニアとして入社し、2005年に1stバージョンのVisual Studio Team Systemの開発に参加しました。当時の私の仕事は、Visual Studioに含まれているユニットテストツール、コードカバレッジ測定ツール、リモートテストツールのテストなどでした。私はテストツールをテストするテスト技術者なのです！

Microsoftでの4年間を通じて、私は社内外で使用されているさまざまなテストアプローチやテスト方法論に関わりました。テストの自動化、スクリプトベースのテスト、エンドツーエンドテスト[訳注3]、 探索的テストなど、さまざまなテスト技法を試してきました。その中でも探索的テストを学び、実行してく中で、テストに対する情熱を見い出すに至りました。そして現在まで1年以上にわたって探索的テストを実施しています。ツーリングメタファーを中心にして考え方を整理したことで、私が担当するフィーチャのテストでは修正可能なバグの検出数が大幅に増えました。

私にとっては、すべてのツアーがいつも貴重なものでした。その上でツアーの経験を積むにつれて、特定の状況下では特定のツアーが最も効果的であることがわかってきました。そこで、どのような場面でどのツアーを使うべきかの私の考えを、みなさんと共有したいと思います。また、昨年から取り組んでいるテストケース管理ソリューションのテスト中に発見したバグもいくつか紹介させていただきます。

なお、本項で述べているバグはすべて修正済みであり、テストケース管理システムのユーザーを悩ませることはありません！

［訳注3］ エンドツーエンドとは「端から端まで」を意味する言葉で、ここではユーザーとアプリケーションの関係を指すとともにユーザーによる操作を指しています。またエンドツーエンドテストとは、ユーザーの視点でシステムを操作して動作を確認するテストです。多くの場合で手動テストとして実施します。

6.3.1　テストケース管理ソリューションのテスト

　過去1年半にわたって携わってきたテストケース管理システムの開発では、私はツアーを用いた探索的テストを実施しました。ツアーの使い方を説明する前に開発中の製品について説明します。テスト対象のフィーチャと設計が、ツアーの選択と実行方法に影響を与えるからです。

　テストケース管理システムのクライアントはサーバーと連携して動作します。基本的にはサーバーから「ワークアイテム」と呼ばれるものを取得します。ワークアイテムは、テストケースやバグなど、ユーザーの業務となるものです。サーバーがなければ、クライアントは基本的に何もできません。この情報だけでも、雨天中止ツアーや破壊行為ツアーで多くのバグを発見したことが容易にわかると思います。サーバー操作の完了を待たずに処理を途中でキャンセルしたり、サーバー自体をネットワークから削除したりすることを想像してみてください。さらに深く考えてみると、ワークアイテム（およびサーバーにあるその他のデータ）は同時に複数のクライアントが変更する可能性があることが分かります。つまり、「1個テストしたら1個無料ツアー」でも相当数のバグが発見できるということです。アプリケーション全体で常にデータの更新が行われているので、FedExツアーも実施対象になります。

　いつの日か、本書で紹介されているツアーの完全版といえる本が書けるかもしれません。それまでは、私のバグ発見記の一部を参考にしてください。

6.3.2　雨天中止ツアー

　サーバーと密接に連携するクライアントアプリケーションを使用している場合、予期せぬサーバーの動作により、サーバーとクライアントの両方で想定していなかった事態が発生することがありえます。サーバーへのリクエストの中断は、クライアント側のデータの更新と同様に厄介な問題です。考えてみてください。サーバーから情報を読み込み始めたページを開き、すぐに「更新」をクリックすると、実行中の処理がキャンセルされて新しい処理が開始します。このようなトランザクションの両側にあるソフトウェアには、常に注意を払わなければなりません。そのため、処理のキャンセルを探索する雨天中止ツアーでは大量のバグが見つかります。私のお気に入りのバグをいくつか紹介します（バグの名前はバグ管理システムに登録された正確なタイトルです）。

● **バグ：プロジェクトへの初期接続をキャンセルすると、その後は手動で接続できなくなる。**

　テストケース管理システムを起動すると、ユーザーがそれまでに接続していたサーバー（テストケースとテストデータのリポジトリを含む）を検索して、データストアに自動的に再接続します。ユーザーが別のデータストアに接続したい場合は、自動接続をキャンセルする必要があります。開発者が自動接続キャンセルのシナリオを十分に設計していなかったため、特定の状況でキャンセルすると環境変数を削除してしまいました。このため、テストデータリポジトリのデータを取得しようとしてもサーバーと接続ができな

6.3　ツアーを使ってバグを見つける

くなっていました。

● **バグ：設定変数を削除した後にキャンセルまたはOKを選択する、再度プロンプトが表示される。**

このバグをリリースしていたら大変なことになっていたでしょう。特定のUIプロンプト上でテストリポジトリ内の変数を削除するリクエストをキャンセルすると必ず発生していました。雨天中止ツアーを実施すると、テスト技術者は複雑でタイミングが重要な処理のキャンセルを考えるようになるので、おのずとこのテストケースにたどり着くことができました。

　雨天中止ツアーによって、ユーザーが開始した以外のアクションについても考えるようになります。フィーチャや製品が自動的にアクションを開始するなら、そのアクションのキャンセルをしなければならないときがあります（キャンセルできないと、多くの場合で処理性能が低下します）。次のバグがそのケースにあてはまります。

● **バグ：計画内容：テストスイート間を移動しても、テストのロードがキャンセルされない。**

テスト用リポジトリを選択すると、アプリケーションに関連付けられたテストケースのロードが始まることが分かりました。雨天中止ツアーを実施していたので、別のテスト用リポジトリを選びたいときはキャンセルをしなければならないと考えました。そうでなければ、リポジトリの切り替え処理が待たされるので、パフォーマンスの低下につながります。実際、そのとおりでした。テストケースのロードをキャンセルできなかったので、リポジトリ選択処理のパフォーマンスは本当に悪かったのです。

　雨天中止ツアーでは、観光客に次のようによびかけます。「可能なかぎりすべての行動をキャンセルししてください。可能なかぎり何回でもキャンセルしてください。あらゆる状況下でキャンセルしてください。雨が降っているので、他のみんなに計画をキャンセルするよう呼びかけましょう！」このテスト戦略により、次のようなバグを発見しました。

● **バグ：リフレッシュを繰り返すうちに、リフレッシュまでの時間が指数関数的に長くなる。**

リフレッシュ操作を行うと、基本的に進行中の処理をすべてキャンセルすることはわかっていました。そこで、私はリフレッシュボタンを（素早く）何回もクリックしてみました。この操作によって、製品に最悪のパフォーマンス問題が発生しました。

　次のバグを見つけるために使ったテスト戦略は、上記のバグとまったく同じものでした。

● **バグ：ストレス・リフレッシュ・テスト設定マネージャーがCamano[訳注4]をクラッシュさせる。**

第6章

探索的テストの実践

［訳注4］　「Testing Tools for Visual Studio 2010 Team System」に付けられた開発コードネーム。

95

しかし、テスト技術者にとっては、ずいぶんとましな結果になりました。クラッシュです！　狂ったようにリフレッシュボタンをクリックすると、アプリケーションが不正終了したのです。

6.3.3　破壊行為ツアー

破壊行為ツアーはリソースを制限するツアーなので、アプリケーションがどれだけのリソースを使っているかを考えなければなりません。そうすることで、リソースの量を変化させることができます。本セクションで述べていることは、リソースを制限することでアプリケーションに異常を発生させるシナリオを見つけられる可能性があるということです。

●**バグ：TFSと接続していないときにテスト設定を表示しようとすると、Camanoがクラッシュする。**

TFSとは、テストケースとテストデータを保存するためのサーバーです。破壊行為ツアーを実施することで、多くのシナリオについて考えさせられました。それは、TFSの可用性が極めて重要であることと、優れたエラー処理ルーチンが必要であるということです。そこで適切なタイミングでサーバーを一時的に利用できないようにしてみると、深刻なクラッシュバグが発見されました。この不具合が修正されたことで、本製品はサーバー接続の問題に対して堅牢性を手に入れました。

次のバグもテスト戦略は同じものでした。アプリケーションが使用するリソースを探すというものです。

●**バグ：Camano.configが破損していると起動時にCamanoがクラッシュする　configファイルが修正されるまで、Camanoはクラッシュし続ける。**

このケースではリソースはコンフィグファイルです。アプリケーションがセッション間でデータを保持するために使用しています。破壊行為ツアーには、状態を保持するファイルの改ざんも含まれます。永続的なリソースが破損または利用できない場合に、アプリケーションが異常にならない堅牢性があることを確認するためです。永続的なファイルを変更することで、深刻なバグのが発見されただけでなく、クラッシュがいつどこで発生するのかを予想する楽しみもありました。テストチームの他のメンバーが誰もこのようなシナリオを実行しようと思わなかったことを考えると、自分が破壊行為ツアーをテストツールとして持っていることを嬉しく感じました。

次のバグは、1つ前のバグと同じテスト戦略を使っていますが、ちょっとひねっています。

●**バグ：設定ファイルが非常に大きいとCamanoがクラッシュする。**

このバグを見つけるために、設定ファイルをいろいろと変えてみたり、違いがある設定ファイルをいくつも作成したり、サイズを変更しなければなりませんでした。破壊行為ツアーは、ファイルを読み取り専用にしたり、削除したり、拡張子を変更したりするこ

とを提案しています。しかし、この時はサイズの変更が有効でした。非常に大きな設定ファイルを作成すると、アプリケーションが対応できませんでした。

6.3.4 FedEx ツアー

開発中の当社のテストケース管理ソリューションでは、クライアントとサーバー間を自由に流れる大量のデータを処理します。バグ、テストケース、テスト計画、テスト計画詳細などです。すべての情報をすべて適切に更新して同期をとらなければなりませんが、複数の処理で同時に同じデータを使用しているので困難でした。そこでカスタマイズした FedEx ツアーを採用して、テスト技術者が通信のシナリオに注意を払えるようにしました。以下に FedEx ツアーで発見したバグを示します。

● **バグ：テストケースの表示から戻っても、テスト計画が自動的に更新されない。**

テスト計画詳細には、テスト計画に含まれているテストケースが表示されます。FedEx ツアーで用いたテスト戦略は、テストケース（およびテスト計画）の修正内容が、テスト計画詳細まで届いて表示が適切に更新されることの確認でした。しかし、テストケースの名称を修正してからテスト計画詳細を再表示しても、テストケース名称が変更されないことが分かりました。テストケースの変更処理を実行して、テスト計画詳細に更新されたテストケース名称を表示するためには、手動で更新しなければなりませんでした。

他にもこれに似たバグをいくつか発見しました。

● **バグ：テスト自動実行ツールでテスト計画を選んでテスト成果物の内容を変更すると、Camano がクラッシュする。**

この特殊なシナリオは、複数の機能で同じテスト計画を表示しているときに、テスト計画の内容（テストの構成名など）を変更するというものです。すると、複数の機能間で表示内容の同期ができていなかったため、アプリケーションがクラッシュしました。ちょっと考えてみてください。これは前出のバグとまったく同じテスト戦略である、データや成果物の変更内容が別の場所まで届いて正しく更新されることの確認で発見できるバグです。

次のバグは注視すべきものでした。

● **バグ：削除済みのビルドを使用するテスト計画があると、Camano が永遠にクラッシュし続ける。**

テスト計画はビルド構成に紐付けられています。つまり、テスト計画は特定のビルド構成にリンクできます。しかし、テスト計画にリンクされているビルド構成を削除すると、そのテスト計画を開くたびにアプリケーションがクラッシュするようになりました。このようなデータ依存関係を理解できるように、FedEx ツアーはデータ間の関連を手順を追って調べる手助けをしてくれます。

6.3.5　1個テストしたら1個無料ツアー

「1個テストしたら1個無料ツアー」を適用すると、同時に複数のユーザーが使用できるアプリケーションのバグを発見できます。このツアーによって以下のバグを発見できました。

● **バグ：テスト構成マネージャー：構成が最新でないときに「新しいテスト計画に割り当てる」を実行するとCamanoがクラッシュする。**

テスト構成には「新しいテスト計画に割り当てる」というブール値のプロパティがあります（オン・オフを切り替えられます）。ユーザーAとユーザーBが同一のテスト構成（「新しいテスト計画に割り当てる」はtrue）を表示しているとします。このときに、ユーザーAがfalseに変更してからテスト構成を保存した後に、ユーザーBがテスト構成を変更して保存しようとすると、アプリケーションがクラッシュすることが判明しました。もしアプリケーションをテストするユーザーが1人だけだったなら、このバグは発見が非常に難しかったでしょう。上記のテストシナリオは、「1個テストしたら1個無料ツアー」のテスト戦略を明示しています。アプリケーション内でコピーされるものを同時に使用することでバグを見つけるテスト戦略です。

6.4　Windows Mobileデバイスにおけるツアーの実践

ショーン・ブラウン

　2000年、MicrosoftはフルサイズのPCと同じ機能と性能を持つ、持ち運びできるデバイスをリリースしました。「ポケットPC」と呼ばれているWindows Mobileシリーズ[訳注5]のリリース開始です。Windows Mobileはリリースを重ねるごとに機能が追加され、テスト対象のエコシステムはますます複雑化しました。最初は通信接続はしないPDAのデバイスへの採用でしたが、やがてGSM/CDMA、Bluetooth、Wi-Fiなどの通信機能を搭載したデバイスにまで適用範囲が広がりました。

　デバイスの進化に伴ってテストも進化する必要がありました。プラットフォームの開発やテストを行う際には、メモリ、バッテリー寿命、CPU速度、通信帯域幅などの制約をすべて考慮しなければなりませんでした。加えて、初のマルチスレッド対応ハンドヘルドデバイスでもありました。多くの機能とアプリケーションが同時に動作することでユーザーに「スマート」な動作を提供できるようになり、スマートフォンという名称が誕生しました。さて、この環境に、ISV（独立系ソフトウェアベンダー）と呼ばれる「未知」の変数を追加してみましょう。ISVは、SDK（ソフトウェア開発キット）を使って、Windows Mobileプラットフォームの機能を拡張するアプリケーションを開発します。そして、収益を上げるとともに、新たなテスト課題も引き起こすことがあります。独創的で優秀なISVは、Microsoft社内の開発者

［訳注5］　Microsoftが開発したモバイル端末向けオペレーティングシステム。2010年ごろに開発が終了していますが、原書は2009年に出版されました。

が習得しているような開発手法に従わないことがあります。あるいは、プラットフォームの限界に挑戦したいと考えるかもしれません。そのため、アプリケーションのデプロイで予期しない問題が発生する可能性があります。この問題が発生しないように、グローバルな対策を講じることもできます。しかし、さまざまなSDKを使用したモバイルプラットフォームのテストを担当している者の立場から言わせてください。どのようなテストを実施するときでも、プラットフォーム全体の安全性に影響を与える可能性があるアドオンの存在を無視することはできないのです。Windows Mobileの流動性と全体的なテストの難しさを考慮すると、Windows Mobileはテストスキルを磨くのに最適な製品です。

　私はWindows Mobileの開発に携わる中で、接続マネージャー、初期リリースでのOfficeアプリケーション、携帯電話機能（これが一番好きでした）のテストを担当してきました。

　テストを実施していると、製品の中の長い間気づかれなかった部分を探して出している自分の行動に気がつきました。そして、その置き去りにされていた部分をテストに利用していたのです。不具合を見つけたときには、達成感と仕事の満足感を感じることができます。テスト業務を続けているうちに、製品を壊すための新しい独創的な方法を見つけられるようになっていました。加えて、製品にバグを混入させない手法にも注目するようになり、システムのエンドツーエンドのソリューションに注意を払うようになりました。バグの混入防止は、初期設計のテストから始まります。今まで発見されてきたバグの約10パーセントは仕様上の問題に起因します。振り返ってみると、この10パーセントが製品に残り続けていたなら、もっと多くのバグが発生してプロジェクトの完了がさらに遅延していたことでしょう。ご理解いただけると思いますが、早期に設計段階のバグを検出できれば、製品品質と開発スケジュールの両方にメリットがあります。

6.4.1　テストに対するアプローチ/哲学

　私のテストに対する哲学は極めて基本的なものです。誰よりも先に製品の弱みを見つけ、製品の強みが十分に達成できていることを確認することです。このアプローチのためには、製品、および製品の性能や機能に影響を与えるであろう動作環境を継続的に監視しなければなりません。どのようにテストを実施する動作環境を調べればいいのでしょうか？　その動作環境は製品に関わるすべてを網羅できているでしょうか？　そして、どのように優先順位を付ければいいのでしょうか？

　テストそのものとは別に、私はまず問題を定義することからテストを始めます。最終的な目標は何でしょうか？　そして変数となるものを決めます。シンプルなアプローチを策定します。シンプルなソリューションを定義します。その後に、そのソリューションの再利用性と実行時間を決定します。ソリューションのトレードオフと弱点はどれですか？　ハードウェア/ソフトウェアの開発とテストで、私はこのアプローチを活用してきました。

　この方法論を用いた例として、電子部品をMRIのボア[訳注6]内で使用できるようにするため

［訳注6］　検査をするために被験者が入る、MRIの円筒状の部分のこと。

のシールド技術を開発していたときの出来ごとが挙げられます。MRIの激しい磁場環境は、金属物体を内部に置くことを想定していませんでした（安全性の面からと、精密な測定値のノイズとなる可能性があるためです）。「測定値に5%以上の外乱を与えることなく、稼働中のMRIのボア内に電子機器を格納する方法の考案」という問題の定義が分かりましたので、私はまず、環境を深く理解することを始めました。磁場の強さ、MRIが稼働モード時の勾配変化の頻度、データの計測方法、ボア内の電子機器に求められる要求、などです。この情報を基に、解決策は主に2つに絞られました。

1. 電子機器に、MRIからの磁気を防ぐシールドを追加する。

   または

2. 電子機器に、電子機器から漏れる電波を防ぐシールドを追加する。

　両方について既存の方法を調査した結果、1は磁場が電子機器のボックス内に入らないようにする鉄製にすればよく、2は電子機器のボックスから漏れる電波を遮蔽する透磁率の高い金属にすればよいことが分かりました。しかし、従来のシールド方法ではこの目標に適合しないことが分かりました（どちらの素材をボア内に配置しても、動作モード時の磁場が原因で電波が発生します。これが原因となり、おそらく計測値が5%のマージンを超えて変動する可能性が高かったからです）。さらに、非常に強力かつ不安定な磁場が発生するため、鉄製の物体は高速で弾き飛ばされて、検査室にいる人に危険をもたらす可能性がありました。以上のことから、この選択肢は除外されました。MRIの動作環境は強力な磁場が発生するので、板状の物体では電磁誘導により電波が発生します。これを考慮すると、シールド素材はつながっていないループ状にしなければなりませんでした。電波がMRI装置にどれぐらい浸透するかを計算したところ、銅の非接続ループを使った1cm以下の網目状のシールドなら要求を満たすことが分かりました。これにより、電波が電子機器のボックスから漏れるのを防ぎ、また、電波がシールドの素材から侵入したり発生したりすることもほぼ防ぐことができました。私のアプローチによりシールド技術は成功を収めました。現在でもソフトウェアのテストではこのプロセスを使用しています。

　他の工学分野と同様に、テスト分野は常に成長を続けています。製品の品質を向上させ続けるためには、開発者や設計者に自分がどのようにテストを実施しているのかを公開する必要があります。開発者や設計者のテスト技術への理解が深まるほど、テストで判明する設計上の欠陥を考慮した設計開発ができるようになるでしょう。テストは難しいものです。なぜなら、どんな製品でも破壊したい一方で、開発者がよりよいコードを書けるように手助けもしたいからです。そのため、常に開発者より一歩先を行く必要があります。開発者がテスト方法を学び、テスト技術者がアルゴリズムの解法を学べば、コードに含まれるバグはどんどん減っていくことでしょう。大成功です！　しかし、製品のバグを見つけるのは依然としてテスト技術者の役目です。

6.4.2 ツアーを使って見つけた面白いバグ

雨天中止ツアー

Windows Mobile の以前のバージョンで探索的テストを行っている際に、「スマートダイヤル」機能で競合状態を発見しました。この例では、パフォーマンス向上のために、バックグラウンドで実施されている検索でサイドプロセスが使用されていることがわかっていました。データセットが大きくなればなるほど、検索プロセスが完了するまでに時間がかかります。これは、雨天中止ツアーを実施する絶好の機会でした。そこで、テスト対象のデバイスに4,000件以上の電話番号を登録した後に、検索結果がゼロ件になる条件で電話番号を検索することにしました。そして、バックグラウンドで検索のサイドプロセスが実行されている間に、検索文字列を1文字削除してみました。検索結果はゼロ件になるはずでしたが、実際の結果は違っていました。検索文字列を1文字削除した時点でサイドプロセスがすべての電話番号のチェックを打ち切り、そのまま検索結果に出力していたのです。これにより不正なIF文が実行され、検索条件に一致しないデータが誤表示されました。このバグが設計の早期に発見されず、探索的テストでも発見されていなかったとしたら、さらに下流の設計に問題が生じていたかもしれません。

雨天中止ツアーのもう1つの例として、Windows Mobile の Bluetooth ペアリングウィザードでの不具合検出と修正が挙げられます。数個のヘッドセットと周辺機器を Bluetooth でペアリングした後、接続リクエスト実行時に雨天中止ツアーを実施しました。まず、一覧に表示された周辺機器をすべて切断してみると、周辺機器を接続するオプションが表示されました。その後に周辺機器の1つを選んで、接続オプションを選択してみました。すると、接続リクエストが送信されてから、接続または異常ダイアログが表示されるまでに遅延があることに気づきました。この接続遅延のあいだに、利用可能なメニュー項目をすべて試してましたが、すべてのメニューが正常に機能していました。しかし、通信オプション画面を閉じてからもう一度通信オプション画面を開くと、現在接続リクエストを処理中の接続が選択可能になっていることが分かりました。雨天中止ツアーを実施しているのですから、接続中の機器に対してもう一度接続してみることにしました。すると、同じ周辺機器に対して再度接続リクエストが送信されました。最初の接続リクエスト求が完了する前に、同じ手順を数回連続して行うと、不具合ダイアログが次々と表示されました。最終的には、すべての接続リクエストの処理は終了しました。しかし、1つの周辺機器に対して複数の接続リクエストを送信する必要はないため、バグが修正されました。

破壊行為ツアー

電話番号リストは、他の多くの機能（通話履歴、テキストメッセージ、短縮ダイヤル、など）とリンクしています。このことを知っていたので、破壊行為ツアーを実施するために、電話番号リストの作成と短縮ダイヤルの登録を行いました。ここで、予期せぬ状況を引き起こすために、同期エラーをシミュレートしました。デバイスのデータベースから電話番号を削除し、ただしデバイス上にはまだ電話番号が残るようにして、デバイスとデータベースが同

期されているようにデバイスに誤認識させてみたのです。この結果、電話番号の同期は一見成功したように表示されました。しかし、データベースに格納されているはずの電話番号と短縮ダイヤルのリンクは存在しないため、短縮ダイヤルには空白が表示されてしまいました。

スーパーモデルツアー

　Windows Mobile デバイスでスーパーモデルツアーを実施して、解像度を変えながらユーザーインターフェースの中央揃えとアンカーポイントを調べた例を示します。まず、あまり使用されていないとわかっている解像度で画像を表示します。そしてデバイスを操作して簡単なユーザータスク（たとえば、連絡先の登録、電子メールの確認、予定表の確認）を行いました。予定表の操作中に特定の日付を選択してみると、予定表の週表示が画面の真ん中に表示されることに気づきました。予定表はいろいろな形式（月表示、週表示など）で表示させることができたので、すべての形式を確かめてみることにしました。月表示に切り替えてみたところ、予定表が中央揃えで表示される問題がわかりました。月表示にしてから表示する月を変更すると、選択した月の予定表が画面の中央に中央揃えで表示されたのです。他のすべての表示形式では上揃えで表示されるので、月表示も上揃えになるべきでした。この間違って中央揃えで表示するバグは、月表示にフラグが欠落していたために発生していました。

6.4.3　破壊行為ツアーの実施例

　破壊行為ツアーを実施に適した時期は、データ通信を行うアプリケーションをテストしているときです。データ通信は気まぐれなものなので、予期しないタイミングで接続したり切断したりします。破壊行為ツアーを適用することで、使用開始時にネットワーク接続を行うクライアントアプリケーションの不具合を発見できました。このアプリケーションは通信と結びついていただけでなく、ユーザーのサインイン情報を使用する他のデバイスのアプリケーションにも影響を与えていました。もちろん、インスタントメッセンジャーのことです。まず、Windows Mobile 端末上でインスタントメッセージアプリの設定を完了してサインインしました。この端末は 2.5GHz の無線通信で接続しており、同時に複数のネットワークには接続できません。つまり、電話をかけると無線通信が切断してしまいます。そこで、自分の端末に電話をかけてみました。こうすることで無線通信が切断して Windows Mobile on GSM はデバイスの通信が一時停止状態になります。その後、PC で同じアカウントにサインインし、Windows Mobile 端末とインスタントメッセンジャーとの接続を完全に切断しようとしてみました。すると、Windows Mobile 端末には別の場所でサインインしたという通知は届きませんでしたが、サインアウトしたようにも表示されました。しかし、サインアウトのボタンは依然として利用可能でした（サインアウトしたという通知がなかったためです）。

　破壊行為ツアーのもう1つの実施例は、機内モードを有効にしてすべての無線をオフにする手法です（ユーザーが飛行機に乗っているときに Windows Mobile 端末を使いたい場合に用います）。通信オン/オフの通知を無視するアプリケーションは多いため、通信が中途半端な状態になることがあります。実際、Windows Mobile 端末でインスタントメッセンジャー

にサインインして、その後に機内モードを有効にするとモバイル通信が切断されます。しかし、インスタントメッセンジャーアプリでは通信オフが検出されず、アプリケーションは永遠に「接続中」の状態のままとなります。このバグはユーザーに大変な混乱を招きます。

6.4.4 スーパーモデルツアーの実施例

　スーパーモデルツアーで発見されたバグの例として、ユーザビリティと直感的なデザインの問題を以下に示します。Windows Mobileの地図アプリケーションのテストとして、現在地からレストランなど目的地までのルートを調べることが、どれほどの労力なのかを確認してみました。アプリケーションを起動するとデバイスが現在地を表示します。その後にメニューから「AからBへの道順」を選んでみます。地図アプリのユーザーインターフェースには、現在地を出発地点として選択する直感的な方法がありませんでした。現在地点の住所がわからないので、B地点を入力して「Go」をクリックしてみました。すると、「出発地点を入力してください」というエラーメッセージが表示されました。地図アプリケーションは起動時に現在地を表示していますが、現在地を出発地点に指定する方法がありませんでした。出発地点入力の不完全さは、アプリケーションを使用する際に多くの困難を引き起こす可能性があります。出発地点に現在地を入力する機能の有無が、地図アプリケーションが常時使われるようになるか、Web上のレビューで酷評されるかの違いになるでしょう。

3時間ツアー（あるいはツアー・オン・ツアー）

ショーン・ブラウン

　私はツアーをチームワークの構築やチームの士気向上に役立てる楽しい方法を発見しました。また、その過程で多くの重要なバグを発見しました。開発中の製品は旅行用でしたので、チームを結成してオフィスを飛び出してテストの遠足に出発しました。Windows Mobileデバイス、充電器、テストツール、ツアーを車に持ち込み、走り回りながらバグを探す遠足です。目標は3時間で20個のバグを見つけることと、このテストを楽しむことです。結果として25個のバグが見つかり、そして誰もオフィスに戻ろうとしませんでした！　以下がそのときの報告書です。

　アプリケーションは管理されたテスト環境では完璧に機能します。しかし、エンドユーザーの手に渡り、モバイルデバイスでの他のアプリケーションや通信プロトコルと同時に実行すると、おかしなことが起こります。そして、デバイスが正しく動作することは極めて重要です。モバイルデバイスはますます普及してきており、厄介な状況で使われることが多くなっています。エンドツーエンドテストの重要性は増すばかりです。何年も前、コンピュータが専用のコンピュータルームに置かれて移動されることがなかった頃は、「環境」テストはそれほど重要ではありませんでした。もちろん、ネットワークに接続するなら帯域幅の変化や他のユーザーを考慮す

る必要はありました。それでもユーザーは新しいテクノロジーに簡単に慣れることができました。テクノロジーが進歩して、もっとおもしろくなり、おもしろくなればおもしろくなるほど、テクノロジーの仕組みを理解する準備も意欲もないユーザーの手に渡るようになりました。ユーザーはただ機能することだけを望んでいます。テクノロジーのユーザー層が変化するに従って、テクノロジーのテスト戦略も変化しなければなりません。テスト計画を立てる際には、エンドユーザーにとって重要となる事項を最優先でテストすることを考えます。これは、今まで実績があるテスト手法を否定するものではありません。ただし、テスト対象とするテクノロジーによっては、既存のテスト方法や優先順位付けを変更しなければならないかもしれません。

　とはいえ、モバイルの常時接続はほとんどの場所で必要不可欠になっています。テスト戦略やテスト計画を策定する際には、モバイル環境を考慮しなければなりません。ここでは話を簡単にするため、Windows Mobileを中心に説明します。Windows Mobileは多くのソフトウェア部品で構成されています。またその顧客は、高校生のティーンエイジャーから退職したビジネスマンまで多岐にわたります。常に最新の情報を手に入れたいと考える人たちです。

　エンドユーザーはさまざまな方法でデバイスを使用しています。そこで、少人数のテストエンジニアチームを結成して、実際の動作環境に置かれたモバイルデバイスに適用できるテスト手法の作成に取り組みました（訳注：このテスト手法が、最初に述べたテストチームの遠足です。ツアーを実施するための旅行、つまり「ツアー・オン・ツアー」です）。テストチームが複数のツアー実施してみて、短期間で大量のバグを発見することができました。すべてのツアーを適用してもよかったのですが、「スーパーモデルツアー」、「破壊行為ツアー」、「強迫観念ツアー」が最も有用であると判断できました。スーパーモデルツアーは「ツアー・オブ・ツアー」の間、主にモバイルプラットフォームのテストで実施されて、アプリケーションとタスクの相互運用性と統合性の確認に用いられました。ツアー・オン・ツアーでテストタスクをこなす中で、テストの参加者は「細部へのこだわり」のレーダーを最大限に高めていました。また、常時接続、タスクの実行の性能、ユーザーへの通知（特に、問題が発生したあとにユーザーを正しい処理に引き戻すエラーメッセージやダイアログ）は特に重点的にテストを行いました。なぜなら、こういった当たり前の機能に不具合があるとユーザーはひどく腹を立てることがわかっているからです。また一方で、「問題なく動作」すればユーザーの満足度につながることも証明されています。

　ツアー・オン・ツアー実施すると、デバッグルーム環境に比べてはるかに速い速度で新たなバグを発見できました。強迫観念ツアーを適用して、地域のすべてのWi-Fiホットスポットに接続してWebサイトをブラウジングしてみたところ、Internet Explorerが突然に動作停止することが判明しました。おそらく、Wi-Fiの認証エラー

か、Wi-Fiホットスポットが制限している通信プロトコルを使ったことが原因だと思われます。加えて、強迫観念ツアーではInternet Explorerで表示できないためログインできない認証ページも見つかりました。

　今回のようなテストチームの遠足イベントでは、破壊行為ツアーは特に楽しいツアーでした。テスト技術者としてみれば、テストでは何かを壊したいと思うものです。破壊行為ツアーのコンセプトは、これにまさにうってつけです。遠足中には、「もし〇〇をしたらどうなるだろう」という会話が何度も交わされました。たとえば、「通話中に音楽を再生したらどうなるだろう？」もしそれが正常に機能したなら、次にこんな質問が出ていたでしょう。「音楽が保存されているSDカードを取り出したらどうなるだろう？」この建設的な破壊活動は、雪玉が坂を下りながらどんどん加速していくようなものでした。たった3時間で製品から多くの不具合を発見できただけではありません。この遠足は互いに新しい考え方を教え合うブレーンストーミングの場となり、チームワークの構築につながりました

　遠足イベントの間ずっと、私たちの頭の中にはスーパーモデルツアーがありました。試行されたテストタスクは厳しく精査され、わずか数時間のうちに大量の使用に適合していないバグと、製品の細かな仕上がりをダメにするバグが発見されました（たとえば、何の役にも立たないエラーダイアログや、ネットワークが不安定だったためか、あるいは破壊活動のせいなのか、送信できなかったメッセージです。なお、接続が回復してもそのメッセージは送信されませんでした）。さらに、入力ダイアログが画面を完全に覆って隠してしまうバグも見つかりました。このバグはエンドユーザーを困らせる上に、非常に腹立たしいものです。

6.5　Windows Media Playerにおけるツアーの実践

ボラ・アグボニル

　私はナイジェリアのラゴス大学を卒業して、1996年にMBA、1990年に電気工学の学士号を取得しました。現在はソフトウェア開発エンジニア（SDET）としてWindows Media Player [訳注7] チームのWindows Experience（WEX）プラットフォームで働いています。

　私は毎日を楽しく過ごしています。

　SDETとしての私の役割は、チームの他のメンバーと協力して顧客に高品質な製品を届けることです。このための達成しなければならないSDETとしての役割は、完成した製品がターゲット市場の顧客のニーズを満たしていること確認です。そして、製品がプログラムマネージャーが作成した仕様書の内容に準拠していることの検証です。もう1つの役割は、製品が

［訳注7］　長くWindowsの標準メディアプレイヤーでしたが、Windows 11以降は「メディア プレーヤー」という名前の別のソフトに置き換わりました。Windows Media Playerは「Windows Media Player Legacy」と名前を変えて提供されています。

厳しいテストに耐えられることの確認です。

6.5.1 Windows Media Player

Windows Experience部門のWindows Media Experience（WMEX）チームでは、他のメンバーと協力してWindows Media Player（WMP）の旧バージョンからの強化に取り組みました。ただ1つの目的は、強固、堅牢、機能的なメディアプレーヤーを提供してターゲット市場を満足させることでした。たとえば、デバイスとの同期機能を初めて導入したのはWMP 10です。WMP 11ではさらに進歩して、自動同期パートナーシップ機能やデバイスとの同期ができるようになるなど、メディア転送プロトコル（MTP）デバイスへのサポートを強化しました。WMPは、写真やDVDなど多くのファイル形式に対して同期、書き込み、リッピング、再生が可能です。WMP 12では、軽量なプレーヤーモードが導入され、UIをほとんど使わずに、すばやく、簡単に、シンプルな操作で再生できるようになりました。WMPはUIメインのアプリケーションです。そのため、UIメインのアプリケーションに適したツアーを使用しました。WMPを具体的に説明すると、入力ソースはテキストボックス、チェックボックス、オプションボタン、「光ディスク」（CD、DVD、CD-R [W]）であり、出力はユーザーに表示される音声、ビデオ、ダイアログです。

私がWMP 12のテストに使用しているツアーと、テスト中に遭遇した面白い出来ごとを以下に示します。

6.5.2 ゴミ収集ツアー

ゴミ収集は、家から家へ、道路から道路へ計画的に行われます。第4章で述べられているように、一部のテスト技術者は論理的に近くにあるフィーチャをまとめて体系的にテストするかもしれません。私は少し異なる方法を用います。類似したフィーチャをグループ化して分類します。WMPの場合、最初の分類グループは「UIオブジェクト」となります。次のグループは「ダイアログ」で、その後は「テキストボックス」、「境界線」などとなります。それから、ゴミ収集ツアーで計画的にゴミ収集を開始します。

WMPの分類グループは以下のようになります。

1. WMPのプレーヤーモード
   a. トランスポートコントロール
      1. ランダム再生
      2. 連続再生
      3. 一時停止
      4. 前へ
      5. 再生
      6. 次へ
      7. ミュート

8. 音量
b. ボタン
1. ライブラリモードへの切り替え
2. 全画面表示への切り替え
3. WMPを閉じる
4. WMPを最小化
5. WMPを最大化
c. シークバー
d. タイトルバー
e. 右クリックのコンテキストメニュー
1. 歌詞、字幕、およびサブタイトル
2. ユーザー選択
3. キーボードの使用
f. ショートカットキー
1. Alt+Enter
2. Ctrl+P
3. Ctrl+H
4. Ctrl+T
5. Ctrl+Shift+C
g. ダイアログ
1. オプション：タブ、オプションボタン、チェックボックス、テキストボックス、コマンドボタン
2. 拡張機能：進むボタン、戻るボタン、ハイパーリンク、オプションボタン、チェックボックス、ラベル、ホバー・ツールチップ、スライダー、マウスポインタ、ドロップリスト
3. 言語設定：ドロップリスト、矢印キー、コマンドボタン
h. リストペイン
i. 中央ペイン
1. すべてをランダム再生
2. 再生
3. プレイリストを継続
4. ライブラリへ移動
5. 前のプレイリストを再生
j. 外部リンク
1. Windowsヘルプとサポート
2. ビジュアライゼーションのダウンロード
3. 情報センター

　アプリケーションをグループで分類して実施するゴミ収集ツアーの利点は、テスト技術者が体系的に確認を行えるので見落とされがちな機能を見つけ出せることです。たとえば、私

がゴミ収集ツアーでWMPを調べているときにあるバグを発見しました。そのバグとは、センターペインの「前のプレイリストを再生」を選んでも、「すべてをランダム再生」や「再生」とは異なり、それだけでは再生を開始しないというものです。ユーザーは一貫した動作を期待します。もしグループ分類での実施するゴミ収集ツアーを実施していなかったら、この違いを見逃していたでしょう。

ゴミ収集ツアーを実施するとWMPをじっくりと観察するようになりました。そして、中央ペインにあるすべてのボタンを体系付けて分類することにしました。その結果、同じカテゴリーに含まれる他のボタンと比べて機能に一貫性があるかをテストしました。

6.5.3 スーパーモデルツアー

バグの発見数でテストの成果を測定するのなら、スーパーモデルツアーをテスト計画に追加するべきでしょう。たとえばバグ探し競争が開催されるとします。テストする機能に制限がないなら、開始の合図と同時にバグがありそうな場所にダッシュするのが必勝法でしょう。私がスーパーモデルツアーで検出できるバグのうち「濡れ手に粟」に分類しているものとして、テキストのタイプミスがあります。こういったバグは、製品ライフサイクルの初期段階に多く発見されます。テキストのバグを効果的に見つけるには、1語読んだ後、次の単語を読む前にふた呼吸おくことです。個人的な意見としては、これがタイプミスや文法の誤りを見つける秘訣です。

図6.3は、WMPのダイアログで見つけたバグの例です。ダイアログの中からタイプミスを見つけられるか試してみてください。

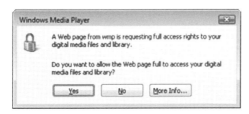

図6.3：見逃しやすいバグ

タイプミスを見つけられましたか？ 2番目の段落にあります。

「Do you want to allow the Web page full to access your……」（Webページへのアクセスを許可しますか？）、これは

「Do you want to allow the Web page full access to your… 」（Webページからのアクセスを許可しますか？）

とすべきです。読むスピードが速すぎると、目の前の間違いに気づかずに頭の中で間違いを修正してしまいがちです。

6.5.4 インテリツアー

　手動テストを実施する際には、「もし○○だったら？」と問い続けることが重要です。たとえば、WMPのプレーヤーモードとライブラリモードをテストするときには、このような質問が考えられます。「もしライブラリモードがビジー状態のため、WMPがプレーヤーモードになっているとしたら？」

　この質問をした後に実際に処理を実行してどのような回答になるか調査します。ライブラリモード専用の処理（音楽CDのリッピングなど）を実行して、その後、プレーヤーモード専用のタスク（DVDの再生など）を実行します。このテストの目的は、シナリオが正常に処理されるか、WMPが両方のモードで実行されるという望ましくない状況が発生するかを確認することです（図6.4）。

図6.4：2つの異なるモードで動作する1つのアプリケーション

WMPの「もし○○だったら？」25の質問

　もし、ユーザーが次のようなことをしようとしたら…？

- シェル経由とWMP経由で同時にメディアに書き込んだら？
- オプションの設定を変更したら？
- プレビューモードから全画面モードに切り替えたら？
- すでに削除したファイルをWMP上で削除したら？
- UI上のオブジェクトをダブルクリックしたら？

- 全画面モードで再生中にWMPを終了したら？
- プロセス（同期、リッピング、再生、書き込み、エンコードなど）が実行中ときにWMPを終了したら？
- コンテキストメニューが表示されている状態で、自動リッピングが有効になっているオーディオCDを挿入したら？
- 文字入力フィールドに"&"を入力したら？
- ネットワーク経由のコンテンツを再生しているときに、ネットワークを切断したら？
- システム時間を戻して、期限切れのDRM[訳注8]のコンテンツを再生したら？
- WMPとサードパーティ製アプリで2枚のDVDを同時に再生したら？
- WMPを使って異なるROMドライブで2枚のDVDを同時に再生したら？
- プロセスが実行中のときにキーボードを押したら？
- ヘルプのWebサイトを開いたら？
- ショートカットキー入力を繰り返したら？
- 空き容量がないデバイスにコンテンツを同期したら？
- 空き容量がないハードディスクにコンテンツを同期/書き込み/リッピングしたら？
- 同時に2台のデバイスに同期したら？
- 同期/書き込み/再生をしたあとにPCをスリープモードにしたら？
- バッテリー駆動中のノートPCでファイルをエンコードしたら？
- DRMライセンス取得前にファイルをエンコードしたら？
- オプションの設定をオフにしてから、その設定がオフのままであるか確認したら？
- ツリービューのカスタマイズなどのダイアログですべてのオプションのチェックを外したら？
- マウスのホイールでファイルを探して、ドラッグ&ドロップしたら？

6.5.5 インテリツアー：境界線サブツアー

　インテリツアーは自分が本物の探偵になったような気分を味わえるので、気に入っているツアーです。また、境界線サブツアーでは、上限と下限の境界線の近くで限界点を探るテストです。境界線サブツアーは、ソフトウェアに難しい質問を投げかけるインテリツアーの特別なケースです。

　境界線の典型的な例としては、以下のようなものがあります：

- テキストボックスを最大文字数で埋めたり、空白を入力したりする。

［訳注8］　デジタル著作権管理の略。ライセンスサーバの認証などをしなければ再生できないコンテンツのこと。

- 非常に深いフォルダ階層を作成して、音声/動画ファイルを最後のフォルダに置いて、WMPで再生する。
- クリックが認識されるかを確認するために、ボタンの外縁近くをクリックする。

たとえば、WMPでは、数字だけを入力できるテキストボックスに文字を入力しようとすると、ユーザーに数字だけしか入力できないことを表示します。（図6.5）

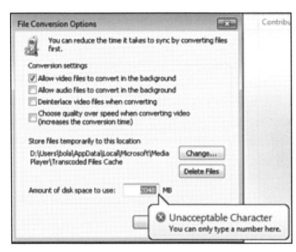

図6.5：数字以外の入力を防ぐための対策

別のタブでさらにテストを続けていると、インデントが不適切であることを表示するダイアログが見つかりました。（図6.6）

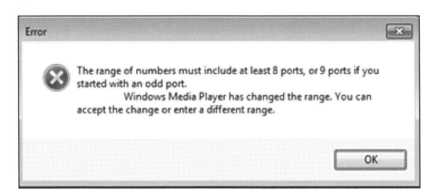

図6.6：テキストのインデントが不適切であることの通知

境界線サブツアーで発見されたバグは、バッファオーバーラン、データの不適切な処理、UIの入力有効範囲の異常など、その性質はさまざまです。

6.6 駐車場ツアーとVisual Studio Team System Test Edition におけるツアーの実践

ジェフ・スタネフ

　2004年、私はプログラミングの経験はゼロでしたが、カリフォルニア工科大学で材料科学の博士号を取得してMicrosoftに入社しました。最初の9か月間は、午前中にコンピュータ科学とソフトウェアテストの教育を受け、午後はWindowsイベントログの業務に従事しました。1年後には、5万行のネイティブテストコードを管理し、450件のバグを報告して、修正率は80%に達しました。Visual Studioの業務が開始してからは、仕事への取り組み方が大きく変わりました。私の仕事について説明すると、テスト対象の製品のコードと私が業務で記述しているテストコードは、主にマネージコード[訳注9] で書かれています。普段のほとんどのテストは手動テストまたは半自動テストです。毎日の作業内容は日ごとに大きく変わりますが、テストをしていることには変わりません。私は自分の机に実験ノートを置いており、発見した不具合や再現できた不具合、そして後日詳しく調べなければならない事を記録しています。

6.6.1 スプリント期間のツアー

　スプリント[訳注10] の期間中、Microsoftの社内の開発チームとテストチームは密接に連携して業務を行います。標準的な手順では、開発チームによる新しいコードのチェックインとチェックインの間に、テストチームは新しいコードをビルドしてコードレビューに参加します。そのため、不具合の種類ごとに起こりそうな場所を推測しやすいという、他社にはない利点があります。ただし、私はリスクのある場所が分かったからといって、すぐリスクの調査にとりかかったりはしません。長年実験科学を学んできた経験から、手順が定められたアプローチを取ります。新しいアプリケーション（またはバージョン）を前にして最初に行うことは、「駐車場ツアー」を実施して全体像を把握することです。まず、アプリケーションの各部分がどのように連携して動作するのかを学習します。そして、詳しい確認と追加のツアーが必要な場所をメモします。次のツアーでは個々の機能を詳しくテストします（訳注：これを参考書籍のタイトルからソフトウェア破壊ツアーと呼んでいます）。通常、アクセシビリティ、エラーダイアログの表示、デフォルト値での動作などを重点的にテストします（この順番は『How to Break Software』から抜粋しています。詳しくは本書の第3章「スモール探索的テスト」に要約されています）。

　駐車場ツアーとソフトウェア破壊ツアーを実施することで、「手に届くところになっている果物」、つまり「明らかなバグ」のほとんどを検出します。

［訳注9］ .NET Framework のランタイム上で動作するコードのこと。
［訳注10］ アジャイル開発手法の1つであるスクラムにおける開発期間の単位を指す言葉です。スプリント期間中にコーディングからテストまでを完了させます。

最後のツアーは、もっとテスト対象を絞ったテストを行います。このツアーの実施は、数日間にわたってテスト対象の製品がどういった動作をしているのかを観察した後が適しています。行うのは実装の前提に疑問を投げかけるような、過酷なツアーです。私が一番よく使うものは裏通りツアーと強迫観念ツアーです。ツアーで何を行うかを決めるものは、それまでに観察された製品の動作（動きや見た目が技術的には正しくても、おそらく不完全であるか限定的な条件下でしか成り立たないもの）や、開発者と実装について話した内容です。

上記のようなタイトなスプリントを2回実施して、それぞれで約75個の不具合を検出しました。そのうち5つを除いて、発見された週の終わりまでに修正されました。私たちのチームは「低オーバーヘッド方式」と呼んでいる開発手法を用いていました。これは週の終わりまでにバグを対処すれば、バグを正式に記録しないというものです。このルールは、開発者とテスト技術者両方の業務効率を改善しました。製品の品質は瞬く間に上昇し、バグ報告や文書化のための業務時間のオーバーヘッドに対処する必要もなくなりました。もしバグの修正に数時間ではなく数日かかっていたなら、このルールは適切ではなかったでしょう。なぜなら、発見したバグの詳しい情報が失われたかもしれないからです。

また、開発とテストのためのビルドを毎日決められた時間に行うことで、テストのペースを維持できました。これには2つの効果がありました。1つ目は、開発部門が日々のビルド時間までに予想される修正内容をテストチームに伝えることができたことです。これにより、テスト技術者は新しく新機能や修理した機能を集中的にテストすることができます。2つ目は、定期的にテストを開始することで、開発チームにテスト進捗状況をフィードバックできたことです。開発者は翌日のテストまでに修正を加えようと躍起になり、日々のテスト締め切りに間に合うようにテスト技術者と協力するようになりました。こうすることで、スケジュールの遅延を最小限に抑えてて、フィーチャを仕様どおりに保つことができました。非常に高いコード修正率のままで、チェックインとテストの短期間の繰り返しを続けました。これによって不具合を常に把握でき、重要な不具合を早期に発見することができました。上記のスプリントのテストで短いテスト期間の繰り返しだったので、探索的テストが適していました。マネーツアーやガイドブックツアーのような一般的なツアーを数日ごとに繰り返したので新しい仕事が抜け落ちることを防げました。この4ヶ月間、スプリントテストの対象であったフィーチャに新しいバグを発生した記憶はありません。社内の多くの人たちがVisual Studioを使っているのにも関わらずです。

上記のテスト作業で検出できたバグを整理すると、どのツアーでバグを検出できたのかが分かります。

- 9% タクシーツアー（キーボード、マウスなど）
- 9% ゴミ収集ツアー（リソースの解放／削除後のチェック）
- 15% 裏通りツアー（ダイアログを2回閉じるなどの不正な操作を行う）
- 18% 強迫観念ツアー
- 19% ランドマークツアー
- 30% スーパーモデルツアー

スーパーモデルツアーで検出した不具合のほとんどは製品リコールにつながるようなものではありませんでした。しかし裏通りツアーとゴミ収集ツアーで検出された不具合のほとんどすべては、製品のリコールまたは修正パッチを配布をしなければならないものでした。また、スーパーモデルツアーでは直接的に深刻な問題を発見したわけではありませんが、不具合が潜んでいそうな箇所を見つけることができました。そういった箇所にはさらに追加のツアーを実施してバグを検出しました。この例の1つとしては、セットアップウィザードのキャンセルボタンのキーボードによる操作があります。スーパーモデルツアーでキャンセルボタンを調べるとすぐにバグが見つかりました。通常、セットアップウィザードではキーボードのLを押してもキャンセルボタン入力にはならず、代わりにEscキーを使いますが画面に説明は表示されません。この後に追加のツアーとして裏通りツアーを実施しました。Lキーを使ったキャンセルを悪用してウィザードを何回もキャンセルしてみることにしました。この操作を行うと処理が定義されていない例外が発生したほか、ダイアログボックスが他のウィンドウの後ろに隠れてしまう表示タイミングの問題を発見しました。もちろん、セットアップウィザード内の同じ処理を何回もキャンセルすることは本来は行えないようにすべきでした。

すでにテストをした機能をもういちど検証するときは、必ず駐車場ツアーを行いました。つい最近も、駐車場ツアーで2週間ほど前に検証した機能の不具合を2つ発見しました。この機能の不具合が潜んでいた部分のテストを予定していなかったとしても、テスト対象のコード境界をもう一度調べることでリンク切れと未処理の例外を発見できました。あらかじめ作成されたテストスクリプトを効率的に消化していくテストだけでは、このようなバグ発見のチャンスを逃してしまいます。その結果、新しい不具合の検出にかかる時間が長くなってしまいます。

6.6.2 駐車場ツアー

駐車場ツアーは家族旅行で何回も経験した失敗から生まれました。出発する前に目的地を地図で調べると、実際よりも近い距離にあるように感じられました。しかし地図上の感覚に頼って旅行の計画を立てると、実際には想定より移動時間がかかってしまい、閉場時間をすぎてから目的地につくことになりました。私にできることといったら駐車場に車を停めることと、次の目的地が閉まる前に到着できるように出発することだけでした。この経験になぞらえて、1回目は（閉場後で中に入れなかったので）テスト対象がどこにあるのかだけを調べ、2回目は（開場中に来れたので）テスト対象を詳しく調べることが駐車場ツアーです。私は今のチームで駐車場ツアーを使ってユーザビリティのバグとアプリケーションのクラッシュを見つけました。

- **1回目の目的**：テスト範囲内のすべてのフィーチャと気になる箇所の入り口を見つける。
- **2回目の目的**：1回目で見つけた箇所に適したツアーを見極める。
- **目標**：致命的なバグを列挙する。

114

ある意味、駐車場ツアーはランドマークツアーとスーパーモデルツアーを合わせたようなツアーです。1回目のツアーでは、あまり細かくは調べません。テスト対象のコードが何をするのかよりも、何を表示しているかを注意するようにします。

6.7 テストツアーの計画と管理

ジェフ・スタネフ

テスト技術者が探索的テストに興味を示すと、マネジャーはそれをテストの厳密性や計画性を否定しているのだととらえることがよくあります。探索的テストにツアーのメタファーが加わると、マネジャーにはテストの再現性と何をテストしたかの詳細情報が手に入ります。また、テスト技術者に自律性を与えるとともに、繰り返して探索できるようにもなります。本セクションでは、ツアー駆動型のテストプロセス管理に利用できるテスト戦略やテスト技法を解説します。

6.7.1 風景の定義

今現在自分の仕事で探索的テストを使っていない人の立場からしてみると、探索的テストについては頻繁に2つの懸念が生じます。1つ目は何をテストするのかが分かりづらいことです。テスト技術者がテスト対象のアプリケーションを前にしてどこをどのようにテストするのかを決めようとしたとき、テストによって何がカバーできて、何がカバーできないのかをどうすればわかるのでしょうか？ 2つ目は、テストで得た知見をどうやって残せばいいのかです。探索的テストの担当者が機能や製品のテストを継続できなくなったとき、その後のテストはどうなるでしょうか？ この2つの懸念はテストツアーの活用で解決できます。

ツアーとは、何をどのようにテストするのかの説明に他なりません。たとえば、スーパーモデルツアーのようにツアーで行うことが明確に決められているツアーを実施するとします。ツアーの実施は、不具合の観測者（＝テスト技術者）をテスト対象のフィーチャや製品へ割り当てることと同義です。これにより、フィーチャと製品が正しく出来上がっているのか、あるいはどれほどの不具合があるかの調査が計画されることになります。ツアーを実行するとツアーの検出対象ではない不具合が見つかることもあります（スーパーモデルツアーの場合は製品の見た目以外の不具合です）。しかし、スーパーモデルツアーを適用したテストで行われるのは、製品の見た目を悪くする不具合を発見するためのテストです。

スクリプトを用いたテストでは、テスト対象の製品にスクリプトに記述されている不具合そのものの有無を確認します。ツアーを用いたテストでは、テストする動作や不具合を指定します。テスト技術者は動作の確認や不具合があるかをテストしますが、テスト方法はテスト技術者が決定します。このため、マネージャーがどのようなテスト戦略を設定していたとしても、テストするフィーチャや探索方法に適したテスト戦術はテスト技術者が決定できます。

2つ目の懸念点は、探索的テストだけでなくテストという学問分野にとっておそらくもっと

難しい問題です。テスト技術者は経験を重ねるにつれて、ソフトウェアシステムを深く理解できるようになります。そして、ソフトウェアシステムがどのように構築されており、どのように不具合が発生するかを理解できるようになります。このことは、経験豊富なテスト技術者が、典型的なソフトウェアの不具合、あるいは開発フェーズごとに発生しやすい不具合を効率的に発見できるようになるという利点があります。一方で、このような個人の能力の向上は、一時的にしろ恒久的にしろテスト技術者の離脱が発生するとテストプロセス全体に非常に大きなダメージをあたえます。休職、他のプロジェクトやチームへの異動、組織内での役割の変更、離職など、経験豊富なテスト技術者がテスト業務から離脱することが起こるかもしれません。テスト技術者の離脱が発生したときにツアーが本当に輝きを持ちます。なぜなら、ツアーはテストで何をどのように行うかを定義したものだからです。理性的なテスト実施者であれば、同じようなツアーを実施して、同じような不具合を検出できるはずです。ツアーは微妙な変化の検出を手助けしてはくれません。しかしツアーは、テスト技術者が指定されたフィーチャを巡るときに、不具合を検出するためには何に集中しなければならないのかを教えてくれます。

　成功するツアーとは、特定の種類の不具合を狙って発見できるテスト手法です。また、不具合の発見を促すためにテストを絞り込むための情報を提供するものです。ただし、テストをするフィーチャの範囲、または検出する不具合を狭くするような情報ではありません。そのため、実施するツアーからはずれた寄り道のテストや追加で実施したツアーを記録することが重要になります。テスト技術者がバグを発見するチャンスを見逃すことは珍しくありません。当初の予定にはないが不具合が潜んでいそうな場所のテストを実施できるようになったときに、さらに詳しく調査するために記録しておきましょう。したがって、ツアーを用いるとテストプロセスにある程度の規律がもたらされます。ツアーの途中で寄り道をしていて、寄り道の後でツアーに戻るとしても、地図に目印を付けておいてツアーが終わった後に寄り道に戻るとしても、どちらでもかまいません。ツアー内のテストなおかツアー外のテストなのかを区別できさえすれば、テスト後でもどのツアーの組み合わせで発見できた不具合なのかが分かります。そして、ツアーを拡張してツアーに含まれるテスト項目を増やすか、ツアーで行うテストはそのままで今後別のテスト技術者が同じような寄り道テストを行って追跡調査をするのかを決めます。テスト対象の製品が大規模で、新しくプロジェクトに参加するテスト技術者間でテスト作業を分担しなければならないなら、ツアーを拡張したほうがいいかもしれません。ツアーを拡張すると、テスト技術者から意思決定プロセスの一部をうばうことになります。しかし、テストの重複や冗長性を避けるためにはツアーの拡張は非常に重要です。

　将来、同じアプリケーションや別バージョンをテストすることがあるなら、同じ寄り道テストを実施しての追跡調査は理にかなっています。同じ寄り道が現れなかった場合は、その寄り道テストを特別なツアーとして扱うことができます。寄り道テストの目的は、実施したテストにおいては本当に寄り道テストで発見できる重大な不具合が存在しなかったことの確認です。次節以降では、アプリケーション開発ライフサイクルのさまざまなフェーズでのテストツールの使用方法を説明します。

6.7.2 ツアーの計画

　新しい都市に足を踏み入れる前に、観光客は目的地についての基本的な情報を調べておくものです。不慣れな土地で苦労する前に、現地で使われている言語、流通している通貨、外国人に対する現地人の態度などを調べておくといいでしょう。

　これは調査ツアー（ランドマークツアーや駐車場ツアー）の実施に相当するのかもしれません。テスト対象のアプリケーションには、テスト技術者がテストしなければならない主要フィーチャがあります。調査ツアーの目的は、主要なフィーチャの概要を調べて、アプリケーションの開発・保守の期間中に、主要フィーチャのテスト結果を報告できるようにすることです。開発サイクルの終盤には、致命的な不具合や、ユーザー満足感を与える処理がアプリケーションの中にどれぐらいあるかを報告したいと思うでしょう。致命的な不具合の検出には、アプリケーションの不具合を隅々まで調べ上げることができる適応範囲の広い臨機応変なツアーを実施します。またユーザー満足度の調査では、アプリケーションのコアシナリオを十分にカバーできるツアーを実施することになります。

　多くのツアーは、開発サイクルの開始時または終了時に実施するのが自然です。タクシーツアーのようにコントロールの不適切な実装を検出ができるツアーは、スーパーモデルツアーのような外見をテストするツアーよりも早期に実施すべきです。テスト技術者は、テスト対象のアプリケーションのデータやクラス構造のようなソフトウェアの内部情報を知らなくてもかまいません。知らなくても内部構造に起因する不具合を検出ができます。したがって、クラスやコントロールのエラーのようなシステム全体に関わるエラーの早期発見が重要になります。早期とは、アプリケーションのさまざまな機能が異常動作を前提に処理を行うようになって、不具合修正のリスクが高くなりすぎる前です。あるいは、不具合修正がアプリケーションに与える影響が理解不能になる前です。

　開発サイクルの初期の目標は以下になります。

- 設計上の不具合を早期に発見する。
- コントロールの誤解を発見する。
- UI/ユーザビリティの誤解を発見する。

　この目標のテストには「目的のあるツアー」が適しています。目的のあるツアーとは、決められた方法で探索を行うツアーではなく、何かを達成するために探索を行うツアーです。ランドマークツアーやタクシーツアーが目的のあるツアーになります。開発サイクルの初期では、大きな問題を検出するためにテストを実施するのが普通です。

　開発サイクルの後半の目標は以下になります。

- パブリック関数が確実に機能する。
- ユーザーデータの安全性を確保する。
- 期待したとおりの外見で表示することを確認する。

- 機能フィーチャが行うことを確定する。
- 過去に検出した不具合が再発しないことを確認する。

　このような目標のテストには「仕様のツアー」が適しています。仕様のツアーとは、特定の何かを特定の方法で集中的に探検をするツアーです。具体的には、裏通りツアー、ゴミ収集ツアー、スーパーモデルツアー、雨天中止ツアーなどです。どのツアーを組み合わせてテストを実施するのかは、あらかじめ考えて計画しておく必要があります。ランドマークツアーを実施しようとしているのに、マウスだけでアプリケーションを操作していませんか？　それでは実行できない機能があるかもしれないので、前もって何をテストするのかを決めておいてください。

　結局のところ、テストチームを成功に導くためには、あらかじめテスト計画を作成して、使いやすいテスト環境を準備しておかなければなりません、どのようなテスト技法を用いるかに関わらず周到な準備が必要です。開発が遅れることでテストの開始が遅れることが珍しくないことを忘れないでください。テスト開始が遅れるなら、まだ完全には実施できないエンドツーエンドのシナリオに取り組むのではなく、アプリケーションの一部を単独でテストするようにします。アプリケーションがほぼ完成して完成品としてテストチームに引き渡されるときでさえも、開発サイクルの初期に行うツアーからテストを始めることには意味があります。なぜなら、より詳細なツアーやテストリソースの割り当ての必要性を決定するための助けとなるからです。

6.7.3　ツアーの実行

　ツアーによる探索と採用するツアーの組み合わせは、探索的テストプロセスの重要な部分です。ただし、ツアーを実施している間、ツアーとツアー指針が目標をとらえていることが重要になります。目標をとらえているとは、ツアーの意図を正しくとらえていることを意味します。たとえば、現在のツアーがN個の主要フィーチャをテストする計画なら、N個の主要フィーチャをすべてカバーするようにしてください。このアドバイスはテスト技術者だけでなく、テストマネージャーにも当てはまります。計画したとおりにツアーを実施することは、どういった寄り道テストやフォローアップツアーを実施したのかをはっきりとさせ、次のテストサイクルへの情報にするために重要です。ツアーを用いたテストは、異なるテスト技術者が、異なる順列で、繰り返し行うものです。

　1つひとつのツアーは数時間のテストセッションで終わる短いものなので、ツアーを中断してもメリットはあまりありません。しかし、ツアーを中断すると多くのものを失います。テストセッションで何を探索していたのか分からなくなるからです。テスト技術者は製品のバグを見つけます。これは驚くようなことではない、当たり前のことです。どのようにバグを見つけたのか、なぜバグを見つけたのかは、語るべきことかもしれません。ツアーの指針があれば、他のテスト技術者が同じ不具合を検出できるテストの枠組みが手に入ります。これは特別なことなので、今後は採用するツアーを決めるときに活用すべきです。テスト技術者

が探索的テストの最中に、ツアーの実施を途中でやめてしまったとします。ツアーを使わなくても、何らかの理由で不具合を見つけることができるかもしれません。しかし、テスト技術者は実施していたツアーで不具合を見つけることを期待されているのです。ツアーをやめてしまうと、そのツアーで得られていたテスト対象の絞り込みとテスト対象への指向性を失うことになります。そして、適切なフォローアップツアーの計画を立てることが難しくなります。「よいバグ」を見つけるために寄り道テストばかりを追い求めると、残りのツアーができなくなってしまいます。ツアーでテストを行うはずだった、もっと大きなリスクがのこっているテスト範囲を完全に手つかずのままにしてしまうかもしれません。ツアーを中断した場所に戻ってくる確信がなければ、今すぐバグが見つかるとわかっているにもかかわらず、ツアー終了時に何がわかっていないのかわからなくなってしまいます。

6.7.4 ツアー結果の分析

ツアーはテスト対象を調べる際に指向性を与えます（たとえば、テスト対象になっているフィーチャをどのように観測すればいいのかを教えてくれます）。そのため、ツアーの対象になっている範囲と、そこに追加ツアーを実施することの必要性に対して、ツアーはすばらしい情報をあたえてくれます。ツーリングテストの結果から、寄り道テストを行うかどうかが分かります。テスト結果からもう1つわかることは、厳密には「ツアー外」である上に他にも多くのテストを実施しているにもかかわらず、目についてしまう不具合です。テスト結果の報告によって、テスト技術者を巻き込む機会が得られます。そして、プロセス全体の主導権を持つことができます。寄り道テストの必要性ははっきりしています。これまでテストから見逃されていたフィーチャに対して、指定されたツアーで行う詳細なテスト、あるいはアプリケーションの広範囲にわたるツアーの追加につなげるためです。ツアーの視点からは外れた予期しないバグが報告された場合は、バグを検出したときと同じツアーを実施しますが、そのバグにテスト目標を絞り込んで実施すべきです。

最後に、複数のテスト技術者が同じツアーに参加した場合、重複したバグが報告されます。ツアーではバグの検出にバイアスを与えています。そのため、バグの重複の有無から製品に未検出のバグがどの程度残っているのかの情報が得られます。あるいは、複数のテスト技術者が報告するバグの収束をもって、該当範囲のツアーをまだ継続するか否かを判定できます。1つのツアーを複数のテスト技術者で実行しても、テストリソースを無駄にしているわけではありません（1つのスクリプトテストケースを複数のテスト技術者で実行することがテストリソースの無駄であるのとは対照的です）。なぜなら、ツアーでは、テストを実施する上で行う決定の多くを個人の判断で行うからです。似たようなテストを実施しているにもかかわらず、テスト結果はテスト技術者ごとにばらつきます。これは、テスト技術者や実施時期が変わったとしても、ツアーを用いるとテストの再現性が高くなるという主張に反するかもしれません。しかし、同じツアーを実施することで同じ種類のバグが発見されるかぎりにおいては、ツアーを用いればテストの再現性が高まることと、テスト技術者間で異なるバグを発見することは矛盾しません（たとえば、複数の不具合が発生するときの現象を調べれば、す

べての不具合のたった1つの根本原因がわかるようなものです）。

6.7.5 マイルストーン/リリースの判断

製品の品質を報告する時期になったら、ツアーベースのテスト結果を使って製品では何が、どの程度機能しているかを報告できます。また、ツアーベースのテストでは、計画のテスト作業のうち何割が実際に行われたのかを報告できます。加えて、各フィーチャが実際に動作するまでの道筋がどの程度広いのかも報告できます。高いレベルでは、フィーチャごとの残存バグの予想も報告できます。同様に、バグの種類ごとにツアーを実施した範囲内で発生する確率の報告もできます。ツーリングテスト1時間当たりに検出したバグ数は他のテスト手法と変わらないかもしれませんが、ツアーベースの取り組みでは、バグに優先順位をつけて早期に発見することができるので、想定されるリスクを早期に把握できます。

> **実践**

テスト業務を分割してするとともに、ツアーベースのテストを実行するためのテスト戦略を決めることになるのは、テストチームをとりまく状況なのかもしれません。フィーチャ設計の段階から開発プロジェクトに参加するテストチームもあります。この場合は、実装前のフィーチャについてユーザビリティとテストの可能性の意見を述べることになるかもしれません。あるいは、テストチームが開発者と直接連絡がとれないこともあります。この場合は、壁越しにほうり投げてよこされる「完了」プロジェクトを通してのみ、開発者とやり取りすることになるでしょう。

テスト期限は関係ありません。最初は広い範囲をテストする、あるいはテスト対象の概要をテストするツアーから始めることをお勧めします。こういったツアーは、詳細な調査の機会がどこにあるのかをはっきりさせ、具体的なツアー計画を立てるのに役立つからです。最初の探索から次に行う本格的な探索への、フィードバックループが非常に重要です。最初のツアーを始めた後に、今から行うテストにどうやってリソースを分配するのかを決め始めるからです。従って、テストの早い段階でテストの規律を確立することと、後のテストで戻る場所をはっきりさせることが重要です。そのためにはまず、自分が担当する製品の地図を作成します。次に、特に気になるポイントやトラブルのホットスポットにテスト対象を絞り込みます。

6.8 結論

Microsoftが適用したツアーのコンセプトによって、ソフトウェアテスト技術者の手動テストへの取り組み方が変わりました。テストの仕方を整理するようになり、一貫性をもってテストをし、ルールに乗っ取ってテストをして、目的をもってテストをするようになりました。ツアーのケーススタディに関わったすべてのテスト技術者は、ツアーのメタファーが有効で

あることを認めています。また、ツアーはテスト技法の文書化と、テストのコミュニケーションに使えると考えるようになりました。現在では、Microsoftのテスト技術者はテストケースそのものはあまり重視していません。高いレベルのテスト設計とテスト技法のコンセプトを重視するようになっています。

6.9　演習問題

1. 本章に記述されているバグを選んで、そのバグを発見するためのツアーを挙げてください。本章で著者が利用していないツアーのなかにバグを発見できるものはありますか？

2. 本章に記述されているバグをランダムに2つ選び、バグを比較してください。どちらのバグがより重要だと考えますか？　市場のユーザーがバグに偶然遭遇したときにどのような影響を受けるかにもとづいて答えてください。

3. スーパーモデルツアーはUIテストに適したツアーとされています。スーパーモデルツアーがUIをほとんど持たない、あるいは全く持たないAPIなどのソフトウェアテストに使われることはありえますか？　どのような場合に使われるのか説明してください。

第7章
ツアーとテストの問題点

「ある人にとっては使いものにならないソフトウェアでも、別の人にとってはフルタイムの仕事になる。」
—— ジェシカ・ガストン

7.1　ソフトウェアテストの5つの問題点

　これほどまでに欠陥の多い製品に完全に依存した社会は、人類史上かつてありません。ソフトウェアは、行政、司法、銀行、防衛、通信、輸送、エネルギーなどのシステムを制御しているだけではありません。いつかこの地球を作り変えるかもしれないコンピュータによるソリューションの鍵も握っています。ソフトウェアの計算能力なしに、どうやって市場経済を制御し、クリーンエネルギーを実現し、気候変動をコントロールするのでしょうか？　人類のイノベーションスピリット以上に、ソフトウェアほど人類の未来にとって重要なツールはあるでしょうか？

　しかしソフトウェアは、歴史上のどの製品よりも故障することで知られています。船の座礁、広域停電、医療機器の不具合、宇宙船の爆発、経済的損失、さらには人命の損失までもがニュースにあふれています。些細な不便は日常茶飯事です。Microsoftには、コンピュータに詳しくない友人や家族のヘルプデスクを社員が務めているというジョークがあるほどです。コンピュータとソフトウェアの組み合わせによる効果は驚異的です。しかしその複雑さは今日のソフトウェア開発手法では手に負えません。

　ソフトウェア産業がイノベーションと信頼性のバランスを取るために頼っているものがテストです。ソフトウェア開発の複雑な性質と、コードを書く際のヒューマンエラーが組み合わさると、エラーの発生はほぼ確実となります。しかし、エラーを管理するとともにエラーの発生を最小限に抑えるプロセスであるテストには、重大な欠点があります。この章では、最も懸念されるテストの5つの問題を取り上げます。未来のソフトウェアが現在のソフトウェアより改善されることを期待するなら、この問題を解決しなければなりません。

123

本書の構成では、本章がツアーの説明の後になっています。読者がツアーを用いた5つの問題の解決策を理解できるようにするためです。以下がソフトウェアテストの5つの問題点です。

- 無目的性
- 反復性
- 一時性
- 単調性
- 無記憶性

それぞれ順番に説明します。

7.2 無目的性

目的のない人生の弊害については広く知られています。しかし、現代のほとんどのテスト業務には目的も方向性もありません。これがテストに重大な問題を生み出しています。テストはただ実行すればよいというものではありません。テストを成功させるためには、計画、準備、戦略、そして柔軟な戦術が必要です。しかし、非常に多くのソフトウェア開発組織が、適切な準備をせずに、ただ実行することだけに固執しています。テストは極めて重要な開発フェーズであり、決して軽視できません。

フロリダ工科大学の教授だったとき、私はソフトウェアテストを教えていました。あるとき、自分が担当するクラスの人数が多すぎると感じることがありました。そこで、あまり真剣でない学生をちょっと怖がらせるような実験をしてみることにしました。講義の初日、私は学生たちをコンピュータラボに集めて、学生同士がペアになって指定したアプリケーションのテストを行うよう指示しました。テストの実施方法についてはそれ以上指示しませんでした。ただし報酬として、もし私を感嘆させられれば次回以降も続けて講義を受講できることを伝えました。そして、できなければ単位を出さないとも伝えました（実際にはそんなことをするつもりはなく、おどかしただけです）。

学生がテストを実施している間、私はラボを歩き回りましたが、それがさらにラボの緊張感を高めることになりました。そして時折、どのようにしてバグを見つけるつもりなのかと学生に尋ねました。「分かりません、先生。バグが出てほしいと思いながら操作しているだけです。」学生の答えは異口同音だいたい同じでした。やがて何人かの優秀な学生はただソフトウェアを動かすだけではバグは見つからないことに気づき、テスト戦略に少し近づくことができました。実際、最初に私を感嘆させて合格を与えた学生の言葉を正確に覚えています。「文字列の長さをチェックしていない場所があるかもしれないと思い、すべてのテキストボックスで長い文字列を入力しています。[1]」

---

[1] これでバグが1つ見つかりました。詳しくは拙著『How to Break Software』35ページの "attack 4" を参照してください。

ビンゴ！　これは最善の戦略とも、最も重要な戦略とも言えないかもしれません。しかし、戦略であることには間違いなく、無目的なテストを回避する助けになります。ソフトウェアテスト技術者は、テスト戦略もテストゴールもなしにもテストを実施することがあまりにも多いのです。手動テストを行う際には、その場しのぎのやり方でアプリケーションをさまよっています。また、ただスクリプトの記述方法を知っていることだけが自動テストを導入する理由になっています。自動化によって重大なるバグが検出されるか、長期間にわたって利用できる自動スクリプトであるのか、メンテナンスのコストに見合う効果があるのか、などとは考慮されていません。

このような目的のないソフトウェアテストは、もうやめることにしましょう。テストマネージャーは「もっとよい方法を見つける前に、とにかくテストしてみろ。」などという意味のないアドバイスを、いったいいつまで続けるつもりなのでしょうか？　このような無目的のプロセスは、今こそやめるときです。

もちろん、言うは易く行うは難しです。つまりは、非常にシンプルなアプリケーションでも、実施できるテストは無限にあるということです。しかし、テストの目標は有限であると断言できます。

7.2.1　何をテストするかを決める

通常、ソフトウェアのテストは、アプリケーションをコンポーネント（コードファイルやアセンブリなどの構造的な境界）や機能（コンポーネントごとに割り当てられた機能）で分割して、テスト技術者またはテストチームをコンポーネントや機能に割り当てて実施します。私がこれまで仕事をしてきたほとんどの企業では、機能ごとにテストチームを編成したり、各大型コンポーネントに別々のテストリーダーを割り当てたりしていました。

しかし、こういった分割は優れたテストを支援するものではありません。ユーザーはコンポーネントごとの機能は気にかけません。実際のユーザーが出くわす可能性があるバグを見つけたいのであれば、ユーザーの行動を追いかけることが近道です。ユーザーはソフトウェアが何をできるのかを表す能力に関心があります。望む能力を実行するためにさまざまなコンポーネントや機能を使用します。能力にもとづいてテストを行えば、実際の使用状況により近いテストを行えます。

たとえば、テスト対象とする能力は、複数まとめて選ぶこともできますし、1つだけにしぼることもできます。意図的に複数の機能を組み合わせてテストを行うこともできますし、1つの機能を集中してテストを行うこともできます。コンポーネントの境界を越えてテストを行うことも、1つのコンポーネント内に留まってテストを行うこともできます。アーキテクチャの文書や仕様書を当てにして、コンポーネント/機能/能力のマップを作成してテストのガイドとして使い、できうるかぎりの有益な組み合わせをテストすることもできます。コンポーネントや機能といった高レベルではなく、より細かい粒度で能力に注目することで、テストの内容をよりよく理解できます。ソフトウェアの能力をテストするためには、その能力をさまざまな範囲や順序で実行しなければなりません。どのソフトウェアの能力をテスト対

象にしているかがはっきりすれば、テストの目的も明確になり、進捗状況やカバレッジを簡単に把握できるようになります。

7.2.2　いつテストするかを決める

　機能を能力に分解するアイデアは、テストチームの編成に利用できます。そして、各テストチームはユーザーが実際に出くわすであろう問題に集中してテストを実施できるようになります。理想的なケースでは、手動テストでは正常なのか判断が難しいが重要なバグを発見できるようになるはずです。なぜなら、手動テストでは市場のユーザーがアプリケーションで実行すると考えられるタスクをテストできるからです。しかし、実際にどれくらいのタスクをテストできるかは、事前のテストで「バグノイズ」をどれだけ効果的に除去できるかにかかっています。

　バグノイズとは、テスト技術者の生産性を妨げる厄介なバグや問題のことです。もしテスト技術者が、数字しか入力できないはずの入力フィールドに文字が入力できたり、同じバグを繰り返し発見するといった技術的な問題ばかりを発見していたら、生産性は低下する一方です。最善のケースでは、バグノイズは開発者テスト、単体テスト、コードレビューなどですでに発見されています。そうでないなら、手動テストを実行するために膨大な労力をかけてバグノイズを除去しなければなりません。そして、テストで実施できるツアーが減り、見つかりづらくて影響の大きい問題を発見するためのテストができなくなります。

　つまり、各テストフェーズでのバグ発見工数と検出バグ数の相関を時間をかけて理解することが重要になります。Microsoftではこれをバグのトリアージプロセスと呼んでいます。発見されたすべてのバグごとに、どのフェーズで発見されなければならなかったのかを正確に判断する作業です。トリアージを行えば、過去のバグデータを用いて工数をかけなければならない開発工程（レビュー工程や単体テスト工程など）が判断できるようになります。バグトリアージプロセスを完成させるためには、数回のプロジェクトサイクルが必要ですが、長い目で見れば成果が得られます。

7.2.3　どうやってテストするかを決める

　前項ではテストフェーズに焦点を当てました。本項ではテストの種類、具体的には手動テストと自動テストについて述べます。第2章「手動テストの事例」では、この2つのテストの違いについて多くの時間を割いて述べました。ここでは繰り返して同じことの説明はしません。しかし、手動テストでもバグの発見方法を分類することは意味があります。アドホックテスト、スクリプトテスト、探索的テスト、どのテスト手法で発見されたバグですか？　そのバグを発見することができたのは、どのツアーを実行したからですか？　ツアーでバグを見つけたのなら、実行したツアーを記録してください。

　バグごとにテスト手法を適切に選択しているテストチームは、どのようにバグを発見すればいいのかという回答に近づくために長い時間をかけてきました。最終的には、テストチー

ムにテスト手法の集合知が生まれることでしょう。これによって、バグの種類と検出しやすいツアーやテスト手法が結び付けられ、「この機能やフィーチャ[訳注1]には、このテスト手法が一番である」とテスト技術者がわかるようになります。

そこでツアーの出番になります。ツアーによって選ばれるものは、高度なテスト技法です。ツアーごとに適したフィーチャや、ツアーごとに発見しやすいバグがあります。これを時間をかけて理解することがツアーを使ったテストです。テストチームが使用する基本ツアーと応用ツアーを確定できれば、フィーチャとバグの関連性が明らかになります。そして、以前よりもはるかに目的意識のあるテストを行なえるようになります。

7.3 反復性

テスト技術者はテストを実施して、その後にさらにテストを実施します。アプリケーションのフィーチャが増えればテストを実施します、古い機能には古いテストを実施し、新しい機能には新しいテストを実施します。しかし、製品のライフサイクルが進むにつれて、新しいテストはすぐに古いテストとなります。最終的にはすべてのテストが陳腐化します。

古くなったテストにも役割はあります。バグが修正されると、機能やフィーチャを再テストする必要が出ます。既存のテストケースはアプリケーションを再テストをするためには、もっとも低コストの手法とされています。確かに、テストケースを使い捨てにするのは無駄です。使い捨てのテスト資産という考え方は、多忙で過労気味のテスト技術者なら嫌悪するものです。ソフトウェア業界では、テストケースの再利用は極めて有効なパラダイムとされています。そのため、回帰テストや回帰スイートなど特別な名称（より徹底的なテストだと思わせるために付けられた名称でしょうか？）を付けて、テストケースの再利用であることを強調しています。テスト対象アプリケーションの規模や製品寿命にかかわらず、回帰テストのテストケースは数百万件に達することがあります。

そのような大規模テストスイートの保守の問題はさておき、繰り返しの問題に焦点を当ててみましょう。すでに何度もテストしているコードパス/データ/実行環境の組み合わせの再テストには、限られた用途しかありません。バグ修正の検証には使えるかもしれませんが、新しいバグの発見やコード変更に伴うまだ顕在化していない副作用のテストには使えません。また、新機能や大幅に変更された機能のテストには一切使用できません。さらに悪いことに、テスト技術者や開発者の多くは回帰テストに根拠のない信頼を置いています。特にテストケース数が膨大なときに顕著です。100万件のテストケースを実行することは、一見素晴らしいことに見えます（少なくともマネージャーや副社長にとっては）。しかし、本当に重要なのはテストケースの中身です。100万人以上のテスト技術者が回帰テストスイートを完全に実行したというニュースは、よいニュースでしょうか、悪いニュースでしょうか？　本当にバ

[訳注1]　「ISTQB ソフトウェアテスト標準用語集（日本語版）」の定義では、フィーチャ（feature）は「要求仕様ドキュメントで、明示的、暗示的に規定したコンポーネントやシステムの属性となる機能群（たとえば、信頼性、使用性、設計上の制約など）」とされています。単なるソフトウェアの機能のことではなく、ユーザー視点で意味のある機能の集まりを指してると考えてください。

グが存在しないと思いますか？　それとも回帰テストスイートがバグを見つけられないだけと考えますか？　過去に実施されたテストと、現在および未来に追加されるテスト、この2種類のテストがテスト全体にどういった影響を与えるかを正確に理解できれば、回帰テストの効用を理解できるでしょう。

7.3.1　どのようなテストがすでに行われたかを知る

　回帰テストスイートがすべて正常に実行されたとして、それがよい知らせなのか悪い知らせなのかは分かりません。この現象をボーリス・バイザー[訳注2]は「殺虫剤のパラドックス」と呼びましたが、これほど巧みな言い回しはありません。同じ殺虫剤を畑に散布し続けると、たくさんの害虫を駆除できますが、生き残った害虫は殺虫剤に対して強い耐性を獲得することになります。回帰テストスイートと再利用テストケースも同様です。テストケースを実行して一定量のバグを検出すると、残存バグは同じテストケースを使い続けても検出できなくなります。これが殺虫剤のパラドックスです。同じ殺虫剤を散布し続けると、時間が経つにつれて駆除できるバグが減っていきます。

7.3.2　バリエーションを注入するタイミングを理解する

　殺虫剤のパラドックスの克服とは、殺虫剤の再配合が必要になるということです。テスト技術者にとってはテストケースに変化を加えることが必要となります。これは本書の範囲を超えるテーマですが、重要な部分はツアーのコンセプト全体に織り込まれています。明確な目標を持ったテスト手法を定義し、その技法で発見できるバグの種類を理解すれば、テスト技術者は目的に合致したテスト技法を選ぶことができます。また、テスト手法を変化させたり、組み合わせたり、実施する順序を変えたり、異なるやり方で実行することもできます。テストの視点を変化させることが鍵です。本書のテスト理論が提供するテストツールとは、継続的な効果があり常に変化し続ける「殺虫剤」の使い方です。

　もちろん、殺虫剤の配合の変更だけでも改善が期待できます。農作物と駆除しなければならない害虫ごとに最適な殺虫剤を使用すれば、もっと大きな成果が得られることを農家は知っています。第5章「ハイブリッド探索的テスト」で説明したようにシナリオは変化させることができます。ここでのシナリオとツアーが殺虫剤に相当します。ツアーの実行順序を変化させ、データや実行環境を変化させれば、害虫（バグ）に耐性を獲得させないようにできます。

　本物の殺虫剤にはラベルが貼られていて、使用できる農作物や駆除できる害虫が記載されています。テストについても、使用できるアプリケーションや検出できるバグを説明できるでしょうか？　今はまだできません。しかし、殺虫剤メーカーが殺虫剤の効能を示せるのは、多くの試行錯誤から学んできたからです。ソフトウェアテスト技術者も試行錯誤から学ぶこ

[訳注2]　Boris Beizer。アメリカのソフトウェアエンジニア。邦訳された著作に『ソフトウェアテスト技法』、『実践的プログラムテスト入門』があります。

とができますし、学んでいくべきです。

7.4　一時性

　2つのコミュニティが定期的にバグを発見しています。バグを発見して報酬を得ているテスト技術者と、偶然バグに出くわすユーザーです。もちろん、ユーザーはバグを見つけようとしているわけではありません。仕事（あるいはエンターテイメントやコミュニケーションなど）でソフトウェアを普段どおりに使用しているうちに、不具合が発生します。アプリケーション間の相互作用、ユーザーが使用するデータ、ユーザーの実行環境、この絶妙な組み合わせがソフトウェアの不具合の原因になります。それなら、テスト技術者がデバッグルームでユーザー環境に即したデータや実行環境を作り、ソフトウェアの出荷前にバグを発見するよう努めるべきではないでしょうか？

　実のところ、テストコミュニティはユーザー環境でのデバッグを実現するために何十年も努力してきました。「ユーザーのデバッグルームへの招待」、私はこのプロセスをそう呼んでいます。実際、私の博士論文のテーマは統計を利用したソフトウェアテストでした。博士論文の参考文献数からも分かりますが、統計をテストに利用するアイデアは私が初めて考案したものではありません。しかし、このような取り組みには当然限界があります。テスト技術者がユーザーになることはできませんし、ユーザーの行動を現実的にシミュレートしてすべての重大なバグを検出することも不可能です。ソフトウェアの中に住んでいるのでもなければ、重要な問題を見逃します。そして、ソフトウェアの中に住んでいるテスト技術者はいません。テスト技術者は一時的な存在であり、アプリケーションがリリースされると、次のアプリケーションへと移っていきます。

　まるで住宅のようです。建築技術がどれほど優れているのかは住宅の価値には関係ありません。工務店や職人がどれほど一所懸命に仕事をしたのかも無関係です。住宅は、施工業者、家主、州の建築検査官によって、建築中のさまざまなタイミングで徹底的に検査されます。しかし、しばらく住んだ後でしか発見できない欠陥があります。食事、睡眠、入浴、料理、パーティー、リラックス、その他日常生活のあらゆることをしてみなければなりません。庭の散水スプリンクラーを動かしている最中にシャワーを1時間使って、初めて浄化槽の欠陥が分かります。車をガレージに一晩駐車して、初めて鉄筋コンクリートの床の鉄筋が抜けていた施工不良が分かります。また、欠陥の発見には時間も重要です。電気配線の不良が見つかるまでの数か月の間、2週間ごとに電球を交換することになりました。釘が石膏ボードから突き出るまでに1年もかかってしまいました。施工業者や建築検査員がこのような問題を発見できるでしょうか？

　上記は実際に人が住んで見なければ発見できないバグの例です。これはソフトウェアにも当てはまります。ソフトウェアは、ユーザー環境で、ユーザーデータを使い、ユーザーの作業を行うユーザーの手に渡ります。施工業者にとって釘が飛び出していたり鉄筋が抜けていたりすることのように、実ユーザーが経験するバグはテスト技術者にとっては見つけること

ができないものです。

本書で紹介したツアーやその他の探索的テスト技法は、短時間のテストで効果を上げるには限定的な役割しかありません。ユーザーが参加したテストはバグ検出の助けになります。テスト技術者がユーザーと行動を共にして作成した、ユーザーの行動を模擬できるツアーも助けになります。しかし、結局のところ、テスト技術者は一時的な存在です。テスト技術者は自分ができることをするだけで、それ以上のことはできません。自分の限界を理解し、ユーザーから「不具合報告」が来るであろうことを予測して保守計画を立てるのも悪くありません。アプリケーションがリリースされたらプロジェクト終了したと考えるのは、純粋に間違っています。保証期間があることを見落としています。保証期間中はいまだテスト工程の最中です。このトピックについては、次の章で「ソフトウェアテストの未来」と題して詳しく扱っています。

7.5 単調性

テストは退屈なものです。開発者、デザイナー、アーキテクト、その他の品質保証と関係ない人たちが、こう言っているのを無視しないでください。実際、私が知るかぎりでは、品質保証部門のほとんどは、自分たちの日々の業務は退屈ではないとしても単調で創造性がない仕事だと思っています。

キャリアの初期では、バグ探しはとてもわくわくする仕事です。しかし、たいていは続けるうちに単調な仕事になっていきます。私は、このテスト業務に専念する期間を通過儀礼と考えています。テスト文化、テスト技術、テストに対する考え方を、新人テスト技術者に浸透させるための重要な試練です。しかし、もし長期間にわたってテスト業務に専念しなければならないとしたら、気が変になってしまいます。このテストの単調さこそが、テスト技術者の多くがもっと創造的な設計や開発業務に転職する理由になります。

しかしこれは視野が狭すぎます。なぜなら、テストには耳目をひく戦略的な問題がたくさんあり、楽しく挑戦的な業務だからです。何をテストするのか。1つのテストで複数の機能や環境を組み合わせをどのように決定するのか。より高度なテスト技術やテストのコンセプトを考案できるのか。どうやって個々のテストを全体テスト戦略に合致できるのか。このすべてが耳目をひく戦略的な問題ですが、テストを急ぐあまり見落とされることがよくあります。テスト戦術、つまりテストケース実行とバグ報告の実務は、テストのもっともつまらない部分です。しかし、ほとんどのテスト技術者の1日、1週間、1か月、あるいは全キャリアの中核業務です。

賢明なテストマネージャーやテストディレクターはこの点を認識し、すべてのテスト技術者が戦略と戦術に時間を割けるように努めなければなりません。テストプロセスの退屈で繰り返す箇所を自動化しましょう。Microsoftではテストツール開発がクリエイティブなタスクとみなされており、十分な報酬が払われています。

何をテストするかを決める。テストが完全にできたと判断する。ユーザーシナリオを作成

する。このようなテストプロセスの難易度が高い部分は、もう1つの創造的で楽しいタスクです。テストの手法の選択やテスト戦略の策定（＝テストのおもしろい部分）に時間を割くことができれば最善のテストを行えるので、テスト実行（＝テストのつまらない部分）に費やされる時間は少なくなります。

テストはまだ未熟な科学です。考える人なら、膨大な努力をしなくても多くの知見が得られます。テスト技術者がテスト業務から離れて、テスト改善につながる知見を見つけるための時間を用意できれば、テストチーム全体の利益になります。テスト改善のための知見はテストの全体的な品質を向上させるだけではありません。創造的な時間はテスト技術者の士気も高めることにつながります。

本書ではテストに創造性を導入できるようにするために、テストケースのより具体的な表現としてツアーを使っています。ツアーを用いたテストへの取り組みを、認識し、文書化し、共有し、完成させる活動、この活動はテストを効果的に行うための生産的で創造的で楽しい活動とみなされており、Microsoft社で広く利用されています。

7.6 無記憶性

Microsoftではよくペアテストをしています。ペアテストとは、他のテスト技術者と同じ机に座り、共同で同じアプリケーションをテストする手法です。同僚の間で評判が高く、バグ発見数の多さから上司からも評価されているテスト技術者とのペアテストのことは鮮明に覚えています。[2] ペアテストの準備中に次のような会話をしました。

私　　：「はい、新しいバージョンをインストールしたところです。新規コードとバグ修正がいくつもあるので、やることがたくさんあります。どこから始めるか決めるので、以前のバージョンで行ったテストの概要を教えてもらえますか？」

同僚：「そうですね、たくさんのテストケースを実行し、たくさんのバグを記録しました。」

私　　：「分かりました。それで、どの部分をテストしたのですか？　まだあまりカバーしていない場所からテストをしてみたいんです。」

そして、私は無表情になりました。彼は多くのテストを実行していたのにも関わらず、自分が何をしていたのか、何をテストしたのか、何をテストしていないのか、まったく記録していなかったのです。残念なことに、自分の過去を気にしないテスト技術者はたくさんいます。これは現代のテストにおける共通の特徴だと思います。

テストは現在志向の作業です。つまり、テスト技術者はその時々の状況に追われて将来について考える時間があまりとれていないということです。テスト計画、文書化、実行、結果

---

[2]　テスト技術者の能力測定にバグ発見数を使うことについて私がどう考えているかは、付録C「注釈付きジェームズ・ウィテカーのMicrosoftブログ」の「テスト技術者の評価」を参照してください。

の分析。そこで行ったことはすぐに忘れてしまいます。テスト記録を時期バージョンのアプリケーションや、他のテストプロジェクトでどのように使用すればいいのかを考えることに時間をそれほど割いていません。

　チームでのテスト活動ではもっと考えなしでテストを行っているのではないでしょうか。テストを作成して実行された後は、破棄されています。うまくいった活動とうまくいかなかった活動、成功したテストと失敗したテスト、こういったことの考察を文書化せずにテストを実行しています。テスト終了時に、チームに残されたものは何なのでしょうか？

　テスト業界全体がこの健忘症に苦しんでいます。エディットダイアログのテストは、今まで何人のテスト技術者が、今まで何回実施したのでしょうか？　同じ機能、フィーチャ、API、プロトコルをそれぞれ何回ずつテストしたのでしょうか？　テストについての集合知をまじめに取り合わないのはなぜなのでしょうか？

　たいていは、記録すべきテスト手法やテスト結果は実施したテスト技術者の頭の中に残っています。しかし、テスト技術者はプロジェクトからプロジェクトへ、チームからチームへ、会社から会社へと頻繁に異動します。知識の泉としてはあまり役立ちません。

　テストケースもテスト記録の用途にはあまり向いていません。アプリケーションを変更したら、コストをかけてテストケースを修正しなければなりません。また、殺虫剤のパラドックスがあるので、過去のテストケースの価値は低下します。

　ツアーをテスト記録に用いれば幾分かましになります。なぜなら、1つのツアーで多くのテストケースを示せるからです。ツアーのフィーチャやバグへのマッピングに真剣に取り組めば、製品のテスト情報になります。次のテストの担当者に、何が効果的で何があまり効果的でなかったか、多くの考察を示すことができます。

7.7　結論

　ソフトウェア業界における手動テストのアプローチはスクリプト、シナリオ、テスト計画を事前に準備しすぎるか、あるいは準備をしないで動かしながら行うかのどちらかでした。ソフトウェア、およびそれに付随する仕様、要求、その他のドキュメントは頻繁に変更されるので綿密な準備に頼るのは危険ですし、動作させながらの確認に頼るのも適切ではありません。ツアーを使用した探索的テストは、その中間的なアプローチです。ツアーを導入すれば、テストケースの単純な実行から脱却して、より幅広いテスト戦略とテスト技法へとテストのレベルを引き上げます。

　テスト戦略が策定されておりテスト技法が規定されていれば、目的意識を持ってテストを実行できます。これは、無目的性への直接的な対処策です。ツアーを導入すると多様なアプローチでテストケースを作成しなければならなくなるので、テストの反復性や単調性に対応できるようになります。さらに、ツアーはテスト技術を体系化して会話がしやすくなるので、チームにテスト知識とテスト文化をもたらします。これにより、一時性（市場のユーザーの力を借りずに済む範囲に限りますが）と無記憶性に対応できます。ツアーを用いたテストの

実施状況は簡単に把握できます。つまりテスト実施範囲とバグ発見実績の統計データが入手できるようになるので、有意義で実用的なテストレポートを作成できます。テストレポートから得られる知見は、今後のテスト活動の改善に役立つものです。

7.8 演習問題

1. あなたが毎日使っているソフトウェアについて考えてください。そのソフトウェアの使用方法を説明するツアーを書いてください。

2. テスト技術者がユーザーからデータを入手して、テスト中に使うことができれば、ユーザーが遭遇するバグをもっと多く発見できると考えられます。しかし、ユーザーはデータファイルやデータベースをあまり提供したがりません。その理由を少なくとも3つ挙げて下さい。

3. どうすればアプリケーションのどの部分がテストされたのかを追跡できますか？ テストが網羅されたことの基準として使用できるものを、少なくとも4つ挙げてください。

第**8**章

ソフトウェアテストの未来

「未来を予測する最善の方法は、未来を発明することです。」

— アラン・ケイ

8.1 未来へようこそ

　現代のソフトウェアテストは、過去に行われていたテストとはまったく別物です。最初の
プログラムが書かれた20世紀中頃と比べると、ソフトウェアテストは大きく進化し、変化し
てきました。

　コンピュータプログラミングの初期では、ソフトウェアを書いた人がテストをする人でも
ありました。プログラムは小さく、今日の基準からすると非常に単純でした。プログラムは
数学の演算であり、物理学の計算式であり、数式と同じように仕様は完全に決められていま
した。厳密に管理された実行環境のもとで、ただ1種類のコンピュータ上で、何をするのか
をすべて理解しているユーザーが実行していました。複雑さ、実行環境、使用方法の制御範
囲は、現代のソフトウェアとかけ離れています。現代ではほぼすべてのコンピュータ上で動
作しなければならず、ほぼすべてのユーザーが使用できなければなりません。その上コンピ
ュータ誕生のきっかけとなった物理学の問題や軍事用途よりもはるかに多様な問題の解決が
求められています。今日のソフトウェアには、まさしくプロのテストエンジニアが必要です。

　しかし、コンピュータの黎明期から本書の執筆までの間のどこかで、ソフトウェアテスト
に運命的な転換がありました。ソフトウェアアプリケーションの需要が、訓練されたプログ
ラマーの能力を上回った時期があったのです。一言で言うなら、プログラマーが不足しまし
た。この問題の解決策の1つが、開発者とテスト技術者の役割の分割です。コーディングの
訓練を受けたエンジニアの作業時間を確保するために、テストは新型IT技術者であるソフト
ウェアテスト技術者の手に委ねられることになりました。

　これは、それまでの開発部門を開発部隊とテスト部隊にわけるものではありません。開発

135

者の数を増やすものでもありません。そうではなく、ソフトウェアテストを事務的な作業にしたのです。プログラミングをしないのだから、テストはあまり技術力がいらないという理由からです。

もちろん、例外もあります。IBM、DEC[訳注1]、そしてMicrosoftのような新興企業は、プログラミングの才能を持つ人材をテスト技術者として採用しました。特に、コンパイラ、オペレーティングシステム、デバイスドライバなどの低レベルアプリケーション開発グループでは顕著でした。しかし、何社かのISV[訳注2]を除いては、テスト業務に非技術者を採用する慣習が広がっていました。

現代のテスト技術者は以前として非技術系（少なくともコンピュータサイエンス系以外）の出身です。ただし、多くのトレーニングコースやOJTによる指導が用意されているので、この傾向は徐々に変わりつつあります。それでも、個人的な意見になりますが、コンピュータとソフトウェア開発の急速な進歩に追いつくためにはテスト専門分野の進歩は遅すぎます。アプリケーションはより複雑になっています。プラットフォームはより高性能化し、急激に複雑になっています。第1章「ソフトウェア品質の事例」で述べたような高性能のプラットフォーム上で実行される未来のアプリケーションには、いまだ存在しいていない高度なテストが求められます。テストコミュニティとしてどうすれば未来の課題に立ち向かえるのでしょうか？　どうすれば未来のアプリケーションをテストできるのでしょうか？　どうすれば必要な信頼性を確保する役目を負うことができるのでしょうか？　すべてがコンピュータ上で動作し、誰もがソフトウェアを使う世界において、現在のテスト方法で十分だと言い切ることができるでしょうか？

私には無理です。現実的に、現在のテスト手法やテスト知識では、未来のアプリケーションのテストはまず不可能です。現在のソフトウェアシステムのほとんどすべてに不具合があるのです。現在のテスト技術が現在のアプリケーションを十分テストできるとは言えません。ましてや未来のアプリケーションを十分テストできるなどとは絶対に言えません。未来のソフトウェアの品質にある程度は楽観的になるためには、楽観するに足る新しいテスト手法やテスト技術が必要です。本章では、未来のアプリケーションに高い信頼性をもたらす、実用的なソフトウェアテストの将来像を描きます。あるべきソフトウェアテストのアイデアとビジョンを集めたものです。

8.2　テスト技術者用ヘッドアップディスプレイ

テスト技術者はオフィスにいて、デスクには印刷された図表、文章、技術情報が無造作に散らばっています。デスクトップ上では仕様書、文書、バグデータベースなどのフォルダを

[訳注1]　ディジタル・イクイップメント・コーポレーション。1980年代には世界第2位のコンピュータ企業でしたが、1998年にコンパックに買収されました。

[訳注2]　独立系ソフトウェアベンダー（Independent Software Vendor）の略。OSやハードウェアメーカー以外の、そのプラットホーム用ソフトウェアを開発する企業のことです。単にソフトウェアベンダーを指すこともあります。

1ダース以上開いています。片方の目で電子メールやメッセージングアプリのクライアント
ソフトを監視しながら、開発者からのバグ修正の回答を待っています。もう片方の目で、テ
スト中のアプリケーションに不具合の兆候がないか監視しつつ、テストツールの進捗状況を
確認しています。頭の中は、テストケース、バグ、仕様、さまざまな情報がごちゃ混ぜになっ
ています。あまりに多くの情報に圧倒されていますが、テストを適切にこなすためには情
報が不足しています。

　テスト技術者が置かれた苦境とテレビゲームのゲーマーの環境を比べてみましょう。ゲー
マーにはデスクは必要ありません。ソーダの空き缶やポテトチップスの袋の置き場にはなる
かもしれません。ゲームを進めるのに必要な情報はすべてゲーム内から取り出せます。イン
ターフェースの裏側で何が起こっているのかを常に考えていなければならないテスト技術者
とは違います。ゲーマーはゲームの世界全体を見ることができます。ヘッドアップディスプ
レイ（詳細は後述）のおかげで、ゲームの情報が自然と頭の中に入っていきます。

　大人気のオンラインゲーム「World of Warcraft」とゲーム内のヘッドアップディスプレイ
を例に考えてみましょう。画面の右上にはゲーム内のミニマップが表示され、プレイヤーキ
ャラの正確な位置が分かります。画面の下部全体にはプレイヤーキャラが持つすべての道具、
呪文、武器、能力、トリックが一覧表示され、簡単に選択できます。画面の左上には、プレ
イヤーキャラがゲーム内を移動するにつれて、地形、敵、イベントに関する情報が表示され
ます。この情報が「ヘッドアップディスプレイ」です。ゲーム内の情報をゲーム画面の上に
重ねて表示することで、ゲームプレイを邪魔せずに情報を伝える効果があります。

　ヘッドアップディスプレイを導入できれば、オンラインゲームと同じようにテストに素晴
らしい未来がくるはずです。テスト技術者用ヘッドアップディスプレイ（Tester's Heads-Up
Display）、略してTHUDです。THUDにはアプリケーションの情報とドキュメントやファイル
を表示します。これをテスト対象のアプリケーションの画面上にシームレスに重ねて表示し
ます。

　テスト技術者がUIにカーソルを置くと、ソースコードのウィンドウが現れるようなヘッド
アップディスプレイを想像してみてください。ソースコードは見たくない？　それならソー
スコードの変更履歴、バグ修正履歴、過去に実施したテストケースと入力値、その他テスト
に関係するあらゆる情報を表示する方法もあります。テスト技術者が望むときに、直感的に
利用できる便利な情報が、テスト中のアプリケーション画面に描かれます。

　THUDはオーバーレイを好きなだけ表示できるので、必要な情報をすべて表示できます。敵
キャラクターの上にターゲット情報が重なって表示されて、攻撃しやすくなっているゲーム
を想像してみてください。アプリケーション実行中はいつでもウィンドウを表示できるので、
テスト技術者はUI上に表示される設計情報を確認してテストに利用できます。重点テスト範
囲を素早く特定できます。入力値とソフトウェアアーキテクチャ、環境依存情報がどのよう
な影響を及ぼしあっているのかを理解できます。Webアプリとデータベースでやりとされ
る情報を知ることができます。これは、Xboxの「Halo」シリーズのマスターチーフ[訳注3]

[訳注3]　343 Industriesが開発した人気テレビゲームシリーズ「Halo」の主人公キャラクター。一人称視点で諸情報を元にクリアしてい
　　　くので爽快感のあるゲームになっている。

がステージをクリアしていく様子に似ています。2段階のストアドプロシージャを経由する入力や、APIとファイルシステム間のやりとりを、ゲームのインターフェースで使用されている視覚情報で確認することができます。

THUDで得られる情報は、今よりもずっと優れたテストガイダンスになるでしょう。ソフトウェアテストという名のテレビゲームをプレイしているうちに、バグ修正タイミング、影響を受けるコンポーネント、コントロール、APIなどがわかるようになります。ヘッドアップディスプレイが教えてくれるのです。テスト実施中に以前に入力した値や過去のテスト結果を教えてくれます。どの入力に問題が出やすいか、どの入力が自動テストスイートに含まれているのか、どこが単体テストとしてすでに実施されているのかも教えてくれます。THUDは手動テストの相棒になるでしょう。そして、テスト対象アプリケーションの構造、事前条件、アーキテクチャ、バグ、テストの全履歴についての知識の源泉となります。

テスト技術者にとって、THUDはゲーマーのHUDのようなものになるでしょう。HUDをオフにしてテレビゲームをプレイする人はいません。HUDの情報がなければ、複雑で危険なゲームの世界を切り抜けることは絶対にできません。HUDがなければ、やれることを手当たり次第に試して、運を天に任せる戦略しかとれないでしょう。これは、今日のTHUD-lessのソフトウェアテストの状況をよく表しています。必要な時に、必要な情報を、必要な形で表示してもらえなければ、いったい何をすればいいのでしょうか？

将来的には、ソフトウェアテスト技術者の業務は、現在とはまったく違うものになるでしょう。手動テストは、テレビゲームのプレイとほとんど変わらなくなっているはずです。

8.3　「テスティペディア」

THUDを実現できる技術によって、テストの反復性、再利用性、汎用性が大幅に向上します。テスト技術者は、手動テストケースを記録し、自動的に自動テストケースに変換できるようになるでしょう。これにより所属するチーム、組織、企業が異なるテスト技術者が、テスト経験やテスト資産を共有しやすくなります。次の段階で求められるのは、テスト資産のアクセスと共有をうながすリソースの開発です。類似の先行プロジェクトであるWikipediaに敬意を表して、このリソースを「テスティペディア（Testipedia）」と呼ぶことにします。

Wikipediaは、インターネット上でも特に斬新で便利なサイトです。サーチエンジンの検索結果ではよくトップに表示されます。Wikipediaの基本的な考え方は、この世界に存在するあらゆる概念や実体の情報は、そのすべてが何らかの形で人類の頭の中にあるというものです。もし、自分の知識をすべての人に公開する百科事典を全人類共同で執筆したらどうなるでしょうか？　その結果がwww.wikipedia.orgです。

では、Wikipediaのコンセプトをテストに使ってみましょう。私の推測では、テスト対象となる機能はすべて、今より前のいつかどこかで誰かの手によってすでにテスト済みのはずです。ユーザー名とパスワードを入力するダイアログのをテストすることになりましたか？　すでにテスト済みです。ショッピングカート内の商品を表示するフォームをテストすることにな

138

りましたか？ すでにテスト済みです。実際、すべての入力フィールド、機能、動作、処理、APIフィーチャはすでにテスト済みです。同様に、過去の製品に実施したテストは、フィーチャがまったく同じでなくても、多かれ少なかれある程度は新製品にも適用できます。求められるテスティペディアとは、すべてのテスト知識を集約して、テスト技術者ならだれでも利用可能な形式のテストケースを提示できるリソースです。

テスティペディアを実現するには、主に2つのことが必要です。まず、テストケースを再利用可能にすることです。あるテスト技術者のマシン上で実行できたテストケースが、別のテスト技術者のマシン上でもそのまま実行できなければなりません。もう1つはテストケースの一般化です。たった1つのアプリケーションだけにしか使えないものでは、さまざまなアプリケーションに使えるテストケースにしなければなりません。それでは、この2つを順番に説明して、実現するために何が必要なのかを検討していきましょう。

8.3.1 テストケースの再利用

次のような状況を想定してみましょう。あるテスト技術者がテストケースを作成し、それを自動化して何度も繰り返し実行できるようにしました。優れたテストケースなので、あなたもそのテストケースを使ってみることにしました。しかし、実行してみると自分のマシンでは動作しないことが分かりました。あなたのマシンにインストールされていない自動化APIと、持っていないスクリプトライブラリを使用していたためです。実行環境に特化したテストケースは、再利用する際に問題が生じます。

将来的には、「環境同梱テスト」と呼んでいるコンセプトで環境依存の問題を解決するつもりです。未来のテストケースは、仮想化を用いたカプセル化を用いてテストケースと実行環境を記述します[1]。 必要な環境依存関係をすべて組み込んだ仮想カプセル内にテストケースを記述して、任意のマシン上で実行できるようになります。

環境同梱テストを実現するために必要になる技術の進歩は、ほんの少しです。しかし、テストケースの再利用を妨げているのは、技術面ではなく経済面です。テストケースを再利用するための作業は、テストケースの作成者ではなくテストケースの再利用者が行ってきました。ここで必要になるのは、再利用可能なテストケースを作成するテスト技術者へのインセンティブです。それでは、テストケース再利用のためのテスティペディアを構築するのはどうでしょうか？ テストケースの保存に貢献したテスト技術者またはその所属組織に報酬を支払う仕組みを構築するのです。テストケースの価格はいくらでしょうか？ 1ドル？ 10ドル？ それ以上？ 間違いなく値段がつきます。そして、すべてのテストケースを集約するデータベースにも相応の値段がつきます。テストケースのデータベースの管理して、必要に応じてテストケースを再販するビジネスも成立するでしょう。テストケースは価値が高いほど値段も高くなります。テスト技術者は貢献に応じたインセンティブを得ることになります。

再利用可能なテストケースはそれ自体に価値があります。テストケース変換マーケットが

---

[1] この章の後半で説明するように、仮想化は未来のテストビジョンにおいては重要な役割を果たします。

誕生して、テストライブラリがサービスとして提供されたり、製品としてライセンス供与されることになるでしょう。

しかし、これは解決策の1つに過ぎません。どのような環境でも実行できるテストケースは有用ですが、1つのアプリケーションに特化したテストケースも依然として必要です。

8.3.2 テストケースの一般化 — テスト原子とテスト分子

Microsoftをはじめ、私が今まで働いてきた企業は、小さな会社が集まって1つの企業を構築していたような組織です。SQL Server、Exchange、Live、Windows Mobile… たくさんのテスト技術者が、たくさんのテストケースを作成して、たくさんのアプリケーションをテストしています。残念なことに、これらのテストケースを別のアプリケーションに移行することは非常に困難です。たとえば、SQL Serverのテスト技術者はExchange[訳注4]のテストケースを利用することは容易ではありません。両製品とも大規模なサーバーアプリケーションであるにもかかわらずです。

その理由は、ただ1つのアプリケーションに特化したテストケースを作成しているからです。それほど驚くようなことではありません。自チームのテストケースが他チームで活用できるとは思いつきもしていないのです。しかし、私が描いたテストの未来像ではテストケースの移植性が求められています。また、テストケースを他のプロジェクトでも活用するという主張を受け入れるのであれば、実現するために金銭面でのインセンティブが生まれます。

アプリケーションのテストケースを書くのではなく、もっとテスト範囲をせまくして、フィーチャのテストケースを書くこともできます。たとえばショッピングカートのフィーチャは多くのWebアプリケーションに実装されています。ショッピングカートフィーチャのためテストケースは、他のすべてのWebアプリケーションのショッピングカートのテストに利用できるはずです。ネットワーク接続、データベースへのSQLクエリ、ユーザー名とパスワードによる認証など、他の多くの一般的なフィーチャについても同じことが言えます。フィーチャレベルのテストケースは、アプリケーション固有のテストケースよりもはるかに再利用性と移植性が高いものです。

作成するテストケースの範囲を絞り込むほど、テストケースはより一般的になります。アプリケーションよりもフィーチャ、フィーチャよりも機能やオブジェクト、機能よりもコントロールやデータ型。適用範囲を絞り込んでいきます。十分に小さくなったテストケースを「原子テストケース」と呼ばせてもらいます。原子テストとは、可能なかぎり抽象化されたテストケースです。たとえば、テキストボックスコントロールに英数字を入力するだけのテストケースを書くことします。このテストケースはただ1つのことをするだけであり、それ以上のことはしないのでテスト原子です。そして、テスト原子を複製して別の目的のためのテスト原子に修正していきます。たとえば、英数字の文字列をユーザー名の入力に使うつもりなら、有効なユーザー名のルールを追加した新しいテスト原子を作成します。やがて、テス

［訳注4］ Microsoft のクラウド型メールホスティングサービス。

ティペディアにはこのようなテスト原子が数千（可能なら数万、数十万）も集まるでしょう。

テスト原子を組み合わせることでテスト分子が作成できます。英数字の文字列である2つのテスト原子を組み合わせれば、ユーザー名とパスワードのダイアログボックス用のテスト分子になるでしょう。テストの作成者が各自でテスト分子を作成し、類似したテスト分子の中で最も優れたものをテスティペディアに掲載する方法も考えられます。それでも類似テスト分子を利用できるようにしたほうがいいでしょう。適切なインセンティブがあれば、テストケース作成者はいくらでもテスト分子を作成するはずです。そしてテスト分子はソフトウェアベンダーがレンタル、リース、購入することになり、同じ機能を持つアプリケーションのテストで再利用されるようになります。

このアイデアをさらに発展させるとどうやってアプリケーションへ適用するかががわかるようにテスト原子とテスト分子を記述できるかに帰着します。想像してみてください。まずテストを作成します。次にテストがアプリケーションに適用できるか判断します。そして異なる環境や構成でテストを実行します。これを1万回繰り返します。ある時点で十分なテスト原子やテスト分子が集まるでしょう。新しく作成する必要も、テストを修正する必要もほとんどなくなるはずです。

8.4 テスト資産の仮想化

環境同梱テストでは仮想化を利用しました。しかしこれは未来のソフトウェアテストおける仮想化の利用としては、氷山の一角に過ぎません。第3章「スモール探索的テスト」で説明したように、テスト実行を複雑にする主な要因はユーザー環境でテストできるかどうかということです。もしテスト対象アプリケーションが一般的なPCでの使用を前提としているなら、実行環境を推測する方法があるのでしょうか？　同時に実行するアプリケーションは何でしょうか？　可能なかぎり実際の使用環境に近づけてテストするためには、デバッグルームのマシンをどのように構成すればよいのでしょうか？

Microsoftには「ワトソン博士」[訳注5]という素晴らしいツールがあります。ユーザーマシンがどのような状態にあるか、ユーザー環境でアプリケーションがどのような不具合を起こしているかの情報を提供してくれます。ワトソン博士はユーザーのマシン上で稼働するアプリケーションとしてWindowsに組み込まれています。重大な不具合を検知したら、ユーザーに許可を求めて不具合情報をマシン状態とともにMicrosoftに送信して診断と修正を行います（修正はWindows Update、または他のソフトウェアベンダーのアップデートとして提供されます）。

将来は、ワトソン博士の改良版として仮想化技術を利用する可能性があります。ユーザー環境をテスティペディアに登録して再利用できるようにするためです。バグレポートをMicrosoftや他のソフトウェアベンダーに送る代わりに、マシン全体（もちろん個人情報は除きます）

［訳注5］　ワトソン博士は Windows Vista では「問題のレポートと解決策」と名前が変わり、Windows 7 では「アクションセンター」の構成ソフトとして残っていましたが、それ以降の製品には搭載されていません。

を仮想化してインターネット経由でベンダーに送ることを想像してみてください。開発者は、実際のユーザーマシンの不具合情報を使ってデバッグできます。フィールドで発生した不具合のデバッグの労力は大幅に削減されます。やがて実際のユーザー環境を含む仮想化マシンのイメージが、膨大な量となって蓄積されます。適切なインフラがあれば、収集した仮想マシンを利用して仮想デバッグルームを構築できます。仮想デバッグルームの販売やリース取引はテスティペディア運営を後押しします。デバッグルームの建設は20世紀のテストの歴史として過去の遺物になるでしょう。

8.5 視覚化

　デバッグルームとテストケースが再利用可能になれば、未来のテスト技術者の仕事は変わります。詳細なテストケース作成作業からテスト設計活動に比重が移っていくでしょう。テストは開始前にテストケースなどのテスト成果物を集めることから始まります。高度なテスト環境管理手法を用いて準備と実行を行うようになるでしょう。未来のテスト業務は、十分な見識をもって監視できなければまったく的外れな活動になることは確実です。

　このことは、ソフトウェアの視覚化を改善しなければならないことを示しています。テスト技術者がテスト進捗状況を監視し、必要なテスト作業を確実に実行したことを確認するためには視覚化が必要です。

　しかし、ソフトウェアを視覚化するにはどうすればよいのでしょうか？　ソフトウェアは実際にはどのように見えるのでしょうか？　ソフトウェアは自動車のように物理的な製品ではありません。見ることも触れることも調べることもできません。これが自動車のバンパーなら、欠陥は簡単に見つかります。どの自動車整備士とも修理方法や修理完了時期について話し合うことができます。しかし、これがソフトウェアなら話はそう簡単ではありません。欠けている部品や壊れた部品は、正常な部品と同じに見えます。テストを行っても、合格なのか不合格なのかの情報はあまり得られません。また、新しいテストから得られる情報が、品質知識の蓄積に役立つものなのかもよく分かりません。分かりやすく言うなら、視覚化ツールがあればテストを行う上で障害となるソフトウェアのあいまいさを解決できるということです。視覚化ツールに求められることは、重要なソフトウェア特性を明らかにすること、ソフトウェアの全体像を表示すること、静止時と動作時の両方で使えること、テスト技術者の手助けをすることです。

　ソフトウェアの視覚化は、ソフトウェア資産、およびソフトウェア資産の特性を用いて行えます。具体的なソフトウェア資産の例としては、入力、内部の保存データ、依存関係、ソースコードなどがあります。ソフトウェア資産をテスト技術者が確認しやすいように表示することは容易です。ソースコードなら、テキストエディタで表示するほかに、コードパスをフローグラフを用いて視覚に訴える形で表示する方法があります。たとえば、図8.1は、Microsoftの XboxおよびPCゲームのテストチームで使用されているテストツールのスクリーンショットです。テスト技術者がコードパスを視覚で理解できるようにしています。

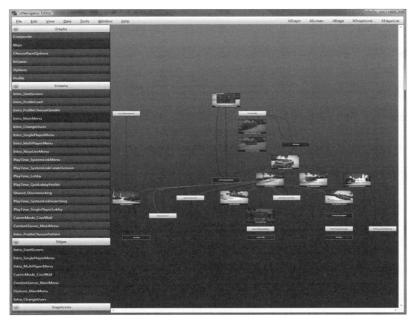

図 8.1：Microsoft Games Test Org の UI 視覚化ツール

　ここではコードパスを図示するのではなく、ゲーム内の画面と画面がどうつながっているのかという視点でフローを作成しています[2]。UI 要素の集まりが表示されており、自分の入力（Project Gotham Racing II のゲーム内での車の操縦）がソフトウェアの別のパスにどのようにつながっているのかを理解できます。この画像は高カバレッジのテストを行うために利用できます。また、ゲーム内の注視する場所や多くの機能が集まっている場所に移動するための入力を見つけることにも使えます。

　視覚化はアプリケーションのプロパティを用いて行うこともできます。プロパティとは、修正（変更）したコード、カバレッジ、複雑性などです。テストする場所を決めるために視覚化を行うのなら、プロパティを用いるのが最適です。たとえば、最も複雑なコンポーネントをテストしたい場合に、どうやって最も複雑なコンポーネントを探せばいいでしょうか？

　Windows Vista のテスト中に開発した視覚化ツールでは、テスト技術者が理解できる形式でプロパティを明示できました。図 8.2 はその一例です。

---

[2] この画像は、テレビゲーム「Project Gotham Racing II」のテストから引用したもので、Microsoft Games Test Org の許可を得て掲載しています。

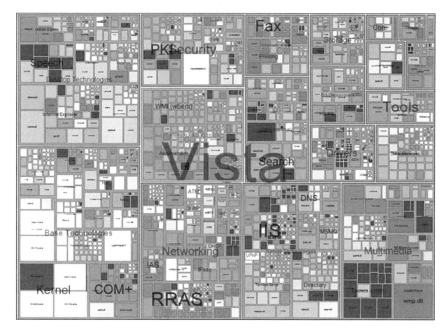

図8.2：複雑さの視覚化に使用される信頼性解析ツール

　図8.2は、Windows Vistaのコンポーネントとその相対的な複雑さを視覚化したものです[3]。ラベルのついた四角形がコンポーネントを表します。コンポーネントが属するフィーチャに従ってグループ化しています。四角形の面積はWindows開発グループが定義した複雑度を表しています。色の濃さは別の複雑度の尺度を表します。したがって、大きく暗い四角形ほど複雑なフィーチャであることを示しています。複雑度に重点を置いてテストを行うなら、この図はテストの開始地点として最適です。

　優れた視覚化のためには、ソフトウェアが稼働する実行環境からのサポートが必要です。テスト対象のシステムとファイル、ライブラリ、APIなどの外部リソースとのやり取りは公開されていなければなりません。デバッガーのような複雑なツールを使わなければわからないものであってはいけません。ソフトウェアの内部構造を3次元で視覚化する、X線装置やMRIのようなものが必要です。造影剤を使った医療検査を想像してみてください。稼働中のシステムに染色された入力を注入して、システム内でのデータパスを視覚的にトレースします。これにより、染色された入力がアプリケーションのコンポーネントを通過する際にさまざまなことが行えます。外部リソースへの影響監視、バグを特定するための調査、パフォーマンスのボトルネック箇所の識別、実装オプションの違いによる影響の比較、などです。このレベルの透明性、精査、計測、分析ができれば、現在医学が享受しているレベルの視覚化を、ソフトウェアでも実現できるでしょう。このような投資が必要なほど、ソフトウェアは複雑であり重要なものです。

---

[3]　このツールは Microsoft Research Cambridge のブレンダン・マーフィーが開発したもので、許可を得て掲載しています。

8.6　未来のテスト

当然ながら、視覚化技術の中には他の技術よりも有用であると実証されているものがあります。将来的には、必要な視覚化技術を必要な時に選択できるようになるでしょう。視覚化の利用経験が増えるにつれ、最適な利用方法の指針となるベストプラクティスが手に入ります。

8.6　未来のテスト

では、テスト技術者の未来には何が待ち受けているのでしょうか？　THUDのようなツールやテスティペディアは、仮想化や視覚化ツールとどのように連携するのでしょうか？　テスト技術者の未来をどのように変えていくのでしょうか？　私はこう想像します。

とあるソフトウェア開発組織を想像してみてください。GPS搭載の携帯電話用のアプリケーションを開発するスタートアップ企業かもしれません。新しい業務用アプリケーションを開発するメガバンクのIT部門かもしれません。あるいは、クライアントの管理アプリケーションと連携するクラウドベースアプリケーションを開発するMicrosoftの可能性もあります。このようなベンダーはすべて、アプリケーションを開発した後にテスト設計者と契約を結びます。スタートアップ企業やIT部門の場合は外部コンサルタントがテスト設計を担当することが多いと思われますが、Microsoftでは正社員がテスト設計業務を行うことがあります。どちらにしても、テスト設計者はアプリケーションのテスト要求とインターフェースを分析し、テストに必要な要素を文書化します。次に、テスト環境がどれだけ必要なのかを分析して、テスト要求を満足できるテスト環境を準備します。テスト環境は購入またはリースで入手します。あるいは、テスティペディアのようなオープンソースのテスト資産を利用します[4]。

こうして、仮想化されたテスト環境がいくつも準備されます。各仮想テスト環境には、数百万件以上のテストケースとそのバリエーションが含まれていると思います。仮想テスト環境はクラウドベースの仮想デバッグルームに配置され、テストケースは並列で実行されます。手動で行えば数世紀はかかるような数のテストが数時間で実施されていきます。アプリケーションのソースコード、ライブラリとリソースの依存関係、UIなどのテストは、現在の技術をはるかに超えた網羅度で実行されます。おそらくは考えられるあらゆるすべての使用例がテストされるでしょう。以上のすべては、視覚化ツール、測定ツール、管理ツールで管理されます。自動バグレポートとビルド管理機能を利用すれば、人手の介在は最小限で済むようになります。

このような未来のテストは、数年あるいは数十年かけて再利用可能なテスト資産の開発と収集をしたのちに実現するでしょう。最終的にテスト技術者はテストケース作成やテスト実行といった実務作業から解放されます。テスト技術者の業務の抽象度は数段高くなります。テスト計画策定、あるいは既存のテストケースや自動化フレームワークの選別が業務になるで

---

[4]　再利用可能なテスト資産、つまり仮想化された実行環境、テストケース、テスト計画は、金銭的価値が高いと考えられます。複数のベンダーが既成のテスト資産を販売し、テスティペディアに代表されるオープンソースと共有するような未来が想定できます。どちらのモデルが主流になるかは本項の範囲外です。テスト資産の一般的な利用可能性を予測しているだけであり、売り上げや収益モデルを予測しているわけではありません。

しょう。

　携帯電話アプリを開発するスタートアップ企業なら、顧客が使用すると考えられるすべての携帯電話を仮想環境で再現できるようになります。業務用アプリケーションの開発部門がシミュレートできるユーザー環境は考えられるすべての構成にすることができますし、競合する可能性のあるアプリケーションを何千個でもインストールできます。Microsoftなら、ユーザー環境の複雑性や多様性をはるかに上回るクラウドベースのアプリケーションのテスト環境を構築できます。

　何億ものテスト原子やテスト分子が、時間をかけて集められることになるでしょう。アプリケーションは徹底的に調べられ、収集したテストが適用できる場所が決まります。そしてテストは自動的に実行され、テスト結果は大規模なテスト監視システムに集められます。テスト設計者はテスト結果を利用して、自動テストの進捗状況を把握できますし、テスト実行を調整することもできます。

　アプリケーションのリリースまでには、考えられるすべてのテストケースが、考えられるすべての実行環境で完了します。入力フィールドには正常と異常あわせて数百万件の値が入力されます。すべてのフィーチャは過剰といえるほどテストされます。潜在的な機能の競合やアプリケーションの互換性もダブルチェックが完了します。生成できるすべての出力は何回も繰り返し生成されます。システムの状態はすべて網羅されます。セキュリティ、パフォーマンス、プライバシーなどのテストスイートは、すべてのビルドと中間ビルドで実行されます。テストカバレッジの不足は自動的に検出され、不足を補うための新しいテストが追加実行されます。

　上記のテストアプリケーションはリリースする前に実施します。そして、リリース後もテストは続きます。

8.7 リリース後のテスト

　たとえ数世紀かけてテストを実施したとしても、テストが完了することは決してありません。製品リリース時にテストが完了していないのであれば、なぜそこでやめる必要があるのでしょうか？　テストコードはバイナリコードとともに出荷するべきです。リリース後も残り続けて、テスト技術者がテストや診断を行わなくても役割を果たし続けなければなりません。

　このような未来はすでに一部は現実のものとなっています。先述のワトソン博士（Windowsの有名な「エラー報告を送信する/送信しない」画面）は、リリース後の実行中に発生したエラーを検出して送信します。次のステップは、検出したエラーに対処することです。

　ワトソン博士は不具合を検出して、関係しそうなデバッグ情報の画像をキャプチャします。そして、通信回線の先にいる不憫な担当者が送信されてくる膨大なデータをすべて調べて、Windowsアップデートで修正手段を配布します。これは2004年には画期的なことでしたが、現在[訳注6]でも画期的であることに変わりはありません。しかし2〜5年も経てば、時代遅れになるでしょう。もし「不憫な担当者」がリリース前のテスト環境を利用して追加のテストを実施できたとしたらどうでしょうか？　もし「不憫な担当者」が修正をデプロイできて、不具合が発生した環境で回帰テストを実行できるとしたらどうでしょうか？　もし「不憫な担当者」が修正をデプロイしたあとに、アプリケーションを旧バージョンに戻すことができるとしたらどうでしょうか？

　もはや不憫な担当者ではなくなるでしょう。

　リリース後のテストを達成するためには、アプリケーションが過去のテストを記憶して、どこに行くのにもテスト記憶を持ったままにしなければなりません。つまり、アプリケーションが自分自身をテストできる能力が、未来のソフトウェアの基本フィーチャになるということです。テスト技術者の仕事は、テストの魔法の活用方法を考えることと、どうやってアプリケーションにテストの魔法を組み込むかを考えることです。未来の最高にクールなソフトウェアフィーチャは、テスト技術者の手によってもたらされるのです！

[訳注6]　原著は 2009 年に出版されました。

8.8 結論

　ソフトウェアテストの世界は情報であふれています。テスト対象のアプリケーション、アプリケーションが動作するプラットフォームや環境、アプリケーション自体の開発履歴など多種多様です。テスト技術者がテスト情報をどのように収集・活用するかによって、アプリケーションのテスト品質が決まります。ひいてはソフトウェアエコシステムを構成するすべてのアプリケーションの品質レベルが決まります。ソフトウェアテスト技術者が成功を収める唯一の未来は、テスト情報を把握して、これまでに積み上げてきたテスト手法で活用することです。そうしなければ、これまでソフトウェア業界の歴史が積み上げてきた低品質のソフトウェアが約束されることになります。

　ソフトウェア以外の多くの産業には、おなじくらいの膨大な情報をうまく活用している業界もあります。ソフトウェア業界も成功事例からのヒントを得るべきでしょう。ソフトウェアテストの成功事例といえるのは、テレビゲームであると私は考えています。テレビゲーム内の情報は複雑で量も膨大であり、テスト技術者が処理しなければならない情報量と同じくらい圧倒的なものです。しかし、ゲーマーはトリック、ヒント、チート、そして全知全能のヘッドアップディスプレイなどのテクニックを駆使して、膨大な情報をシンプルかつエレガントに処理しています。結局は、ゲーマーの手元にある情報と、広く知られている戦略やガイダンスなどの情報を活用できるかにかかっています。ベテランゲーマーの経験をうまく活用できれば、新人ゲーマーもすぐにエキスパートになれます。

　実際にゲーム業界はとても成功しています。優れた開発プロセス、開発ツール、開発技術によっておどろくほどすばらしいゲームが開発できているのです。すばらしいゲームは経済面でさまざまな影響力があるだけでなく、社会を根本的に変えるほどの影響力を持つようになりました。テストの情報や指針を充分に活用できるなら、ソフトウェアのテスト技術者にもきっと同じことができるはずです！

　ゲーマーが使っている攻略法、テクニック、ゲームプレイの原則は、業務モデルとしてソフトウェアテスト技術者が取り入れるのに足るものです。ゲーマーにとってヘッドアップディスプレイはゲーム世界のナビゲーターです。ヘッドアップディスプレイさえあれば、ヘッドアップディスプレイさえあれば、やがてはテスト技術者もテスト対象のアプリケーションからテストに必要な情報が自然と入手できるようになるはずです。テスト技術者もやがてはヘッドアップディスプレイを手に入れて、入力、出力、データ、演算がおりなす複雑なソフトウェアの世界をナビゲートしてもらえるようになるでしょう。

　テストを実行すると、生産性、正確性、完全性の面で大きな利益が得られます。そして、テストがテレビゲームのプレイに似ているなら、加えて娯楽性をもたらしてくれるかもしれません。

8.9 演習問題

1. テスト技術者のヘッドアップディスプレイに表示させたいものを5つ挙げてください

2. 探索的テスト技術者のヘッドアップディスプレイに表示させたいものを5つ挙げてください。

3. もしあなたがテスティペディアのビジネスモデルを立案するとしたら、どうやってビジネスの優位性を説明しますか？
   a. テスティペディアを無料の交流リソースとして利用する方法を考えて、概要を述べてください。
   b. テスティペディアで収益を上げる方法を考えて、概要を述べてください。

4. 第3章ではスモール探索的テストを入力、状態、コードパス、ユーザーデータ、実行環境の問題で分類しました。実行環境以外で、仮想化を適用することが最適解となる問題はどれですか？　また、仮想化を利用するとどのように問題が解決するのかを説明してください。

5. 図8.2は、「ヒートマップ」と呼ばれている、テスト対象アプリケーションのサイズと複雑度を示している図です。このように視覚化するとテスト実行に役立つソフトウェアの特性をサイズと複雑度以外で2つ挙げてください。また、その特性はどのようにテストに役立つのかを説明してください。

6. リリース後のテスト用インフラがハッカーによって悪用される可能性はありますか？　問題となりそうなケースを挙げてください。また、ハッキングのほかに、ユーザーがリリース後のテスト用インフラに対して抱く懸念事項として考えられるものを挙げてください。ここで挙げられた問題に対応するにはどうすればよいですか？

7. グループで話し合ってください。人手によるテストが将来不要になることはあるでしょうか？　逆に、人手によるテストが必要とされ続けるのはどのような場面でしょうか？ソフトウェア企業が多数のテスト技術者を雇用する必要がなくなるには、どのようなことが起きればいいのでしょうか？

付録 A

テスト業界で成功するための
キャリア構築

「苛立ちのない仕事なら、仕事ではない。」

— マルコム・フォーブス

A.1　テスト業界に入ったきっかけは？

　私がソフトウェア開発者からソフトウェアテスト技術者に転向したのは、テネシー大学の大学院生だった1989年のことです。この転向は自分の意志によるものではありませんでした。私の運命を変えることになった日の朝、私が開発ミーティングを欠席しすぎていることを教授[1]にとがめられました。ミーティングが設定されていた土曜日の午前は都合がつきづらい時間帯でした。生まれて初めて実家を離れて暮らしている新入大学院生にとって、この時間は難しいことを説明しました[2]。意外なことに、私に与えられた罰はプロジェクトをクビになることでありませんでした。開発グループ唯一のテスト技術者になって、開発チームと一切関わらないようにするというものでした[3]。

　この決断が、私のキャリアにとってどれほど運命的なものであったでしょうか。その後の私はテストに関する何十本もの論文、思い出せないほど大量のテストツール、5冊の本、そして数え切れないほどの幸せな時間を仕事場で生み出してきました。私にとってのソフトウェアテストはクリエイティブで、技術的にやりがいがある、充実したキャリアでした。しかし、すべての人にとって同じというわけではありません。付け加えさせてもらうと、私がテスト分野に転向したのは大学院で研究に没頭しているときでしたので、これがある程度プラ

---

[1] 大学院時代、私はソフトウェアクリーンルーム（訳注：ソフトウェアにバグを混在させないことを目指す開発手法）を用いた開発プロジェクトに携わっていました。テネシー大学のジェシー・ポーア教授の指導と、当時フロリダ工科大学に在籍していたソフトウェアクリーンルームの発明者であったハーラン・D・ミルズ教授の監督の元でプロジェクトは運営されていました。

[2] 土曜日は仕事禁止と考える女性と出会って同棲していたこともあり、土曜の午前はいろいろとややこしい問題がありました。その後、彼女と結婚して子供も生まれました。

[3] ソフトウェアクリーンルームの開発では、開発者とテスト技術者を完全に分離しなけれがなりません。

スの影響を与えています。しかしそれ以上に、ソフトウェアテストには初心者と熟練者の間に越えなければならない山があると考えています。テスト技術の山はテストについての適切な指導、情報の入手、その他一般的な指針を組み合わせることで越えられます。テスト技術者の初心者には誰でもなれます。テスト初心者からテスト熟練者になるのもそれほど難しくありません。本章では、テスト熟練者からテスト専門家になるために越えなければならないテスト技術の山について説明します。

A.2 バック・トゥ・ザ・フューチャー

ソフトウェアテストの分野は時間が止まっています。21世紀になったというのに前世紀とほとんど同じことを行っています。1972年にウィリアム・ヘッツェルによって書かれた「Programme Test Methods」[4] の内容は今日でも古びていませんし、2002年に1作目を出版した拙著「How to Break Software」シリーズは、ソフトウェアテスト技法の主要な参考書の地位を失っていません。

実際、もしテスト技術者が1970年代から現在にタイムワープしたとしても、その当時のスキルは現代のソフトウェアテストに十分通用すると思います。Web技術やさまざまな通信プロトコルを覚える必要はあるかもしれませんが、テストを行うために必要な技術はほとんどそのまま利用できるはずです。1990年代のテスト技術者がやってきたのなら、新たな技術の習得はほぼいらないでしょう。

ソフトウェア開発者に対しては同じことは言えないでしょう。前世紀の開発スキルは完全に時代遅れの代物です。しばらくコーディングから遠ざかっている人にもう一度コーディングの習得をするように頼んだとしたら、どのような反応が返ってくるか考えてみてください。

そのあたり歩いている人をテスト技術者として雇って、初日からテストを実施したとしても生産性は高い。本当にそんなことができるのかは考えてしまします。テストはそれほど簡単なことなのでしょうか？　それともテスト技術者にそれほど期待していないだけなのでしょうか？　もっと気になるのは、テストに必要な正しい能力を労働集約的なものから専門的なものにするための、確立された方法がないことです。テストは本当にそれほど難しいものなのでしょうか？

ここで出てくるのは、前述した「越えなければならないテスト技術の山」です。テストを始めるのは簡単ですが、達人への道は遠く険しいのです。

テスト技術の山へのアプローチは、テスト技術の多くは習得しやすいことを根拠にしています。たいていの人は、それなりにテストができるようになります。入力を決めるのに多少の常識を使いさえすれば、バグを発見できるでしょう。このレベルのテストなら「赤子の手をひねる」ようなもので、誰もがテスト技術を完璧に理解したと感じられます。しかし、ここから先に進もうとすると、道は険しくなり、テストの知識はさらに難解になります。テス

---

[4]　W. Hetzel , Programme Test Methods, Englewood Cliffs, NJ: Prentice-Hall, 1972.

ト技術者ならみな、テストを極めた人がいることを知っています。それを「天賦の才」と呼んで、その才能を賞賛しています。

しかし、本当に生来のものがいるのでしょうか？ テスト技術の山を越える道は、生まれつきの才能がない人でも通れるのではないでしょうか？ テスト技術は教えられるものであり、多くの専門家を育成できるのではないでしょうか？ 私はできると考えています。本章にはどうすれば本書の読者がテストの専門家になれるのかを記しています。ただしそれは、料理本のレシピのように、このとおりすれば完成するというものではありません。テストのキャリア形成は料理とは違います。しかし、キャリア形成を加速させることはできます。お察しのとおり、テストのキャリア形成は実行するより教えるほうが簡単です。

A.2.1 登山口

テストキャリアの初期は、テストの山を登るための長い上り坂に備える時期です。

私ができる最善のアドバイスは、半分ずつ考えることです。どのテストプロジェクトにも2つのタスクがあります（違うこともあります）。1つ目のタスクは、現在のテストプロジェクトを成功させるためにしなければならない作業の遂行です。2つ目のタスクは、次のテストプロジェクトを簡単にするために必要なことの学習です。

私はこれを「今日のプロジェクトのためのテストと、明日のプロジェクトのための準備」と呼んでいます。プロジェクトをこのように2つに分ければ、まず間違いなくプロジェクトを通して1つ目は改善できます。そして、優れたテスト技術者になれます。それでは、2つ目のタスクである次のプロジェクトの準備に集中しましょう。

注意すべき点は、繰り返し、テクニック、落とし穴です。

▌繰り返し

どのようなことでも、同じことを2回繰り返すことがあってはなりません。これは、すべての新人テスト技術者の頭の中に入れておいてほしい考えです。テストマシンのセットアップ、テスト環境の設定、テスト対象のアプリケーションのインストール、テストするビルドイメージの入手など、つまらない作業に時間を浪費している初心者を多くを見てきました。

これは多くの新人テスト技術者が犯す過ちです。毎日、毎日、同じ作業を繰り返していることを見落としています。そして気がつかないうちに、テスト以外の作業に何時間も費やすことになっているのです。同じ作業を繰り返していないか、日々の業務を振り返ってください。繰り返しが本来のソフトウェアテストの業務からどれだけ時間を奪っているかに注意するようにしてください。テストの山を登るためにはテスト技術者にならなければなりません。デバッグルームのマネージャーやテストマシンの管理者ではありません。

自動化は同じ作業の繰り返しに対する解答です。本章の後半で取り上げています。

▌テクニック

時として、テスト技術者は不具合を分析します。

バグの分析では、開発者が不具合をコードに入れ込んでしまった原因を調べます。また、テスト技術者がバグを見逃した原因も分析します。アプリケーションが出荷された後に顧客からバグが報告されれば、テストチームとして重要なバグを発見できなかった失策に対処しなければならなくなります。出荷後に報告されるバグの1つひとつが、テストチームの問題点、テストプロセス改善の必要性やテスト知識の不足を示しています。

一方で、成功体験を分析することも重要です。多くの新人テスト技術者は、手の届くところにある成功事例を活用できていません。バグを検出できたテストはすべて成功事例であり、テストプロセスがうまくいっている証拠です。テスト技術者は成功テストの価値を十分に理解して、成功を繰り返していくことになります。

スポーツチームはこれができています。試合の録画を見て、プレーがなぜうまくいったのか、なぜうまくいかなかったのかを分析します。私の息子のサッカーの試合を撮った写真を見たときのことをはっきりと覚えています。その中の一枚に、息子のシュートが相手キーパーの脇を抜けてゴールしたところが写っていました。息子にその写真を見せて、軸足が完璧な位置にあり、蹴り足はつま先が下がり、ボールは靴ひものスイートスポットに当たる位置にあると教えました。写真を見せて以来、息子がボールを蹴りそこねたことはほとんどありません。最初のシュートは偶然うまくいっただけかもしれませんが、それ以降のシュートテクニックは意識してできていますし、ほぼ完璧です。

さて、新人テスト技術者のレッスンに戻りましょう。私たちは皆、日の目を浴びるときが来ます。巨大な穴や重要度の高いバグを発見して、それを称賛されるのです。しかし、もう少し大局的に考えてみてください。そのバグを見つけるためにどういったテクニックを使いましたか？　同じようなバグをもっと見つけるためのレシピを作れますか？　テストのガイダンスに留意して、何回も繰り返して利用すればもっと効果的なテストはできませんか？　バグを見つけるきっかけとなったのは、ソフトウェアにどのような症状が出たときでしたか？　これ以降のテストでも、そのような症状に注意を払うことはできますか？　別の言い方をするなら、今回バグを発見できてテストが成功したことは重要ではありません。このバグが教えてくれることは、私たちをより優れたテスト技術者にしてくれるのでしょうか？

私の息子のシュートと同じように、仮に最初のバグが偶然見つかったものだとしても、残りのバグも偶然見つける必要はありません。重要なのは、成功の理由を理解することです。そして成功を繰り返すことです。テスト技術者にとっての成功の理由となるものは、テストテクニック、アドバイス、テストツールです。成功の理由がわかれば、今後のプロジェクトを効果的に行えるようになります。

落とし穴

最終的に、テスト技術者はバグを上手く発見できるようになります。しかし、テストの山を登るためには、効率的に、効果的で、高速かつ、万全の体制でバグを見つけなければなりません。言い換えるなら、バグの検出技術にバグが含まれていてはならないのです！

私はこう考えたいのです。テスト技術者は自分自身のバグを検出しなければなりません。ソフトウェアに使うものと同じバグ検出プロセスを使って、自分自身のテストプロセスやテス

ト手順のバグを見つけなければならないのです。自分のテストプロセスに問題はあるだろうか？　バグは含まれているのだろうか？　もっとテスト効率を上げるために邪魔になっているものはあるだろうか？

　よりよい方法を常に追い求めてください。自分のテスト能力を制限するもの、テストの邪魔になるもの、テストを遅らせるもの、それが何なのか考えてください。バグがソフトウェアの能力を制限するように、あなたのテスト能力を制限しているものは何ですか？　自分のテストの力で、自分のテストプロセスをスリムにしてください。そうすれば、テストの山を早く登れるようになり、テスト熟練者として下山できるはずです。

A.2.2　山頂

　テストの山の頂上はすばらしい場所です。登頂おめでとうございます。しかし、それで終わりではありません。あなたは優秀なテスト技術者になりました。今度は下山して、あなたの洞察力と専門知識で他の人たちを優れたテスト技術者にする番です。テストの山に登頂することと、（それほどテスト能力が高くないかもしれない）他の人たちの登頂を手助けすることは、まったく別のことです。

　通常は、テストの山を登頂した人たちはテストツールの達人になります。市販のテストツール、オープンソースやフリーウェアのテストツール、（個人的には一番好きな）自作のテストツールは、あなたの生産性を高め、テスト能力を強化します。しかし、ツールはテストの山を登るための手段にすぎず、多くの点で制約があります。なぜなら、ほとんどの人はツールの能力を超えるテストをしようとは考えないからです。それどころか、ツールの機能の範囲におさまるテストを実施するようになり、テストをしなければならないもっと広い範囲を見ようとしなくなります。テストの山頂で本当に身に付けなければならないのものは情報です。

　多くのツールが情報を簡単に利用できるように処理しています。そのため、テスト技術者はツールから得られる情報を過信してしまいます。しかし、情報とその使用方法こそが、テストを成功に導く鍵なのです。

　どのような情報が入手できるか、どのような影響をテストに与えるのか、最大限の影響を与えるためにはどうすればいいのか、これを理解することが情報を使いこなすことです。テスト熟練者が注意を払わなければならない情報にはいくつかの種類があります。本セクションでは、アプリケーションから得られる情報と、過去のテストから得られる情報の2つを取り上げます。

　アプリケーションからの情報とは、ソフトウェアの要求、アーキテクチャ、コード構造、ソースコード、そして、アプリケーションの実行中に行われていることを知るための実行時情報です。テストケースの作成時にこういった情報をどの程度考慮したかによって、テストを効果的に実施できるかが決まります。テスト中にあつかえる情報が多いほどテストは工学になるので、原因から結果がわかるようになります。勘に頼ってテストを行うことはなくなります。

Microsoftでは「ゲームテスト機構（Games Test Organization）」、通称GTOがXboxとPCのゲームのテストを担当しています。GTOはアプリケーションからの情報の使用についてはトップクラスです。ゲームのテストは信じられないほどツールが豊富で複雑です。テスト対象のコンテンツの多くは隠されています。（ゲーマーが隠されたアイテムなど探すことは、ゲームプレイの目的の1つだからです）。GTOのテスト技術者が本当にゲームをプレイしていたとしたら、ユーザーと同じぐらいしかゲーム内を探索できません。これを改善するために、ゲーム開発者の協力によってゲーム内に情報パネルを追加し、テスト技術者にチート情報を表示できるようにしました。テスト技術者は敵キャラクターの出現場所をあらかじめ知ることができるようになりました。他にも通常プレイでは隠されているオブジェクトを見たり操作できるようになりました。たとえば、壁の向こう側にいる敵キャラクターを透視したり、敵キャラクターにこちらが望む行動をとらせたりできます。「チートツール」（別名テストツール）によって、実質的にテスト技術者はゲーム内の神になります。テストに必要な情報を自分の好きなようにコントロールして、より速く、よりスマートにテストができるようになしました。チートツールの効果は、すべてのテスト技術者にとっての教訓です。

　テストから得られる情報とは、テスト中に自分が何をしているかを知ることです。そして、テストから学んだことを今後のテストに役立てることです。実施しているテストの内容とソフトウェアの要求に間にどのような関係があるのか理解していますか？　要求に対して十分なテストができたのはいつなのか理解していますか？　今後のテストに利用するためにコードカバレッジを測定していますか？　コード更新やバグ修正によって影響を受けるテストはどれなのか分かりますか？　テストをどこまで実施したかを理解した上で、テストを実施しながらテスト戦略を修正することは、テストプロセスが成熟した確かな証拠です。

　私が以前所属していたMicrosoftのVisual Studio開発グループでは、コード変更情報（新機能追加やバグの修正）とコードカバレッジ情報を大いに活用して、テストに反映させています。開発チームは、テスト技術者にコードカバレッジ情報とコード変更情報を公開するために多くの努力を払っています。そして、テストケースとコードカバレッジの関係と、コードを変更/修正したコンポーネントが分かるようにしました。その結果、コードの変更に伴って影響を受けるテストが分かるようになり、再テストができるようになりました。また、新しいテストケースを作成したときに、全体的なインターフェース、フィーチャ、コードカバレッジとどのように対応しているかも理解できます。テストチームがこれまでに実施したすべてのテストから得られるテストの背景情報の範囲内で、テスト技術者はより意味のあるテストを作成するように導かれています。テストの指針にはどのような情報を使っていますか？どのように情報が必要になったときすぐに使えるようにしていますか？　どのように情報をテストで利用できる形に変換していますか？　この質問の回答によって、テスト熟練者としてテストの山を下りる速度が決まります。

A.2.3 下山

　テストの山の頂上に到達する頃には、あなたはとても高い能力を持ったテスト技術者になっているでしょう。おそらく、同じテストチームに所属するテスト技術者数人分に匹敵するパフォーマンスを発揮できるようになっているはずです。ただし、どのようなテストをするとしても、個人でチーム全体よりも優れた成果を出さないでください。たとえそれがどれほど気分がいいとしても、上司がそうするよう強く催促してきたとしてもです。ひとたびテストの熟練者になれば、多くのバグを見つけたり、重要なバグを見つけたりしても賞賛の対象になりません。それよりも、テストの実務に費やす時間を減らして、テストのイノベーションに取り組むことをお勧めします。

　テストでイノベーションを起こすということは、テストチームを後ろから観察してテストチームのボトルネックを見つけ、チーム全員の業務を改善することです。テスト熟練者の仕事は、自分以外のことをもっとよくしていくことになります。Microsoftでは、この業務を担うテストアーキテクトと呼ばれる公式な役割があります。もしあなたの組織にテストアーキテクトのようなクールな肩書がなくても、イノベーションを諦めないでください。どのように呼ばれようとも関係ありません。テスト熟練者になったあとにできる最善のことは、できるだけ多くの人がテストの山を登ってテスト熟練者として下山できるようにすることです。

付録 B

ジェームズ・ウィテカー教授の「ブログ」セレクション

「できるやつはやる、できないやつは教える。」 ― ジョージ・バーナード・ショー

B.1 私にも教えてください

　私は長年教職に就いているので、アイルランド出身の劇作家でありノーベル賞受賞者でもあるジョージ・バーナード・ショーによる冒頭の言葉を高く評価しています。しかし、付け加えるなら、どれだけ実務経験を積んでも、教えなければならないときまでそのテーマを本当に知ることはないということです。工学的な取り組みには、直感でしかわからないようなニュアンスがたくさん含まれています。そのニュアンスを他人に説明するのは、思った以上に難しいことです。

　私はずっと教える方ですが、もっとも教えていたのは大学教授だった10年間です。毎日、講義をするか教材を準備するかどちらかをしていました。思索する時間も、授業中に討論釣する時間もたっぷりあり、テストという仕事全体を考えることができました。

　その中から、本章では現在でも通じるものや難解な内容のものを掲載しています。多くは他で出版していないものです、1990年代前半ではブログに最も近いものでした。ここに書かれているものの中には洞察もありますが、当時の主な読者であった大学生に読んでもらうためのユーモアもあります。

B.2　ソフトウェアテストの十戒

　Software Quality Engineering より許可を得て転載。その他のジェームズの記事は www.stickyminds.com を参照のこと。

　1996年、私はソフトウェアテストの十戒を Web サイトに掲載しました。十戒を書いたのは真夜中です。再現できないバグを再現するためにはどうすればいいのかを考えているうちに、深夜になっていました。ほとんどのテスト技術者が同意するでしょうが、バグの再現に苦しんでいるときはなかなか寝付けないものです！　朦朧とする意識の中で、「頭の中の何か」が十戒の形になりました。とてもスピリチュアルな体験でした。

　十戒をメモし、気がついたら眠っていました。あまりにもぐっすり眠ったので、次の日の仕事には遅刻してしまいました。私は寝付けない夜 ―そしてそれに伴う遅刻― を無駄にしたくないと考え、誰かに気づいてもらうために十戒を自分の Web サイトに載せることにしました。[訳注1]

　まあ、今なら間違いなく言えますが、本当に気づいてもらえていたのです。しばらく時間がかかりましたが、十戒についてのメールが届くようになりました。最初はポツポツと。それから数カ月たつと月に2、3通のペースになっていました。その数は増え続け、十戒に関係するメールが届かない週があれば驚いたくらいでした。

　メールに書かれていたのはほめ言葉でも罵倒でもありませんでした。たいていはテストの仕方についてのもので、みな好奇心に満ちていました。「十戒の1つをもっと詳しく教えてもらえませんか？」「十戒の4番目の内容について同僚2人と賭けをしたのでなんとかしてもらえませんか？」（この「なんとかする」を論争に決着を付けることではなく、「かけ金を払う」という意味だと思ったので「ノー」と答えました）。そして、一番多く尋ねられたのは、「なぜ十戒なのに9つしかないのですか？」でした。

　さて、世界中のテスト技術者と何百回もメールでやり取りした結果（中には数ヶ月にわたるものもありました）、ついに十戒の詳細を公開して、すべてを胸の内から解放することを決めました。ただし、十戒をすべて説明するためには3つのコラムが必要です。[訳注2]このコラムでは最初の2つについて説明します。2つ目のコラムでは3番目から6番目、3つ目は7番目から9番目（および10番目がない理由）について説明します。私が長年にわたって十戒を使ったテストを楽しんできたように、皆さんにも楽しんでいただければ幸いです。

　まず、私の旧ホームページに掲載していたように十戒をすべて記述します。ここではそれぞれの説明はしません。

[訳注1]　現在はリンク切れ。
[訳注2]　この記事が Web サイト「Software Quality Engineering」に掲載されたときは3つに分割されてたので、本書にもそのまま転載されています。

1. 汝、アプリに大量の入力を叩き込むべし

2. 汝、隣人のアプリを欲しがるべし

3. 汝、賢者の神託を求めよ

4. 汝、再現不可能な失敗を崇拝すべからず

5. 汝、モデルと自動化を尊ぶべし

6. 汝、開発者の罪を咎めるべからず

7. 汝、アプリの殺人を喜ぶべし（BSODを称えよ！）[訳注3]

8. 汝、安息日（リリース）を聖なるものとせよ

9. 汝、開発者のソースコードを欲しがるべし[1]

それでは、1番目と2番目についての私の解釈をお伝えします。過去に説明した内容がすべて盛り込まれていることを願うばかりです！　今まで私とメールでやり取りをしたことがある方は、このコラムの最後にぜひご意見をお寄せください。

B.2.1　1 汝、アプリに大量の入力を叩き込むべし

すべてのテスト技術者が最初に学ぶことは、重要なソフトウェアアプリケーションのほとんどすべてには無限の入力値を与えることができるということです。1つずつの入力が多くの値をとるというだけでなく、入力の組み合わせや、入力を与える順序も非常にたくさんあります。そのすべてを網羅することは不可能です。テスト技術者が次に学ぶことは、無限の入力に正面からぶつからないように、少数の正しい入力値を選ぶことが大事だということです。

もちろん、私もこのアプローチには賛成です。私の著書や、私が行う教育訓練では、正しい入力値の選び方のアドバイスを数多く説明してきました。しかし、私はテスト技術者に対して、とにかく思い切って無限に立ち向かいなさいともアドバイスしています。それはどういうことなのかと言えば、大規模なランダムテスト[訳注4]です。これは、すべてのテスト技術者が身に付けておくべきテスト技法です。それに、ほとんどのテストプロジェクトで大規模ランダムテストを実施しているはずです。

大規模ランダムテストに自動化は必須です。初めて行うときは簡単ではありませんが、プロジェクトが進むにつれてだんだんと簡単になっていき、最後には自動的に行えるようになります。大量のバグの発見はできないかもしれませんが、他のテストが正しく行われたことのチェックには最適です。ランダムテストに負けるようなテストは、何か問題があるのかもしれません。そして、ランダムテストは（少数ですが）重要度の高いバグを発見できるので、いつもテスト結果に満足しています。

大規模なランダムテストを行うもう1つの理由は、テストを行うためには、テスト対象の

［訳注3］　BSODは「Blue Screen of Death」の略で、ブルースクリーンのことです。

［1］　10ではなく9なのには理由があります。これについては後ほど詳しく説明しています。

［訳注4］　ランダム生成アルゴリズムなどをつかって生成したテストケースを用いたテスト手法です。

アプリケーションの入力について十分な知識が必要だからです。テスト技術者は、入力と入力同士の関係をしっかりと理解しなければなりません。私は大規模ランダムテストの準備段階で、まず間違いないくバグを見つけています。そしてすばらしいテストのアイデアも見つけています。

B.2.2　2 汝、隣人のアプリを欲しがるべし

この戒めは少し変態的に聞こえるかもしれませんが、「G」レイティング[訳注5]であることは保証します。ここで伝えたいことは、アプリケーションを単独でテストしないでくださいということです。そうしないと、「アプリケーションの互換性」という悪夢のようなシナリオが待っているかもしれません。具体的に言うと、互換性の欠落です。アプリケーションの互換性の欠落とは、あるアプリケーションが別のアプリケーションを壊してしまうことを指します。念のため言っておきますが、これはよくないことです。

アプリケーションの互換性に対応する方法としては、アプリケーションのキャッシュ（古いもの、新しいもの、人から借りたもの、誤作動したときのものなど、たくさんあればあるほどいいです）を保存しておき、同時にたくさんのアプリケーションを実行することです。もちろん、これはオペレーティングシステムでも同じです。ユーザーからの、特定のサービスパックがインストールされているとアプリケーションが実行されないといった報告を待つ必要はありません。それは、自らの手でテストして見つけなければならないことです。

ですから、アプリケーションやサービスパックをたくさん欲しがってください。多ければ多いほどいいのです！

B.2.3　3 汝、賢者の神託を求めよ

テストには少なくとも2つの部分があることはよく知られています。最初に入力を与えることと、その結果の確認です。入力を与えるとは、ソフトウェアがその入力で想定されることを実行できたかのテストを意味します。本当に想定されることを実行できたのかを検証する能力がなければ、テストはあまり効果的ではありません。

テスト技術者はこれを「オラクル問題」と呼んでいます。オラクルとは神のお告げの意味で、すべての答えを知っているもののたとえです。もちろん、テスト技術者が知りたい答えとは「テストを実施したときに、アプリケーションが想定したとおりに動作したか？」です。そのためには、入力や動作環境の組み合わせごとにアプリケーションがどのような動作をするかを、オラクルが理解していなければいけません。オラクルの自動化は非常に難しいのですが、取り組む価値があります。貴重なテストツールとしてだけでなく、知的探求でもあります。自分自身がオラクルであるかのようにテストの答えを考えることは、他の何よりも生産的なことでしょう。最終的にオラクルの自動化に成功するかどうかに関わらず、です。

[訳注5]　アメリカの映画のレイティングシステムで「年齢にかかわらず誰でも観覧できる」ことを表します。

B.2.4　4 汝、再現不可能な失敗を崇拝すべからず

　皆さんはこのような経験をしたことがあるのではないでしょうか？　バグを見つけたとき、たいていはよいバグなのですが、それが再現しないのです。再現しないバグがよいものであるほど、不愉快になります。一度しか見たことのないバグを再現しようとして何時間も何日も無駄にする優秀なテスト技術者を今までたくさん見てきました。

　再現困難なバグを再現しようとする努力は蛮勇ともいえるものです。しかし、適切なツールを使わない努力は時間の無駄になってしまいます。そうでなくても、テスト技術者が時間を浪費していることに気づかないままバグの再現のために時間を無駄にしていることを問題視しています。あるテスト技術者がクラッシュするバグの再現手順を思い出すために丸1日費やしましたが、結局成功しないことがありました。もっとよい方法で時間を使ってほしかったですね。私も他のテスト技術者と同じようにバグが再現しないフラストレーションを理解しています。だからといって再現しないバグにこだわっていては時間が足りなくなるばかりです。

　この戒めの教訓は2つあります。1つ目は常に注意を怠らないことです。自分がソフトウェアに行っている操作を覚えておく（あるいは記録する）ようにしてください。また、アプリケーションがどのような応答をしたかも覚えておいてください。2つ目はデバッガのようにユーザー操作とソフトウェアの状態を追跡できるツールを使うことを考えてください。デバッガを使えば推測に頼ったバグの再現を回避できます。他の優秀なテスト技術者までバグ再現の業務に駆り出されて、この戒めを破ってしまうことを防げます。

B.2.5　5 汝、モデルと自動化を尊ぶべし

　1番目の戒めはランダムテストが重要であることを、特にランダムに意味があることを強調して述べています。5番目はインテリジェンスなランダムテストについて述べます。インテリジェンスと自動化が出会うとき、それはモデルベースドテストと呼ばれます。今後の自動化技術なので、この言葉に慣れておいてください。

　オブジェクト、ブラックボックス、構造図といったソフトウェアのモデルを用いるとソフトウェアを理解しやすくなります。同様にテストモデルを用いるとテストを理解しやすくなります。テストモデルとは、アプリケーションで何をするのか（モデル）と、どうやってそれを行うのか（自動化）という2つのインテリジェンスを組み合わせたものです。優れたテストモデルを準備できれば、自動テスト中に発生したエラーに対処できるようになります。そして、単純な自動化では実施できないコードのテストが行えるようになります。たとえテストを自動化できなくても、モデリングはテストの準備運動になります。

B.2.6　6 汝、開発者の罪を咎めるべからず

ソフトウェア開発は大変な作業です。過去数十年にわたって、開発者は同じ問題を何度も解決しなければなりませんでした。それとともに、同じ誤りを何度も何度も繰り返してきました。われわれテスト技術者は、開発者の誤りを記憶して、その教訓を取り入れたテストを設計しなければなりません。

ひとりの開発者がコーディングで誤りを混入したモジュールがあるなら、他の開発者も同様のモジュールに誤りを混入する可能性があると考えなければなりません。誤って無限ループを書くことの多い開発者がいたとするなら、同じ開発者が書いたコードのすべてで無限ループがないことのテストを実施する必要があります。これが「歴史から学ぶ」ということです。開発者ごとの誤りのパターンを熟知してその誤りを根絶するために、テスト技術者は開発現場にいるのです。

B.2.7　7 汝、アプリの殺人を喜ぶべし（BSODを祝え）

私はテスト技術者を医師にたとえて話をすることがよくあります。医師は患者を慎重に扱います。「ここを触ると痛みますか？」と尋ねて、患者が「痛いです！」と答えればすぐに触るのをやめます。もしそれがテスト技術者が医師だったら、話は少し違ってくるでしょう。

テスト技術者もおなじように、「ここを触ると痛みますか？」とアプリケーションに尋ねます。しかし痛いことがわかると、テスト技術者は痛みに耐えられなくなるまで押したり突いたりして探ります。なぜでしょうか？　それはサディズムではなく仕事だからです。もし仕事でなければ罰せられます。

ご存じのとおり、バグを発見した瞬間は誇らしい気分になります。しかし、すべてのバグはさらに詳しく調査する必要があります。たとえば、画面に表示されるデータの書式が間違っているバグを見つけたとします。素晴らしい仕事です。しかし、バグをもう一段掘り下げて、書式間違いによってアプリケーション内部のデータを破損させることができますか？　もしできるなら、それは深刻なバグです。では、破損したデータをアプリケーション内部の演算に使うことができますか？　もしできるなら、単純な書式間違いのバグがデータを破損してアプリケーションをクラッシュする、最高レベルの重大度を持つバグに変わったことになります。

そしてもちろん、聖杯[訳注6]はアプリケーションをクラッシュさせるだけでなく、オペレーティングシステム全体をハングアップさせるバグでしょう。ああ、死のブルースクリーン。初めて見たときのことをついこの前のことように覚えています。私はテストを実行するたびに、次はどのようなテストをすべきかを予想しながらテストをしています。この戒めの教訓は、どのようなよいバグにもそれ以上のバグが隠れている可能性があるということです。

どこまでも深く探索して、どれだけの被害があるのかを突き止めてください。

[訳注6]　英語のスラングで「非常に手に入れることが難しいもの」の意味です。ここでは極めて重大度の高いバグの比喩として使っています。

B.2.8 8 汝、安息日 (リリース) を聖なるものとせよ

テスト技術者がリリース日について愚痴をこぼすのを何度も耳にしています。テスト技術者はたいていはリリース日を伸ばしたいと思っており、その理由が的を射ていることも少なくありません。しかし、どんな理由も関係ないこともあります。

現実的に、リリース時期を決めるものはアプリケーションの品質だけではありません。品質は重要ですが、市場の圧力、競合他社との競争、ユーザーの需要、スタッフや人員の問題など、テスト以外の多くの問題を考慮して適切なリリース時期を決めなければなりません。テスト技術者は、割り当てられた時間の中でできるかぎり多くの作業をこなすことになります。

リリース日について文句を言うべきではありません。その代わり、今リリースしたらどうなるかを伝えるべきです。それがテスト技術者の責任範囲ですし、考慮しなければならない範囲です。

B.2.9 9 汝、開発者のソースコードを欲しがるべし

私はホワイトボックステストをあまり信じていません。ホワイトボックステストは開発者が行うものだと思っています。そうすれば私たちテスト技術者はもっと重要で複雑な動作テストに集中できます。とはいえ、もしソースコードが手に入るならつべこべ言わずに受け取るべきです。ソースコードを利用できるのなら、利用したほうがいいです。

ただし、ソースコードを開発者が扱うように利用するのではなく、テスト技術者が扱うように利用してください。ソースコードについて言いたいことは多すぎるので、ここにそのすべてを記すことはとても無理です。しかし、ソースコードを読めばとてもたくさんのことを学べると思います。ソースコードから学べることリストの先頭は、エラーハンドラコードと、エラーコードの実行を示してくれるダイアログボックスです。エラーハンドラは、ユーザーインターフェースから確認したり、アクセスしたりするのが最も難しいコードです。どのようなエラーハンドラが書かれているか、そしてエラーハンドラを実行するにはどのような入力が必要かを理解することには、時間をかける価値があります。

実際、ソースコードから得られるテストの手がかりから、実施すべきテストの見通しを得ることができます。躊躇せず、ソースコードを入手して使用すべきです。

以上がソフトウェアの十戒についての解説です。ところで、十戒なの9個しかないのには理由があります。「十戒」なのだから、10個あるはずだと思い込んではいませんか。私たちは思い込んでいることが正しいと考えているので(思い込んでいるので当然です)、思い込みが正しいことをわざわざ確認する必要はない、と思い込んでいます。

ソフトウェアテスト技術者にとって思い込みは非常に悪いものです。思い込みは生産性を低下させ、開発プロジェクトを台無しにします。思い込みは、キャリアさえも台無しにする可能性があります。優秀なテスト技術者は決して思い込みはしません。実際、私たちがテスト技術者と呼ばれるのは、思い込みのテストを生業としているからです。テストして正しい

と検証されるまで、どんな思い込みも真実ではありません。

わからないことについて何かを想定するテスト技術者は、ソフトウェア開発者への転向を検討すべきです。結局のところ、テスト技術者なら開発者のこんなセリフを聞いたことがあるはずです。「ユーザーがそんなことをするはずないと思っていたのに！」想定できることは必ずテストしなければなりません。「想定外を想定せよ。」以前にテストコンサルタントからこんなアドバイスを聞いたことがあります。私はこれに賛同できません。その代わり、何も想定しないことにします。そうすれば、探し求めているものが見つかるでしょう。

B.3　エラーコードのテスト

Software Quality Engineering より許可を得て転載。その他のジェームズの記事はwww.stickyminds.com を参照のこと。

開発者が書くコードには2種類あります。1つ目は仕事を終わらせるためのコードです。ユーザー要求を満足する機能を実現するためのコードなので、これを機能コードと呼ぶことにします。2つ目は、誤った入力（あるいはその他の予期せぬ現象）のせいで機能コードがエラーになることを防ぐコードです。エラーを処理するためのコードなので、エラーコードと呼ぶことにします。多くのプログラマーにとってエラーコードは必要に迫られて書くコードです。特に楽しいものではありません。

2種類のコードを同時に書くのは問題です。なぜなら、ソフトウェア開発者の頭の中で2種類のコードのコンテキストスイッチをしなければならないからです。頭の中でのコンテキストスイッチは問題です。開発者は一方のコードについて考えるのをやめて、もう一方のコードについて考え始めなければならないからです。

仮に、ここにまじめな開発者のジョニーがいるとします。ジョニーが新しいアプリケーションを書くことを考えてみます。ジョニーは機能コードを書き始めます。場合によってはUMLなどを使って、コードに落とし込まなければならない多数のユーザーシナリオを完全に理解していきます。さすがです、ジョニー。実際にジョニーのような優秀なプログラマーは、優れた機能コードを書くために必要なさまざまな情報を調べています。書籍はすべて読んでいますし、チュートリアルも見ています。コーディングに役立つ情報の多くは公開されています。

しかし、ジョニーがエラーコードを書かなければならないことに気づいたとに何が起きるでしょう？　おそらく、ジョニーは機能コードを書いたり考えたりしている途中で、入力値の境界チェックが必要だと気付いたのでしょう。ジョニーはどうすればいいのでしょうか？1つの選択肢は、機能コードを書くのをやめてエラーコードを書くことです。ジョニーは開発者の頭からコンテキストスイッチをすることになります。エラー処理は複雑なことがあるので、エラーコードが完成するまでには時間がかかるかもしれません。

さて、ジョニーが機能コードを書く作業に戻ったとき、最後に機能コードを書いたときに何を考えていたかを思い出さなければなりません。これはエラーコードを書くためのコンテキストスイッチより大変です。ある程度以上の規模のプログラムには、数多くの設計事項や技術の詳細が必要だからです。なにが問題なのかお分かりでしょう。かわいそうなジョニーは、たった1つのエラーに対処するために2回のコンテキストスイッチをしなければならなかったのです。小さなアプリケーションの作成中にいったい何回コンテキストスイッチが発生するかを想像してみてください。

コンテキストスイッチ避けるためにエラーコードを書くのを先延ばしにする選択肢もあります。ただ、ジョニーがどこかでエラーコードを書かなければいけないことを思い出したとしても、おそらくはどのようなエラーのエラーハンドラを書こうとしていたのかを思い出すのに時間がかかるでしょう。つまり、ジョニーは機能コードにどのような問題があったのかの記憶なしにエラーコードを書かなければならなくなります。エラーコードを書くことは、どのように取り組むとしても問題があります。そのため、テスト技術者がバグを探すのにうってつけの場所なのです。それでは、テストの観点から見てみましょう。エラーコードのテストにはどのようにアプローチすればよいのでしょうか？

強制的なエラーメッセージの生成が、エラーコードを実行するための最善の方法です。ソフトウェアは不正な入力に対して適切な処理を行うか、あるいはそもそも不正な入力がソフトウェア内部に到達することを防ぐ必要があります。エラーコードを確実に確かめる唯一の方法は、大量の不正な入力をアプリケーションに与えるテストをすることです。エラーコードのテストでは、考慮しななければならない要素がたくさんあります。おそらく最も重要なことは、アプリケーションが不正な入力にどのような反応をするか理解することです。私はエラーコードを3つに区分して扱うようにしています。

- 入力フィルタを使うと、ソフトウェア内部に不正な入力が到達することを防げます。実装の例としては、グラフィカルユーザーインターフェースでの不正な入力のフィルタリングがあります。これによってインターフェースを通過するのは正しい入力のみになります。

- 入力チェックを行うと、ソフトウェアが不正な入力を使って実行しないようにできます。最も単純なケースでは、入力がシステムに与えられるごとにIF文を実行して、入力が処理される前にその入力が正しいことを確認します。つまり、IF:入力が正しい、THEN:処理を実行、ELSE:エラーメッセージ表示、です。入力チェックのテストでは、すべてのエラーメッセージの確認が目標となります。

- 例外ハンドラは最後の手段です。ソフトウェアが不正な入力を処理したために発生したエラーの後始末を行います。言い換えるなら、不正な入力をシステム取り込み、処理し、エラーが出ることを許容しているのです。例外ハンドラは、ソフトウェアでエラーが発生したときに呼び出すルーチンです。通常は、内部変数のリセット、ファイルのクローズ、ユーザーとのインターフェースの回復といったコードで構成されています。一般に、何らかのエラーメッセージも表示します。

テスト技術者は、テスト対象のソフトウェアがどのような入力を受け付けるのかを考えて、エラー入力値を絞り込む必要があります。ここで考えたいのは、大きすぎる、小さすぎる、長すぎる、短すぎる、といった値を入力することです。つまり、許容範囲外の値や、誤ったデータ型の値を入力として使ってみます。このアプローチではエラーケースの欠落を検出できます。開発者がエラーであるとはわからなかった入力データや、エラーチェックの見落としてです。エラーチェックの見落としは、ほぼ確実にソフトウェアのハングアップやクラッシュの原因になります。また、エラーメッセージの間違いにも注意が必要です。開発者が正しいエラーメッセージを理解していても、表示するエラーを間違えて実装してしまうことがあります。この場合は、一部の入力対して意味不明なメッセージを表示していまします。

最後に、もっとも役に立たないものは、情報が少ないエラーメッセージです。このようなエラーメッセージはユーザーに害を与えませんが、いい加減なものですし、ソフトウェアメーカーの信頼性に疑問を抱かせるものです。たとえば「エラー5 - 不明なデータ」といったエラーメッセージです。一部の開発者にとっては有益な情報かもしれませんが、ユーザーにとっては、何が悪いのかわからないので、フラストレーションが溜まるでしょう。GUIの入力フィールドをテストしているのか、API呼び出しの引き数をテストしているのかに関わらず、エラーメッセージのテストを行う際には入力の特性を考慮しなければなりません。考慮する特性には、以下のようなものがあります。

- **入力タイプ**：無効なタイプを入力すると、多くの場合エラーメッセージが表示されます。たとえばテスト対象の入力タイプが整数なら、実数や文字列を入力します。
- **入力の長さ**：文字（英数字）を入力する場合は、文字数が多すぎると多くの場合でエラーメッセージが表示されます。
- **境界値**：すべての数値データ型には境界値があります。境界値が特殊な処理を行うこともあります。たとえば整数のゼロは正の数と負の数の境界です。

エラーコードからはとてつもないバグが見つかるかもしれません！

B.4　真のプロフェッショナル・テスト技術者は一歩前に

Software Quality Engineeringより許可を得て転載。その他のジェームズの記事はwww.stickyminds.comを参照のこと。

ある企業ではテストの才能があふれている一方で、別の企業ではテスト技術者の不満が渦巻いているのはなぜでしょうか。テストカンファレンスでは、毎回同じような嘆きを耳にします。

B.4　真のプロフェッショナル・テスト技術者は一歩前に

- 「開発は自分たちがテスト技術者よりも優秀だと思っている。」
- 「開発はいつもコードの納品が遅れます。スケジュールが遅れれば、テスト技術者のが責められます。すべては常に私たちの責任です。」「上層部はテスト社員を二流社員のように扱います。」
- 「どうすれば価値を認められるようになるのでしょうか？」

他にもたくさん。

私は、不満を持っているテスト技術者とテストコンサルタントが交わしている会話に耳を傾けてきました。一般的に、コンサルタントは相手に共感しながら会話をしますし、状況の改善方法も提案もします。私が聞いたほとんどの解決策は2種類に分類できますされます。

1. テスト技術者、開発担当者、上層部のコミュニケーションの改善が必要です。そうすれば、テスト技術者の理解と評価につながる対話ができるようになります。

2. 問題は、テスト技術者の認定資格がないことです。認定資格があればテストが専門分野として確立して、正当な待遇が期待できるようになります。

包み隠さず言うなら、テストコンサルタントには失礼ですが1つ目の解決策はドクター・フィル[訳注7]の夫婦仲のアドバイスのようです。2つ目は労働組合の掛け声のように聞こえます。

私の意見としては、心理療法も労働組合化もテスト技術者の不遇を解決しません。技術部門では仕事の結果だけにしか価値が認められません。それはよいことです。ソフトウェア業界以外では、才能の有無は関係ない、実力は評価や昇進とは関係ない、という不満を頻繁に耳にします。テスト技術者の目標は、テスト業務に習熟して、同僚や経営陣が評価せざるを得ない状況にすることです。

そこで私はこの1年間メモを取り続けてきました。テスト技術者の不遇を理解するという使命を遂行するためです。つまり、テスト技術者が不遇な扱いを受けない組織を調べて、組織の共通項を見つけることです。調査の対象となったのは、開発者や経営陣がテスト技術者の価値を認めて、開発と同等の給与やキャリアパスが与えられている組織です。

B.4.1　私が発見したらテスト技術者の価値を認めている組織の共通項（順不同）

テストの達人

私が調査した企業には、自分のテスト能力に自信があるテスト技術者が大勢いました。実際にみな優秀ですし、自分が優秀であることを理解していますし、優秀であることを誇示しています。テスト技術者がバグの話をするときは、開発者がコードの話をするのと同じくらいのプライドを持って話しています。バグに名前を付けており、質問すればバグの検出方法、テスト技術、バグを見つける眼力、発見した問題の切り分けや方法やバグレポートの詳細まで語り出します。いい仕事ができたことのプライドは、開発者だけのものではありません。仕

［訳注7］　有名なアメリカのテレビ番組司会者、フィル・マグローの通称。

事に誇りを持つテスト技術者に対して私はこう言いたいです。「あなたの物語が続き、的外れなテストをしないように！」

第一目標は製品の品質

読者の中には、前項を読んでテスト技術者を傲慢で自己中心的だと考えた方もいるかもしれません。もしそうなら、この研究の対象になったテスト技術者が明確な目的を持ってテストを実施していたということです。それは、製品の成功に最大限の貢献をすることです。開発者は製品に組み込んだコードに必然的にプライドを持ちます。一方で、テスト技術者は製品に組み込まなかったバグに同じようにプライドを持ちます。この点で、テスト技術者は尊敬するに値します。感謝すべき存在です。そして、一般的には先進的な企業は敬意と感謝を払う準備ができています。敬意と感謝を嫌がる企業はバグを組み込むとになります。優秀なテスト技術者の仕事はいらないということなのでしょう。

企業によるテスト技術者への継続教育の取り組み

私は企業から1日限定のテストセミナー講師として招かれることがよくあります。こういった教育コースには、テスト技術者がたくさん参加して熱心に学んでいます。私は毎回、セミナーを次のようなシンプルな定理を述べることからから始めます。「ソフトウェアテストを1日ですべて学べると思っている方は、ソフトウェアテストに携わるべきではありません。」そう考えている人はセミナーから退席して欲しいと伝え、テスト業界からから離れるように強く勧めます。私はかなり厳しい言葉を使って断言します。テストを軽視してはならないと。

テストは追求するものです。始まったテストは、決して終わりません。これは人生の真実でもあります。テスト業務には終わりがありません。どれだけテストをしても、まだ未テストのコードが残っています。どれだけ多くの入力の組み合わせをテストしても、まだ適用していない入力の組み合わせは無数にあります。どれだけテストに精通していると思っていても、まだ理解できていない複雑で微妙なことがたくさんあります。

テスト技術者は本当に必要な教育を探し求め、研鑽しなければなりません。カンファレンス、集合研修、オンライン研修、書籍、あるいは運がよければ大学での教育。継続的な教育を嫌がる企業はソフトウェア開発業界から排除すべきです。そういった企業は、ソフトウェアのすべてのユーザーにとっても害悪です。テストは、極めることが難しい学問です。トレーニングが必要である以上に、トレーニングを探し求めなければならないものです。テスト技術者の教育費用を負担しない企業は、怠け者です。

テスト業務への学位取得エンジニアの採用

テストは事務職的ではありません。技術職です。適切な教育を受けたエンジニアが担当する業務です。もちろん、極端に単純化して考えるのはよくありません。芸術を専攻した人の中にも優秀なテスト技術者になる人もいます。また、専門分野に対応したアプリケーションをテストするためには、その分野の専門家が必要です（パイロットなど航空機の知識をもった人員がいない状態で、フライトシミュレータのテストを行うことを想像してみてください）。

しかし、一般的には、計算機科学（または類似した専攻）の学位が必要です。アルゴリズム、計算複雑性理論、グラフ理論、データ構造。このような予備知識は必須の技能です。テスト知識の基礎ですし、多様なテスト教育のための基礎でもあります。

もっと多くの大学がソフトウェアテストを教えるようになれば、テスト技術者の待遇はもっとよくなるでしょう。一方で、普段は開発業務をしていないテスト技術者にとっても、開発業務の理解は必要だということも忘れないでください。

B.4.2 アドバイスのまとめ

まずは電気工学、コンピュータ工学、物理学、数学など、計算機科学に関連した専攻を収めた大卒者を採用することから始めましょう。テスト技術者の学歴は、開発者の学歴と同じかそれ以上であるべきです。

継続教育の効果を主張しましょう。まず、リリース製品に混入してしまったバグは、もっと高度なテスト技術があれば発見できたはずだということを示します。そして、その高度なテスト技術のトレーニングを強く求めてください。多くのトレーニングを実施すればより高品質なソフトウェアが開発できることを、相手にも理解できるように説明してください。

社内のテスト文化を育むようにしましょう。自分が見つけたバグや市場で見つかったバグから学ぶ文化を作るのです。バグを見逃した時にすることは謝罪ではありません。学習のチャンスだと考えましょう。バグを細かく分析して、そのバグが見逃された理由をすべてのテスト技術者で共有して下さい。バグはテスト技術者が何を間違えているのかを教えてくれるので、企業の資産になります。バグを見逃した原因を積極的に修正していけば、上層部にテストの重要性を理解させることにつながります。テストの重要性とは、テストは製品開発における重要なフェーズであることと、テストは真剣に取り組めば改善できるということです。自分自身を厳しく律しなければ、上層部がテストを真剣に考えてくれることは期待できません。テスト成果の改善に力を注いでいけば、テストに敬意を払ってもらえるようになるでしょう。

最後に、ソフトウェア企業の間ではテストが正しい方向に向かいつつあることを付け加えておきます。ますます多くの企業がテストに真剣に取り組むようになり、テストの価値を認識するようになってきています。もしあなたがテスト技術者を二流社員として扱っている企業で働いているのであれば、転職を検討するべきでしょう。

あなたの運命はあなた自身が握っています。自分の能力を研鑽して、プロジェクト内の重要性を認識し、テスト技術者の努力のおかげでリリース前に取り除いたバグを祝い、自分に必要な教育を続けましょう。自分自身を律していけば、それにふさわしい敬意が払われるでしょう。末永くプロフェッショナルなテスト技術者であり続けてください！

B.5 ストライクスリー、バッターアウト

Software Quality Engineering より許可を得て転載。その他のジェームズの記事は www. stickyminds.com を参照のこと。

1970年代後半にはソフトウェアの品質問題は明らかになっていました。ソフトウェア開発は困難で、保守も難しく、要求を満たせないことも少なくありませんでした。ソフトウェア工学の歴史の初期段階でも、この問題を修正しようとする動きがありました。構造化プログラミングに始まり、研究者たちはもっとよいコード作成方法を研究していました。そこで始まったのが形式手法（フォーマルメソッド）[訳注8] です。もっと数学的な開発を行えば、よいコードができるはずだ！　そう主張されました。中には「欠陥ゼロ」という聖杯を目指す研究者さえいました。研究は続きましたが、残念ながら今も道半ばです。

形式手法の提唱者の後には、ツールベンダーが続きました。適切なツールを使えば、よいコードができるはずだ！　そう掛け声がかけられました。多くのツールがソフトウェア開発作業を大幅に簡単にしました。開発組織はツールに数十万ドルも費やしています。それもソフトウェアにはバグがあります。

この争いに最近参入してきたのは、プロセス改善論者たちです。もっと慎重に作業を行えば、よいコードができるはずだ！　そう宣言しました。今では、マネージャーも開発者と同じくらい忙しくなっています。開発者の業務にはソフトウェア開発以外にも、報告書の作成が加わりました。しかし、まだソフトウェアにはバグがあります。

この記事では、この3つの「特効薬」について説明して、それぞれのアキレス腱をはっきりさせます。ソフトウェア品質問題に対する答えは、プロジェクト管理的なものではなく、技術的なものでなければならないと言わせてください。最後に、4番目の対策を探し始めることで終わりとします。

B.5.1　形式手法（フォーマルメソッド）

形式的手法は素晴らしいアイデアです。本質的には、コンピュータプログラミングを数学の問題の解法と同じように扱う手法です。創造性、知性、同様の問題を解決した経験の組み合わせで、形式手法を実現します。しかし、形式手法には見過ごせない問題がいくつもあります。

まず第一に、ソフトウェア開発者は形式手法を使いません。これは形式手法の支持者を非常に悩ませています。しかし、現場の開発者にとっては至極あたり前のことです。開発者に形

[訳注8]　ソフトウェア仕様を数式で記述して、数学的な厳密さを用いて行うソフトウェア開発手法です。ソフトウェアの正しさを数学的に自動定理証明することまでも含みます。「formal methods」は日本語では「形式手法」という訳があてられていますが、「形式」という語が誤解を招くのでフォーマルメソッドと音訳することもあります。

式手法をどのように適用すればよいのかを、だれも示すことができていないのです。書籍や論文の事例はあまりにも単純すぎて、実際の開発現場の問題に適用できるようなものではありません。さらに、ひとたび自分の得意分野の外に出ると、形式手法は役に立たなくなります。代数学を習得した後に微積分を学んだときのことを覚えていますか？　代数の問題は簡単でした。なぜなら、それまでに代数学の問題を何百問も解いていたからです。しかし、微積分の問題には代数学の解法は使えないように思えました。すべてのルールが変わってしまったのです。これと同じことがソフトウェアにも当てはまることが分かりました。代数学と微積分学のように、まったく異なる場合もあります。ある問題でうまくいったことが、別の問題では役に立たないからといって、なぜ驚かなければならないのでしょうか？　数学の解法は適用範囲が狭いのですから、形式手法の適用範囲も同じように狭いのです

　第二に、形式手法を使用してもバグのあるコードを書けてしまいます。形式手法はアルゴリズム以外の問題には対応しません。しかし、アルゴリズムは机の上では正しく動作しても、実際のコンピュータ上では正しく動作しないことがあることは周知の事実です。現実のコンピュータにはメモリや実行時間の制限があります。他のアプリケーションや非常に複雑なオペレーティングシステムも存在します。アルゴリズムとは別のコードでこういった制約に対処しなければならなりません。実際の処理を行うアルゴリズムのコードよりも、入力処理やエラー処理用コードのほうがはるかに大きく複雑であることは珍しくありません。形式手法には、アルゴリズムの解法のないコードに対応するための正式な方法はありません。

　形式的な手法は重要ですが、信頼性の高いソフトウェアへの道筋を示すことしかしてくれません。ストライクワン。

B.5.2　ツール

　ツールはソフトウェア開発作業の苦痛を軽減してくれますが、欠陥ゼロを保証するものではありません。それどころか、バグを減らすことも保証してくれません。ツールそのものにバグあることも考えられるので、プロジェクトの不確定要素を1つ増やしさえします。検出した不具合の原因は製品とツールのどちらにあるのでしょうか？

　開発に必要不可欠で単純なテキストエディタやコンパイラから、分析や設計のための複雑なものまで、開発で用いられるツールにはさまざまなものがあります。エディタやコンパイラの開発者が、ソフトウェア品質問題を解決するびっくりするような提案をすることはほとんどありません。それをするのは市場を占有している設計ツールのベンダーです。

　いずれにしても、プロジェクトが必要としているのは、見事に描かれたE-R図と、プログラム言語に精通したプログラマーのどちらでしょうか？　あなたは10万ドルのツールを購入しますか？　それとも、開発プロジェクトで起きている問題を深く理解している人材を雇いますか？　ツールは正しく使えば大きな利益をもたらします。しかし、習得には時間がかかりますし、ツールの機能にも限界があります。加えて、ツールそのもののバグという新たな問題も出てきます。

ツールが本当に銀の弾丸[訳注9]ならソフトウェアはバグだらけにはなりません。そう思いませんか？　ストライクツー。

B.5.3　プロセス改善

ソフトウェア品質問題を制御するための最新の試みは、プロセス改善の専門家が行ってます。もちろん、ソフトウェア開発プロセスの管理と改善は、誰にとっても最善の策です。しかし、ソフトウェア開発は技術的な問題であり、プロセス改善はプロジェクト管理の問題です。プロセス改善は品質に大きな影響を与えません。優れた組織でも低品質のソフトウェアを生産することがあります。いい加減な組織でも高品質なソフトウェアを生産することがあります。

さらに言うなら、多くの技術者はプロセス改善活動を厄介ごとだと感じています。ISO認証は苦痛です。CMMI評価[訳注10]は屈辱的です。どちらも創造性を奪いますし、管理のコストが増加します。やってられませんよ。ソフトウェア業界で働くメリットの1つは、細かく管理されないことなのですから。まともな開発者がプロセス改善活動を妙案だと考えるでしょうか？

まあ、プロセス改善自体はいいのですが、品質問題にはあまり役に立ちません。以前に、形式手法が専門のコンサルティング会社による、CMMIレベル3（レベル5までの途中）の組織のトレーニングに協力したことがあります。トレーニングは、頻繁にソースコードを例にとって行っていました。しかし、例として示されたコードにはバグがありました。バグのあるコードを書いた形式手法の専門家も、そのコードを調べた成熟したプロセス専門家も、コードに致命的な欠陥があることに気づきませんでした。コードが正しいことを証明する過程でも、バグは発見されませんでした。なぜでしょうか？　形式手法の専門家は数学のことを考えていて、プロセス専門家は文書化のことを考えていたからです。誰もコードを見ていませんでいた！　幸いにも、テスト組織が気づいたのでバグは発見されました。

プロジェクト管理を改善しても、技術的な問題は解決できないのです。ストライクスリー、バッターアウト。

B.5.4　第四の提案

ソフトウェア開発に必要なのは、誰かが4番目の銀の弾丸を教えてくれることです。ただし、これは目立つ銀色ではあってはいけません。4番目の提案は、たとえば目立たない茶色のように、誰も気づかないものであることが重要だと思います。金やプラチナの弾丸のようにあまりに画期的すぎるものは、開発者は意味がわからないので敬遠してしまいます。開発

[訳注9]　銀の弾丸を打ち込めば狼男を一発で倒せることになぞらえて使われる、ソフトウェアの品質問題を魔法のように収めることができる解決策のたとえです。

[訳注10]　組織のプロジェクト管理の習熟度を定義したもの。レベルが高いほどプロジェクトを適切に管理できていることを表します。2010年のCMMI v1.3以降はレベル0～3で定義していますが、それ以前はレベル0～5で定義していました。

者が普段の設計パターンにシームレスに統合できるようなど、ごく普通のものでなければなりません。「これはシンプルだ。何が問題なんだ？」開発者がそう言うぐらい単純明快であるべきです。もちろんそれだけではなく、実際に使われるものでなければいけませんし、業界によい影響を与えるものでなければいけません。そうでなければ無意味な象牙の塔[訳注11]ですし、実際の開発現場からは見向きもされません。

ソフトウェア品質問題を解決する技術の一部はすでに存在し、優秀な開発者ならすぐに理解でき、ソフトウェア開発手法を根本的に変えるものではないことが分かりました。もし現在のあなたが優秀な開発者であれば、今後も優秀な開発者であり続けるでしょう（これは、優秀な開発者が開発プロセス重視のプロジェクトを嫌がる理由です。優秀な開発者は、自分が書類の作成を苦手にしていることを知っています）。もし現在のあなたが平凡な開発者であれば、たぶん今後は優秀な開発者になるでしょう。どちらにしても、あなたのコードは以前よりも理解しやすくなっていきますし、バグも少なくなるはずです。隔月で連載する本コラム[訳注12]では、いつの日か4番目の対策になると考えられる技術を調査していきます。その技術はありふれた茶色の弾丸です。そして、開発者とテスト技術者が、開発プロセスを調整して（変更ではありません）、品質と保守性を向上させる方法を紹介します。

バッターボックスに次のバッターが入りました。

B.6 　芸術、技術、ディシプリンとしてのソフトウェアテスト

ソフトウェアテストに関する最初の書籍[2]は、ソフトウェアテスト技術者およびソフトウェアテストのキャリアの方向性を定めました。その書籍のタイトル「The Art of Software Testing」に「Art」とあるように、ソフトウェアテストを、ソフトウェア品質に創造性をもたらす芸術家の集合体として定義しています。ソフトウェアテストと品質保証の技術者は、このような謳い文句によって低く評価されてきました。

テストは芸術ではありません。

ソフトウェアテストは、絵画、彫刻、音楽、文学、演劇、舞踊など、多くの人が芸術として考えているものとはかけ離れています。私の考えとしては、テスト技術者としてのトレーニングは芸術というよりも工学であると思います。ソフトウェアテストを芸術と比べることは受け入れられません。

確かに、ソフトウェアテスト技術者も芸術家のように創造的にならなければならない場面もあることには同意します。しかし、芸術はトレーニングのないスキルです。ほとんどの名人芸は生まれつきのものです。不運にも芸術の才能を持ち合わせていない私たちは、一生練習しても名人芸を身に付けられないでしょう。

［訳注 11］　現実離れした学問の探求のたとえ。もともとは聖書の中の言葉です。

［訳注 12］　この記事が Web サイト「Software Quality Engineering」に掲載されたときは隔月連載でした。

［2］　1979 年にグレンフォード J. マイヤーズ（Glenford J. Myers）が「The Art of Software Testing」（訳注：邦訳のタイトルは「ソフトウェア・テストの技法」）を出版する以前にも、いくつかのテスト論文集が出版されていました。ただし、ソフトウェアテストの教科書としてゼロから書かれた本はこれが初めてでした。

また、「The Craft of Software Testing」というタイトルの著作権を取得しようとした人がいたことも理解できています。マイヤーズの書籍のタイトルを認めつつも、ソフトウェアテストが芸術（Art）から工芸（Craft）へと成長したことを示すためです。これもまた、テスト技術者の仕事をひどく低く見積もって売り込むものです。なにしろ、テスト技術者が「工芸の職人」であるという考え方は、「芸術家」であることと同じくらい問題です。職人とは、大工、配管工、石工、庭師のことです。職人技とは、知識体系がないことの実例でもあります。ほとんどの職人は仕事を通じて学びます。職人技を習得するためには実際にやってみる意欲があれば十分です。職人技には手先の器用さと技能があればいいのです。つまり、大工は木を生物学の観点から理解しなくてもよく、木材を巧みに加工して美しく実用的なものに変える技能さえあればよいのです。

　ソフトウェアテスト分野を芸術や工芸とみなすのはまったくの的外れです。芸術や工芸などと呼ぶ人がいたら、誰であってもけんかを売りますよ！

　ソフトウェアテストの書籍のタイトルとして最もふさわしいのは、「Discipline of Software Testing（ソフトウェアテストのディシプリン）」だと私は考えます。ディシプリン（学問分野）という言葉は、テスト技術者の業務内容を明確に表していますし、テスト技術者のトレーニングやキャリア形成の参考となるモデルを提供してくれるでしょう。実際、ソフトウェアテスト以外の学問分野を研究すれば、芸術や工芸と似ている部分からテストを学ぶより、テストに対する理解を深めることができます。

　「ディシプリン」とは、知識や学習の分野を指します。学問の習得は練習ではなくトレーニングによって成されます。練習とトレーニングは違います。練習とは、同じことを何度も繰り返すことです。繰り返しが重要です。たとえばボールを投げる練習をするとします。「継続は力なり」とはいえ、ボールを投げる練習だけではメジャーリーグの投手にはなれません。メジャーリーグの投手になるにはトレーニングが必要です。

　トレーニングとは単なる練習以上のものです。その分野のすべてを理解することです。投手はボールを投げる際に最大限の力を発揮できるようにトレーニングします。マウンドの形を研究して、どの球種にも最大限の効果を発揮できる足の下ろし方をトレーニングします。ボールをより速く投げるために効果的な脚の筋肉の使い方をトレーニングします。打者や走者を牽制する効果的なボディランゲージを研究してトレーニングします。ジャグリングやダンス、ヨガを習うトレーニングもします。試合で最高のパフォーマンスを発揮するためにトレーニングする投手は、投球とはまったく関係のないことでも、投球が上達するためにあらゆることをします。これが映画「ベスト・キッド」で主人公が車のワックスがけをしたり、フェンスの上でバランスを取っていた理由です。空手の練習をしていたのではなく、優れた空手家になるためのトレーニングをしていたのです。

　ソフトウェアテストを芸術や工芸とみなすよりも、ディシプリンとみなした方がはるかによいたとえです。テスト技術者は、品質保証に名人芸を発揮できる生まれつきの才能を持った芸術家ではありません。また、実践を繰り返して技能を磨く職人でもありません。生まれ持っての才能や練習の繰り返しに頼るしかないのであれば、ソフトウェアテストをすべて習得することなどできないでしょう。私たちは確かに優秀になるかもしれませんが、黒帯（あ

B.6 芸術、技術、ディシプリンとしてのソフトウェアテスト

えて言うならジェダイ[訳注13]？）の域には達しないでしょう。ソフトウェアテストを完全に習得するには、ディシプリンとトレーニングが必要です。

ソフトウェアテストのトレーニング体制は、基礎の理解をうながすものでなければなりません。ここでは、具体的な３つのトレーニングの指針を提唱します。

● 第一に、優れたソフトウェアテスト技術者はソフトウェアを理解していなければなりません。ソフトウェアで何ができるのか？　ソフトウェアを実行するためにどのような外部リソースがいるのか？　ソフトウェアの主な動作は何か？　ソフトウェアは動作環境とどのようなやり取りをするのか？　この質問の解答は練習とは無関係です。しかし、すべての解答はトレーニングには関係があります。練習を何年したとしても、この質問に答えられないかもしれません。

ソフトウェアは、4種類のソフトウェアユーザーが構成する複合的な環境で動作します（ソフトウェアユーザーとは、アプリケーションの動作環境内でアプリケーションに入力を送信したりアプリケーションの出力を使用するエンティティのことです）。具体的なソフトウェアユーザーは、(1) オペレーティングシステム、(2) ファイルシステム、(3) ライブラリ/API（たとえばネットワークにはライブラリを通してアクセスします）、(4) ユーザーインターフェースを通じてやりとりを行う人間、です。注目したいのは、4種類のユーザーのうちで人間のテスト技術者の目に見えるのはユーザーインターフェースだけということです。オペレーティングシステム、ファイルシステム、ライブラリ/APIとアプリケーションのやりとりは、気づかないうちに行われています。この隠されたやりとりを理解しなければ、テスト技術者はソフトウェアの入力のうちごく一部しか考えていないということです。目に見えるユーザーインターフェースだけに注目していては、発見できるバグや実行できる動作が限定的になってしまいます。

たとえば、ハードディスクの残り容量がなくなったシナリオを考えてみましょう。どうやってこの状況をテストすればよいでしょうか？　ユーザーインターフェースからの入力だけでは、ハードドライブの残量がなくなったときの処理を行わせることは決してできません。このシナリオは、ファイルシステムのインターフェースを制御することでしかテストできません。具体的には、ファイルシステムからアプリケーションにディスク残量がないことを通知させるようにします。ユーザーインターフェースの操作でできることは、ユーザーができることのほんの一部だけです。

アプリケーションの動作環境の理解は、それほど簡単ではありません。どれだけ練習しても身につかないでしょう。アプリケーションのインターフェースを理解して、それをテストする能力を身に付けるため、ディシプリンとトレーニングが必要です。これは芸術家や職人の仕事ではありません。

● 第二に、熟練したソフトウェアテスト技術者はソフトウェアの障害[訳注14]を理解していなければなりません。開発者はどのようにして障害を作り込むのでしょうか？　コーディ

［訳注13］　映画「スター・ウォーズ」シリーズに登場する、銀河の平和と正義の守護者のことです。

［訳注14］　IEEE Std 610 の定義では、ソフトウェアの障害(Fault)とは要求または仕様を満たしていない状態を指します。いわゆるバグです。障害が発生しても悪影響が出ずに、ソフトウェアが正しく動作することもあります。

ング手法やプログラミング言語によって、発生しやすい障害はあるのでしょうか？ ソフトウェアの動作によって、発生しやすい障害はあるのでしょうか？ どのような兆候を観測すれば障害を検出できるのでしょうか？

テスト技術者が学ばなければならない障害には多くの種類があり、このフォーラムではそのすべてを説明するには限界があります。そこで、データ変数のデフォルト値を例として考えてみましょう。プログラムが使用するすべての変数は、まず変数を宣言して、その後に初期値を設定しなければなりません。このステップのいずれかを省略した場合は、テスト技術者が探すことになる不具合が発生します。変数の宣言を省略すると（暗黙的な変数宣言が可能な言語の場合は）、複数の変数に同じ値が格納される可能性があります。変数の初期化を省略すると、変数を使用するときに予期しない値になります。どちらの場合でも、最終的にソフトウェアは動作しなくなります。テスト技術者がしなければならないことは、アプリケーションに強制的に障害を発生させて、どのような障害なのかがわかるようになることです。

● 第三に、熟練したソフトウェアテスト技術者はソフトウェアの故障[訳注15]を理解していなければなりません。ソフトウェアはどのようにして故障が発生するのでしょうか？どうして故障が発生するのでしょうか？ アプリケーションが正しく動作していないことの手がかりとなる、ソフトウェアの故障の兆候はあるのでしょうか？ 一部のフィーチャにはシステムとして問題があるのでしょうか？ どのようにしてフィーチャに故障が発生するのでしょうか？

そして、学ぶべきことはまだまだあります。ディシプリンは生涯をかけて追求するものです。すべて理解したと自分をだましていては、ディシプリンの習得は遠のいてしまいます。しかし、トレーニングは知識を増やしてくれます。ですから、頂点に到達できるかどうかにかかわらず、追求そのものに価値があるのです。

B.7 ソフトウェア産業への尊敬を取り戻す

50年以上にわたるソフトウェア開発の結果、1つのはっきりした真実が分かりました。ソフトウェア業界は低品質のアプリケーションを開発しているということです。低安全性と低信頼性が常態化していました。

これは事実であり、ソフトウェア業界も否定できません。2002年に米国立標準技術研究所（NIST）が実施した調査では、ソフトウェアリリースのための主要なコストとして欠陥の除去が挙げられています（この調査は米国立標準技術研究所のサイトでご覧いただけます。[訳注16]）あるいは、新語造語に目を向けて、バグだらけのソフトウェアが生み出した言葉がいくつ辞書に収録されているかを調べることもできます。スパム、フィッシング、ファーミングなど

[訳注 15] IEEE Std 610 の定義では、ソフトウェアの故障（Failure）とは必要な機能が実行できない状態を指します。ソフトウェアが正しく動作していない状態です。バグによって異常な動作をしている状態と考えてください

[訳注 16] 現在はリンク切れ。

はその一例です。ソフトウェアの不具合からユーザーを守るために不具合に愉快な名前を付けることしかできないほど、悪質なアプリケーションが蔓延しているのでしょうか？　これは、自尊心の高いソフトウェアの専門家が誇れるような状況なのでしょうか？

1つ目の質問は「イエス」、2つ目はの質問は「ノー」です。なぜそうなのか、それに対してテスト技術者は何ができるのか。ソフトウェア業界がバグが多すぎる理由を調べることは大きな意味がある課題です。まじめな話、この課題に取り組めばユーザーを悩ませる次世代のセキュリティホールや品質問題を防ぐことができるかもしれません。

品質を重視するソフトウェア開発者の熱狂的な集団が表れることを期待して、この記事ではバグを減らすための調査を開始します。

B.7.1　善意ではあったが的外れだった過去

過去に安全で信頼性の高いコードを書くために行われた試みは、明らかに初期段階を重視していました。力が注がれたソフトウェア開発フェーズは、仕様検討、アーキテクチャ設計、開発工程です。つまりソフトウェア開発ライフサイクルの初期段階でした。「品質はテストできない」と考えられていたため、不具合の混入を防ぐことに注力すべきだというものです。

このコンセプトは直感的に好まれたので広く受け入れられました。1970年代には、構造化分析/構造化設計、クリーンルーム、OOA/OOD/OOP、アスペクト指向プログラミングなど、多くのソフトウェア構築パラダイムが初期設計を重視するコンセプトを取り入れていました。

しかし、ソフトウェアの不具合は依然として出続けました。不具合をなくそうとしてプロセスコミュニティは試行錯誤を繰り返しました。契約による設計、デザインパターン、RUP、他にもさまざまなものです。

ここに至ってソフトウェア業界は気づきました。開発初期段階を重視するプロセスは、つまり上手くいかないと言うことです。開発の早い時期で要求を定義してテスト計画を立ててもだめでした。開発は変化が速く予測が立てづらいという現実にぶつかったのです。

その回答は新たな方法論です。エクストリームプログラミング（XPという表記が好きならそちらでもかまいません）とアジャイル開発です。進歩ですか？うーん、審査はまだ終わっていませんが、私はあまり期待していません。この2つの方法論の問題点は、正しい開発方法だけしか教えてくれないことです。

もちろん、多くの産業では正しい開発の進め方を把握していることはわかっています。芸術家はピカソやレンブラント、その他多くの巨匠たちを研究しています。音楽家も研究すべき巨匠には事欠きません。ベートーベン、ヘンデル、モーツァルト、バッハなどはいい例です。建築家はピラミッド、タージ・マハル、フランク・ロイド・ライトなどを研究しています。このような専門職の歴史はとても長く、成功事例といえる先人の業績が数えきれないほどあります。先達の足跡をたどって技術を身に付けたいと人にとっての、学ぶべき参考事例です。

しかし、ソフトウェア業界はまだ若すぎるので、完璧な成功事例もインスピレーションのを与えてくれる参考事例もありません。私たちにとっては嘆くような不幸（そして大きなチ

ャンス）です。もし成功事例があるのなら、そういった「古典的」なプログラムを研究していたでしょう。そして、新しい世代のプログラマーが古典的プログラムからディシプリンを学べるようになっていたに違いありません。

B.7.2 よりよいアイデアへ

では、ソフトウェアの正しい開発手法の予備知識なしに、ソフトウェア開発方法論を構築することはできるのでしょうか？　私はできないと答えます。その証拠にソフトウェアはよくなっていません。つまり、私たちが開発しているシステムは極めて複雑になっています。現在のソフトウェア開発方法論が与えてくれるわずかな進歩を、はるかに上回るほど複雑になり続けていると言いたいです。

現在のソフトウェア開発方法論をすべて投げ捨てて下さい。妥当な規模の高品質なソフトウェアシステムを構築する方法がわからないという事実を直視してしてください。

ソフトウェアのバグやソフトウェアに感じる不満。これを表す新語造語が出てくなくなったら、ソフトウェア開発が進歩したことの表れかもしれません。しかしそれまでは、もっとよりよい計画が必要です。

失敗しか存在しないのに、どうすれば成功するのかは研究できません。そこで代わりにソフトウェア開発の失敗事例を研究して、開発プロセスに反映することを提案します。

どういうことなのか説明します。間違っていることを示すのは簡単です。製品にバグを作りこんでしまい、テストで検出できず、そのままリリースしまったこと以上に明白なものはないでしょう。しかし、過去のすべての方法論では、バグは避けなければならないものであり、隠すものとして扱われてきました。

これはよくありません。私はバグを悪いものとして扱わないことを提案します。バグを絶滅する唯一の方法はバグを受け入れることだと言いたいのです。バグはソフトウェア業界を工学分野の笑いものにしています。バグを研究する他に、バグを改善する方法はありません。バグを研究対象にすべきなのです。

B.7.3 セキュリティホールと品質問題の分析プロセス

私が提案するのは、バグを起点にして、成功を導く開発プロセスまで逆にたどっていく改善手法です。進め方を以下に示します。

ステップ1：出荷してしまったすべてのバグを集めます（特にセキュリティの脆弱性につながるものには注意してください）。集めたバグを草むらから飛び出してきた毒蛇のようなものとして扱うのではなく、会社の資産として考えます。ようするに、バグは自分たちの開発プロセスが壊れており、考え方が間違っていて、間違いを犯したことのゆるぎようのない証拠です。間違いから何も学ばないのは、恥ずべきことです。間違いを認めないこと、それこそが大きな問題です。

ステップ2：集めたバグを分析して、次の3つの満たすにはどうすればいいのかを考えます。(1) バグを書かない。(2) バグを見つけやすくする。(3) バグが発生したことがわかるようにする。

ステップ3：ソフトウェア開発者、テスト技術者、その他の技術者全員がいままでに作りこんだバグをすべて理解しようとする文化を、組織内で育みます。

ステップ4：バグから得られた教訓を文書化します。バグ文書は今まで作りこんだバグの基礎知識体系です。そして、深刻なミスを防ぐ開発プロセス方法論を考える上での基礎になります。

　バグを分析するためには、バグに質問を投げかけることになります。以下の3つの質問をスタート地点として質問を繰り返していけばいけば、自分がなぜバグを作りこんでしまったのかがわかるようになると思います。自分が出荷してしまったバグについて、自問自答しなければなりません。

　1. そもそもこのバグの原因は何ですか？

　　この質問に答えると、開発者がコードを書くときにどのようなミスをしてしまったのかがわかるようになります。すべての開発者が自分のミスや同僚のミスを理解しすれば、開発グループ内に知識体系が出来上がります。バグの知識体系は、ミスを減らし、レビューや単体テストに指針をあたえ、テスト技術者が調べなければならない範囲を小さくします。

　　結果として、テストに回ってくるソフトウェアの品質が向上します。

　2. このバグが存在していることがわかる症状は何ですか？

　　繰り返しになりますが、バグ分析では出荷済みのバグを調べます。つまり、バグが何らかの理由で見落とされたか、あるいは意図的に修正されなかったことが前提になっています。前者の場合、テスト技術者は知識体系とテストツールを作成して、正しい動作からバグの兆候となる動作を見つけられるようにします。後者の場合、チームの全員が何が重要なバグなのか、共通した認識を持てるようにします。

　　結果として、顧客に高品質のソフトウェアを出荷できるようになります。

　3. このバグを発見するためにはどのようなテスト技術を使えばよいのでしょうか？

　　テストで完全に見落としたバグも、どのようなテストならバグを発見できたのか、どのようなテストならバグの兆候がわかったのかを考えます。そして、重要なバグを発見できる有効なテストを、知識体系に追加していきます。

　　結果として、効果的なテストを行えるようになり、テスト期間も短くなります。

　ここで言いたいのは、ソフトウェアを正しく開発する方法を理解することはまず無理だということです。だから、間違った方法を理解し、間違った方法を止めさえすればいいのです。こうして出来上がった知識体系は、ソフトウェア開発で何をしなければならないかを教えてくれるものではありません。何をしてはならないかを教えてくれます。

開発プロセスの構築から始めてバグを減らしていく手法と、バグを減らすところから初めて開発プロセスを構築していく手法。おそらく、この2つの手法の中間的なところで折り合いを付けることができるでしょう。

　これこそが、ソフトウェア業界全員が誇りを持てるディシプリンの進歩です。

　バグの祭典を始めましょう！

付録 C

注釈付きジェームズ・ウィテカーのMicrosoftブログ

> 「いいことが言えないなら、何も言うな。」 —— とんすけ
> （ディズニー映画「バンビ」に登場するリスのキャラクター）が父親から言われた言葉

C.1　ブログの世界へ

　元大学教授の私としては、ブログ革命が起こったときにはあまり興奮しませんでした。私は綿密な研究成果を記述した学術論文に慣れていました。学術論文には匿名の査読、編集技術、編集の承認が必要です。そのため、ブログはプロフェッショナルではなく、勝手気ままな意見の発表会に見えました。教育を受けているかいないかに関わらず、言いたいことある人なら誰でも好きなことを発表できるのですから。

　しかし、ついにブログが私をとらえました。私はMicrosoftのいくつかのブログにゲスト投稿をすることになりました。上司が私に定期的なブログの執筆を依頼した理由ははっきりしていました。私のブログがMicrosoft製品の宣伝になるだろうと考えたのです。

　上司の計画は部分的には成功しました。私のブログはアクセス数を稼いで、Microsoftの開発者によって一定の評価を受けるようになりました（とはいえ、トップには遠く及びませんが）。しかし、私は何かを売るためにブログを書いたわけではありません。他のブロガーと同じように、自分の好きなテーマであるソフトウェア品質のことを書いただけです。開発ツールを売るためではなく、高レベルの会話をするためにブログを使いたいと考えていました。私の試みが成功したかは、自分で一人で決めるものではありません。

　ブログには多くの意見やコメントを頂きました。一部はブログに掲載しました。しかし、ほとんどはメールで送られてきたものや、廊下での会話やカンファレンスの質問などですので文章にしていません。私がブログで取り上げたテーマに追加できる意見や、私の考えが間違っているとの指摘もありました。また、ブログが私の雇用主についてあまりよくない印象

を与えているという苦情もありました（そのうちの1つは、企業の副社長からのものでした）。送られてきたコメントの本質を理解するために、本章に注釈を付けてブログを転載します。

　最後に1つ。私はMicrosoftを退職しているので、MSDN上のブログは消されると思われます。[訳注1] 本書が唯一の保管場所になるでしょう（なお、ブログの内容を分かりやすくするために追加した注釈は、太字で記載しています）。

C.2　2008年7月

　このブログを始める2年前、私はMicrosoftにコア・オペレーティング・システム部門のセキュリティ・アーキテクトとして入社しました。セキュリティは簡単なものではありません。ただ、同僚のマイケル・ハワードがセキュリティ分野を担当してくれていたため、特に心配してはいませんでした。むしろ、私のブログはどこにあるのかとよく聞かれることが悩みの種でした。今では聞かれる前に自分のブログの場所を教えるようになったのは、ずいぶんと皮肉なことです。

C.2.1　始める前に

　OK、ここから始まりです。

　長い間、私にとってブログは悩みの種でした。「JWのブログはどこにあるの？」「なぜJWはブログを書かないんだ？」他にもさまざまな声がありました。まあ、ブログはここにあります。それに、今までブログを書いてこなかった理由はもう関係ないので割愛します。その代わりにブログをお見せして、今まで待った甲斐があったと思っていただけるように最善を尽くします。

　私の文章に馴染みのある方々のために、もっと古い記事（テストの歴史、テストの十戒など）をアップデートして、今後の出版のために原稿をお見せするつもりです。もっと詳しく書くと、手動の探索的テストチュートリアル「How to Break Software」の改訂準備がようやくできたので、近々その作業に取り掛かる予定です。このブログで原稿のフィードバックを募集して、執筆の進捗状況を報告していくことにします。

　まず、現在の私の近況をお知らせします。もちろん、Microsoftでのテストについての近況です。

- 私は Visual Studio Team System - Test Edition のアーキテクトです。そのとおり。Microsoftはテストツール事業に本格的に乗り出しており、私はその中心にいます。皆さんは何を期待しますか？　私たちがリリースするものは、時代遅れのテストツールの単なる最新バージョンではありません。テスト技術者のテストを支援するツールです。手動テスト技術者向けの自動化支援、開発者とテスト技術者を密接に結び付けるバグレポ

[訳注1] 2024年10月の時点では、アーカイブされて残っています。（"https://learn.microsoft.com/en-us/archive/blogs/james_whittaker/"）

ート、そしてテスト技術者がソフトウェア開発プロセスの中心的となるツールです。開発者とテスト技術者を遠ざけるのではなく、両者を結び付けるバグ報告、そしてテスト技術者がソフトウェア開発プロセスにおいてより中心的な役割を果たせるようなツールを提供します。待ちきれません！

- 私はMicrosoftの品質とテスト専門家コミュニティの議長を務めています。これは経験豊富なテスト技術者と品質リーダーが参加する社内コミュニティです。コミュニティが発足したのは、記録的な参加者数になったこの春のイベントです。（Microsoftのテクニカルネットワークコミュニティの中で最多でした）。このイベントでは、Microsoftの中でも古参のテスト技術者が社内のテストの歴史を振り返り、その後に私がテスト分野の今後についての予測を述べました。活発な議論が交わされ、社内にテストへの情熱があることがはっきりとしました。今期のコミュニティのミーティングでは、Microsoftリサーチ[訳注2]が提出したテスト関連の作業を深く掘り下げていきます。MicrosoftリサーチはVirtual Earth[訳注3]やWorldwide Telescope[訳注4]の開発のほかに、テストツールも開発しています！　リリースが待ちきれません！

- 私は自分の部署（DevDiv）の代表として、「品質探求」と呼ばれるWindowsとの共同プロジェクトに参加しています。その名のとおり、品質を探求するプロジェクトです。具体的には、次世代のプラットフォームとサービスの信頼性を保証するためには何をすべきかを考えています。ユーザーが高品質を当たり前のことだと感じるようにするのが目的です。まるで青い薬[訳注5]を飲んだみたいでしょう？　まあ、私たちがMicrosoftのソフトウェアが完璧であるかのように振る舞っている姿を見かけることはないでしょう。私の話を聞いたことがある人なら、私がアプリケーションを平気で壊しているところを見たことがあると思います。（Microsoftに入社する前も後もです）。なぜMicrosoftのシステムに不具合がでるのか、状況を改善するためにはどのようなプロセスやテクノロジーが使えるのか、これを突き止めるために品質探求ではあらゆる手段を講じるつもりです。

いよいよブログの始まりです。私の戦略や戦術に賛成する方、反対する方、さまざまな人たちと、私のテストへの熱意を共有できれば幸いです。もしかしたら、もしかしたらですが、多くの人がこのブログに参加してくれて、ソフトウェアがまともに動作して欲しいと考える人たちの声が集まるかもしれません。

C.2.2　パブでのソフトウェアテストの探求（PEST）

『How to Break Software』の第6章を読んだことのある人なら、私がパブでテストを行うのが好きだということを知っているでしょう。私が学生向けに考案したトレーニングやチャレンジイベントには、本当にパブで行ったものがたくさんあります。パブの雰囲気は人々の間

[訳注2]　計算機科学の研究を行っているMicrosoftの関連機関。
[訳注3]　Microsoftの地図情報サービス。2009年にBing Mapsと名前が変わりました。
[訳注4]　Microsoftの仮想望遠鏡のオープンソースプロジェクト。
[訳注5]　青い薬(blue pill)とは、「現実を見ていない」という意味の英語のスラングです。映画「マトリックス」登場する青い薬に由来します。

の壁や気遣いを取り払い、集中してテストの話ができるようにしてくれます。オフィスのように邪魔が入って話が止まることはなく、パブは他では味わえない禅の境地を感じる場所です。多分、似たような雰囲気の場所は他にもあるのでしょうが、パブ以外で使った場所はありません。実際、唯一の例外はサッカーグラウンドですが、その記事は後回しにすることにします。（興味があればお知らせください）。

すばらしいことに、イギリスにはパブでのソフトウェアテストの探求を定期的に行っているグループがあります。「パブでのソフトウェアテストの探求（Pub Exploration of Software Testing）」略してPESTは、間違いなく、先見性がある集まりです（私にとってはそれ以外に考えられないと思いませんか？）。そのイギリスを拠点とするテスト技術者たちは、毎月（ぐらいの頻度で）パブに集まり、テストの話しをして、探索的テストの知識と理解を交換しています（少なくとも翌日の二日酔いが治まった後には）テスト、技術、自動化、その他多くのテーマの明快な考えがPESTの成果として得られます。

去る7月17日、イギリス西部ブリストル郊外のパブで彼らと合流する機会に恵まれました。どうやら私の仕事に敬意を払って、今回のPESTのテーマはバグの発見になったようです。グループはテスト対象が置いてある4つのテーブルを用意していました。（1）PESTWebサイト（まだ開発途中でした）を表示するコンピュータ。（2）自動販売機（市販されているものです）。（3）子供向けのテレビゲーム（市販されているものです）。（4）あらかじめバグを仕込んでおいたアプリケーションを実行するマシン。会場で参加費40ユーロを支払うと、10種類のビールマットのうち1枚が渡されて、同じマットを持った人同士で探索的テストセッションのチームを組むことになりました。私は1つのステーションで審査を手伝って、バグを1つ発見するごとにホテルのフロントにあるような呼び鈴を鳴らしました。他のステーションでも同じことを行っていました。各チームは4つの製品それぞれのテストを、同じ制限時間で順番に行っていきました。夜が明けるころには、最多バグ発見チーム、重大バグ発見チーム、最優秀テストケース作成チームを選んで賞品を送りました。

唯一の問題は、PESTでの自分の役割があまりにも楽しすぎて、メモを取り忘れたため公式のスコアシートがないことです。参加された方、結果をご連絡いただけませんか？　それ以上に、あの夜のことで忘れられないのはLabscape[訳注6]のスティーブ・グリーンが発した名言です。「大勢で一緒にテストをするのは、実際のところ、かなり奇妙だ。」

スティーブ、その意見が受け入れられたかどうかをはっきりさせてください。スティーブは面接なしで雇いたいほどの探索的テストの達人でした。テストフォースを操る孤高のジェダイ[訳注7]として…ペアテスト（PESTではチームテスト）vs.単独テストについてのご意見をお聞かせください！

PESTは素晴らしい集まりです。でも、解散した後に家まで送ってもらえたのは助かりました。

[訳注6]　イギリスのソフトウェアテスト請負企業。

[訳注7]　フォースとは映画「スターウォーズ」シリーズに登場する銀河を司るエネルギーです。同じく作中に登場する銀河の平和と正義の守護者であるジェダイはフォースを自在に操ることができます。

C.2.3 テスト技術者の評価

　この記事は私が書いた中でも特に閲覧数とコメントが多かったものです。社内外の多くのテスト技術者から共感を得ました。コメントのほとんどは肯定的でしたが、「どのような形であっても、自分が評価されること」を多くのテスト技術者は嫌がっていました。しかし、パフォーマンス評価は必要です！　申し訳ありませんが、ビジネスの世界では人を評価することを避けては通れないのです。どうすれば有意義な評価ができるかを話し合うことが、なぜだめなのでしょうか？　また根本的な話として、テスト技術者のバグ発見能力は、バグの数を減らすために使われなければ何の意味も持ちません。どちらにしても、この記事の真意は、評価についてではなく改善することについて書いたということです。

　ええ、分かっています。怖いテーマですね。しかし、今は帝国[訳注8]の人事評価の時期なので。評価はテスト技術者とマネージャーの両方にとって最重要課題です。そのため、評価についてはよく質問されます。私はテストマネージャーにはいつも同じアドバイスをしていますが、いつもたいへんな不安を感じながら行っています。しかし、よい仲間たちのおかげで、急に自信が持てるようになりました。

　どのようなアドバイスをしているのかを話す前に、なぜ自信を持てるようになったのかをお話ししましょう。今日、ISSTA（国際ソフトウェアテストおよび解析シンポジウム）で行われる基調講演でジム・ラルースが使用するスライドを見ていたときに、ある引用文を見つけました。この引用文は、MicrosoftのマネージャーにSDET（ソフトウェア開発エンジニア）の評価方法を聞かれたときに、私が返したアドバイスとまったく同じです。さらに引用元を書いたのはトニー・ホーアです。トニーは私のヒーローです。また、私の恩師であるハーラン・ミルズの友人です。（さらに、ナイトであり、チューリング賞受賞者であり、京都賞受賞者でもあります）。もしトニーが私と反対のことを言っていたら、私はこれまでアドバイスしてきた多くのテストマネージャーに謝罪しなければならなかったでしょう。トニーと意見が合わないときは、いつも私が間違ってます。

　私がしていたアドバイスはこうです。バグ数、バグの深刻度、テストケース、自動化スクリプトのコード量、やり直しになったテストスイート数、その他の具体的な数値を数えないようにしてください。偶然や幸運が重ならないかぎり、具体的な数値からは正しい答えは得られません。バグ発見数のリーダーボードは捨てて下さい（少なくとも、ボーナス査定には使わないでください）。また、グループ内のテスト技術者に互いの評価をさせないでください。皆、利害関係があるのです。

　代わりに、テスト技術者がチーム内の開発者にどれだけの利益を与えたかを評価してください。これがテスト技術者の本当の仕事です。テスト技術者はソフトウェアの品質を保証するのではなく、開発者が高品質のソフトウェアを作成できるようにしています。バグを見つけることではありません。バグを見つけても一時的な改善にしかなりません。優秀なテスト技

[訳注8]　このブログではMicrosoftのことを「帝国（empire）」と呼んでいます。

術者の正しい評価基準は、バグを発見し、バグを徹底的に分析し、バグを巧みに報告し、開発者がスキルと知識のギャップを理解できている開発チームを作り上げることができたかです。この結果によって開発者の業務は改善し、バグの数は減って、単純なバグの発見をはるかに上回る方法で生産性が向上するでしょう。

　これが重要なポイントです。ソフトウェアを作成するのはソフトウェア開発者です。テスト技術者がバグを見つけて取り除くだけでは、本当に持続的な価値は生み出されません。真剣に仕事に取り組めば、間違いなく本当の持続的な改善を生み出すことができるでしょう。

　開発者が不具合とその原因を理解する手助けができれば、将来的に見つかるバグが減るはずです。テスト技術者は品質のエキスパートです。品質を低下させる人たちに、何が間違っているのか、どこを改善すればいいのかを教えることが仕事です。

　以下にトニーの言葉を示します。

> 「テストの本当の価値は、コードのバグを検出することではなく、コードを設計・作成する人たちの手法、集中力、スキルの不十分な点を検出することです」。
>
> —— トニー・ホーア　1996年

　この言葉の「テスト」という語を「テスト技術者」に置き換えると、自分のキャリアのためのレシピが完成します。テスト技術者の評価については、今後の投稿でもっと詳しく取り上げていきます。上記のリンクから、ジム・ラルースの意見[訳注9] や、Microsoft リサーチのテスト技術を紹介するガイドツアー[訳注10] にアクセスできます。その中には、トニーの意見とかなり違うものもあれば、似ているものもあります。

　ところで、私がMicrosoftを表すのに「帝国」という言葉を使ったことに注意してください。これについては、数件の厳しい意見を頂きました。面白いことに、Microsoft内部からの苦情はありませんでした。ひょっとして、Microsoftの社員は「帝国」という言葉を褒め言葉として受け取っているのでしょうか？

C.2.4　予防 vs 治療（その1）

　次の5つのブログは、イギリスの南西部エクセターにあるスチュワート・ノークス[訳注11] のTCL社[訳注12] のオフィスで、2日間かけて書きました。ビザの問題でインド行きの定期便に乗ることができなかったため、温暖なエクセターに足止めされていた時です。この間、スチュワートとエールを飲みながらとどまることなくテストの話を続けました。この「予防と治療」シリーズは、「テストの未来」シリーズに引けを取らないほど読者に好評でした。多くの

［訳注9］　転載元のブログには冒頭の ISSTA のスライドへのリンクが張られていましたが、現在はリンク切れです。
［訳注10］　転載元のブログには Microsoft リサーチへのリンクが張られていましたが、現在はリンク切れです。
［訳注11］　TCL グループ会長兼共同創設者。
［訳注12］　イギリスのソフトウェアテストコンサルティング企業。

読者から面白かったとコメント頂きました。これはすべて、スチュワートとおいしいイングリッシュエールのおかげです。

　ソフトウェア開発者が行う開発者テスト。私はこれを「予防」と呼んでいます。開発者がバグをたくさん見つけるほど、テスト技術者が見つけなければならないバグが少なくなるからです。開発者テストは、私が「検出」と呼ぶテスト技術者が行うテストとよく比較されます。検出は、治療に似ています。患者はすでに病気なので、ユーザーくしゃみをする前に診断と治療をしなければなりません。ユーザーは、アプリくしゃみで鼻水をかけられると不機嫌になるので、可能なかぎりそうはならないようにします。

　開発者テストには、仕様書の修正、コードレビューの実施、静的解析ツールの使用、ユニットテストの作成（もちろん実行も）、コンパイルなどがあります。以下の理由から、開発者テストは検出よりも間違いなく優れています。

1. 百の治療より一の予防という諺があります。エコシステムからバグを1つ取り除くごとに、テストコストは減少します。それに、○○○○なテスト技術者は、○○○○なテスト費用をぼったくりやがるのですから（編集者注：伏字を使わなくても読者は皮肉に気づくと思います。もう少しトーンダウンしてください）。（筆者から編集者への注：私はテスト技術者ですし、ある程度までしか皮肉を自制できません。もう限界は超えています）。

2. 開発者の方がバグに近い場所にいるので、開発ライフサイクルの早期にバグを発見できます。バグが存在する時間が短いほど、バグを除去するコストは小さくなります。テスト技術者がゲームに参加するのは開発の後半です。これがテスト技術者によるテストが高コストになるもう1つの理由です。

　テスト技術者のテストは主に2つの活動からなっています。自動テストと手動テストです。この2つは、今後の投稿で比較したいと思います。今は、予防と治療についてお話します。ソフトウェアが病気になるのを予防するほうがいいのか、それとも病気の対処と治療に集中したほうがいいのでしょうか？

　繰り返しになりますが、答えははっきりしています。テスト技術者をクビにしてください。テスト技術者は病気が蔓延してから遅れてやってくるので治療に費用がかかります。そもそも、何を考えてこのような人たちを雇っているのでしょうか？

　次回へつづく。

C.2.5　ユーザーという呼び方

リー・コープランド[訳注13] はこの記事を嫌っています。でも、記事に追加したジョンについての考察はおもしろいと思います。ラリー・ザ・ケーブル・ガイ[訳注14] の不朽の言葉を借りるなら、「おもしろければ、それでいい」。

ソフトウェア開発者と裏社会の売人は、どちらも顧客をユーザーと呼んでいると最初に言ったのは誰だったか覚えている方はいませんか？　私はこれをブライアン・マリック[訳注15] の言葉から拝借していますが、ブライアンは自分が最初ではないと言っています。

いずれにせよ、おもしろいものの見方です。自分たちの給料や住宅ローンの支払いをしてくれる対象に対しては、いろいろと優しい呼び方をしてます。私の好きな呼び方は「クライアント」です。プロフェッショナルでミステリアスな響きがあります。しかし、多分ソフトウェア業界は裏社会の売人の仲間なのでしょう。ユーザーをソフトウェアの依存症にして、バグが気にならないほど夢中にさせ、次の修正を欲しがるようにしています（あー、新バージョンか、ラッシュホール[訳注16] をふさぐのを忘れるなよ！）

「ユーザー」で済んでまだよかったと思います。もし顧客をジョン[訳注17] と呼び出したら、私はソフトウェア業界から去るでしょう。そこは一線を引くべきです。

C.2.6　手動テスト技術者への賛歌

この記事が、私が手動テストに夢中になるきっかけとなりました。私はMicrosoft社内で大声で訴えていました。Vistaが失敗したのは、テストが自動化されすぎたためだ、と。優秀な手動テスト技術者が数人いれば、状況はかなり改善されたことでしょう。手動テスト技術者が提供する「人間の頭脳」は、自動テストにはないものです。人間は自動テストより速くテストはできませんが、自動テストより賢明なテストはできます。本書を最後まで読んだのにもかかわらず、私が手動テストにどれだけの情熱をもっているかを理解できていないのなら、本書を本当に読んだとは言えません。

私のプレゼンを見たことがある人なら、私がバグのデモが好きなことをしていると思います。失敗から多くのことが学べると、私は長年主張してきました。過去のバグを研究は、新しいバグの防止と検出を知るためには最高の方法です。しかし、今回の投稿ではこの点を強調することはしません。代わりに、私たちのバグの取り扱いに方についての議論をしたいと

［訳注13］　Lee Copeland。著名なソフトウェアテストコンサルタント。邦訳された著書に『はじめて学ぶソフトウェアのテスト技法』があります。
［訳注14］　アメリカのコメディアン、俳優。
［訳注15］　Brian Marick。プログラマー、テストコンサルタント。邦訳された著書に『Ruby スクリプティングテクニック ―テスト駆動による日常業務処理術』があります。
［訳注16］　rush-hole パイプの穴。
［訳注17］　john（英語のスラング）。

思います。そして最後に、ほとんどの人が好まないと思われる結論を述べます。それは、手動テストのバグ検出力は自動テストより優れているというものです。しかし、結論を急ぐのはやめましょう。なぜなら、この結論には複数のただし書きがついてくるからからです。

バグは努力につきものの副産物です。人はみなは間違いを犯します。ソフトウェアでなくても、人間が作り出した製品はみな不完全です。ですから、誰もがいろいろな意味でバグに悩まされています。だからといってバグの**予防**技術は役に立たないというわけではありません。ソフトウェア開発者はソフトウェアのエコシステムに不純物が入り込まないようにできることがありますし、しなければなりません。それでもバグを作りこんでしまったら、次にとれる手段は**検出**と除去です。検出が予防に劣るのは分かりきっています。（百の治療より一の予防です）。それでも人間はバグに立ち向かわなければならないので、可能なかぎり多くのバグを可能なかぎり速く出すべきです。

開発者には最初の検出のチャンスがあります。なぜなら、開発者はバグが誕生するその瞬間に、誕生の現場にいるからです（同じことがアーキテクトやデザイナーにも言えるので、ここでは読者の望むように読み替えてください。結果は同じです）。一般的なバグ検出の方法としては、まず手作業でコードを**検査**して、次に自動**静的解析**を行います。開発者はコードを書いて、レビューして、修正すると同時に、大量のバグを発見して取り除いていることは間違いありません。また、コンパイル、リンク、デバッグでもバグを検出することがあります。

先に挙げたような開発者の日常業務で発見・修正したバグの数、種類、重要度についてはよくわかっていません。しかし個人的な意見としては、このバグは、さながら森の中でも一番低いところにあって簡単にもぎ取れる木の実です。コードの検査だけで見つかるバグだからです。システムコンテキスト[訳注18]、環境コンテキスト、使用履歴などが影響して発生する特に複雑なバグはほとんどが検出できません。要するに、開発者は複雑バグをほとんどを見つけられないのです。

かなりのバグが開発者デバッグの網の目からこぼれ落ちるので、バグ検出の第2ラウンドが必要です。第2ラウンドは、また開発者が主役です（たいていはテスト技術者が手を貸します）。**単体テスト**、**ビルド検証テスト**[訳注19]、スモークテスト[訳注20]です。ここで重要なのは、ソフトウェアを実行するテストだということです。実行のコンテキストが影響するテストなので、全く新しい種類のバグを検出できる可能性があります。

長年にわたって単体テスト活動を実施、観察、研究してきましたが、私にとっては気乗りしないものです。単体テストが大得意だという人はいるのでしょうか？ クリエイターである開発者は、単体テストにあまり熱心に取り組んでいません。テスト技術者は単体テストは自分たちの仕事ではないと考えることが多いようです。単体テストを主導する人がはっきりしないので、最初に思い浮かんだシナリオでコードが実行できれば、チェックインしてビルドされるのが実情です。繰り返しになりますが、第2ラウンドのテストで発見されたバグの

[訳注18] コンテキストとは前後関係、内部状態で変化するものを指す用語です。ここでは、動作環境や使用方法によって発生することもあればしないこともあるバグの説明に使っています。

[訳注19] ビルドごとに自動的に実施されるテストです。自動で行える機能確認や異常終了しないことなどをテストします。

[訳注20] もともとは電子回路に電源を投入して煙がでない程度のことを確認するテストです。これから転じて、ソフトウェアを実行して異常終了しない程度のことを確認するテストを指します。ビルド検証テストの一部として実施することもあります。

重要度も、まじめに研究していないのでよくわかっていません。ただ、非常に多くのバグが第2ラウンドからこぼれ落ちている事実から考えるに、単体テストはあまり上手く機能していません。私見ですが、単体テストにはあまり時間をかけていないので、ソフトウェアの状態を網羅できておらず、現実的なユーザーシナリオも実行できていないのだと思います。単体テストにはあまり期待できません。

第3ラウンドはテスト技術者の出番です。私が現在働いているMicrosoftや、過去にコンサルタントをしていた数十社では、自動テストがテストの頂点に君臨しています。数年間、Microsoftの天才的なSDET（ソフトウェア開発エンジニア）が自動化プラットフォームを開発しました。そして自動化プラットフォームで大量のバグを発見した功績で大出世しました。この結果として自動化がキャリアアップの方法であるという噂が広まったのでしょうか。残念なことです。Microsoftの優秀な自動化担当者には敬意を表します。ですが、自動テストの偉業にもかかわらず、バグ（ここでは市場のユーザーが発見することになってしまった重大なバグのことです）がこぼれ落ちているという現実を見なければいけません。バグとは、私の定義では自動テストでは発見できないし、発見されないものです。

自動テストは、前述したコンテキスト（環境、状態の変化など）の問題に悩まされています。本当のアキレス腱といえるものは、ほとんどの不具合をそもそも検出できないことです。クラッシュが発生したり、例外が投げられたり、アサートがトリガーされたりしないかぎり、自動テストはテスト中に発生した不具合を認識できないのです。確かに自動テストは重要ですし、発見しなければならない多くのバグを発見してくれます。しかし、1日に1万件のテストケースを実施しても、どのテストで不具合が発生したのかがわからないのなら、それほどよいテストではないと考えたほうがいいです。

ユーザーのデスクトップまで残ってしまうバグをできるだけ多く検出するには、次に述べることが唯一の方法です。ユーザー環境に近い環境を作り、ソフトウェアをさまざまなデータと状態で実行して、ソフトウェアに発生した異常を見つけることです。自動テストもその役目を担います。しかし、2008年においては手動テストが最大の武器です。率直に言って、近い将来に手動テストの優位性が失われるとは思いません。もし私の考えが正しく、ユーザーの最大のリスクになるバグを発見できる可能性が最も高いテストが手動テストだとしたら？手動テストについて考える時間をもっと増やして、手動テストを完成させるために尽力するべきでしょう。

ご意見をお聞かせください。読者の皆さんは、手動テストの今後についてどう思いますか？

C.2.7 予防 vs 治療（その2）

この記事を投稿した後に、インテルのテストマネージャーからこのようなコメントを頂きました。「チームがほとんど自動化テストだけに集中して、1,500個の自動化テストを自慢していました。しかし、自動テストが完了したアプリケーションは、操作しようとして指がキーボードに触れた瞬間にクラッシュしました。顧客の環境で発生するバグを見つけたいのなら、手動テストが有効です。」

私はこの人が好きです。

OK、テスト技術者を再雇用してください。

もしかしたらお気づきかもしれませんが、バグの予防はあまりうまくいっていません。ソフトウェアの不具合が横行しています。この流れを逆転させるために開発資源をどこに投入すればいいかを話す前に、なぜ予防が上手くいかないのかについてお話します。

問題点はいくつもあると思います。その中でも特に、要求や仕様を書くことがほとんどないことと、書いたとしても開発フェーズがコーディングやデバッグに移っていくと時代遅れになってしまうことがあげられます。私たちはVisual Studio Team Systemでドキュメントの問題に取り組んでいますが、先を急ぐのはやめましょう。今、目の前にある問題は、なぜ予防が失敗するのかです。これについては、私にも一言いわせてください。

「開発者が最悪のテスト技術者になる」問題：開発者が自分のコードのバグを見つけられるという考え方には疑問符が付きます。もし開発者がバグを見つけるのが得意だというなら、そもそもバグを書かないようにするべきだったのではないでしょうか？　このため、高品質のソフトウェアを求める組織のほとんどはテストを行うために第二の眼を準備します。不具合を発見するためには、新鮮な視点に頼ることが最も有効です。それはつまり、「どうすればアプリケーションを壊せるか」というテスト技術者の姿勢に代わるものはなく、「どうすればアプリケーションを構築できるか」という開発者の姿勢に代わるものもないということです。

「静止状態のソフトウェア」問題：コードレビューや静的解析のようにソフトウェアを実行しなくても実施できる技術は、必然的に静止状態のソフトウェアを解析することになります。一般的に言えば、ソースコード、オブジェクトコード、コンパイル済みバイナリファイルの内容を分析する技術です。残念ながら、多くのバグはソフトウェアの運用環境で動作するまで表面化しません。ソフトウェアを実行して実際の値を入力をしないかぎり、多くのバグは隠れたままです。

「データがない」問題：膨大なコードパスを網羅するためには、ソフトウェアに入力とデータを与えなければなりません。どのパスが実際に実行されるかは、与えられる入力、ソフトウェアの内部状態（内部データ構造や変数に格納されている値）、データベースやデータファイルなど外部の要因に依存します。多くの場合で、時間の経過に伴うデータの蓄積がソフトウェア不具合の原因になります。この単純な事実が、期間が短いことが多い開発者テストでカバーできる範囲を狭くしています。データ蓄積が原因のエラーを発見するには、開発者テストの期間は短すぎます。

開発者がバグを含まないコードを書くことができるツールや技術がいつの日か登場するかもしれません。確かに、バッファオーバーフローのような一部のバグは開発者の技術によって絶滅寸前まで追い込むことができますし、実際にそのようになってきました。この状況が続けば多くのテストは必要なくなるでしょう。しかし、その夢を実現するにはまだ何十年もかかりそうです。それまでは、実際の使用状況に近い環境でソフトウェアを実行し、実際の

ユーザーデータとおなじぐらい大量のデータを使用する、第二の眼が必要なのです。

　誰がこの第二の眼をもたらしてくれるのでしょうか？　ソフトウェアテスト技術者は第二の眼になりえます。テスト技術者は技術を駆使してバグを検出し、巧みなレポートでバグの修正を促します。テスト工程で管理可能な範囲の、さまざまな実行環境、実データ、多様な入力でソフトウェアを実行して動的解析を実施します。

　「予防 vs 治療（その3）」では、テスト技術者によるテストを取り上げています。自動テストでテストを実施すればいいのか、あるいは手動テストを実施すべきなのかについてお話します。

C.2.8　ヨーロッパ万歳！

　私はよくヨーロッパびいきだと非難されますが、事実だと認めざるをえません。私はヨーロッパの文化や歴史を敬愛していますし、ヨーロッパの人たちに好感を持っています（ヨーロッパの人たちが私に対して同じように好感をもっているわけではないかもしれませんが……保守的なヨーロッパの人たちから、私の話し方が少し前衛的すぎると言われたことが何度もあります……もちろん嫌われてはいないと信じていましたが、講演などには招かれ続けています）。テストの点から見ると、アメリカやアジアの方々には申し訳ありませんが、ヨーロッパのテストは他の地域が到達していないレベルの信頼性を達成しています。

　私は先週、イギリス英国を拠点とする大勢のテスト技術者の前でのスピーチという大変光栄な機会をえました。トランジション・コンサルティング（TCL）が主催したこのイベントでは、テストサービスを利用しているイギリス企業の中でも、トップクラスの集まりでした。参加企業一覧はここ[訳注21] に掲載されていますが、スチュワート・ノークスは最近積極的にブログを発信しているので、少し下までスクロールする必要があります。

　アメリカ人読者の方にはお気に召さないコメントを書かせてください。ヨーロッパのテスト技術者は、テストという学問を深く理解してと思われます。皆さん、私の著作やバイザー[訳注22]、カネル[訳注23]、バック[訳注24] といった人たちの著作もよく知っているようでした。90年代初頭のカネルとバイザーの学説論争もご存じでした。ソフトウェア業界主催のカンファレンス、テストの学術会議、出版物などの知識には驚かされました。テスト学とテストの歴史を追及するための熱意は、アメリカで目にするものより強いように思われます。皆さん、本当によく学ばれています！

　ヨーロッパではテスト技術者の認定資格の人気があります。テスト技術の認定資格を広め

[訳注 21]　転載元のブログにはイベントの公式サイトのリンクが張られていました。（"https://testingexperience.blogspot.com/search/label/The future of software testing"）

[訳注 22]　ボーリス・バイザー（Boris Beizer）。アメリカのソフトウェアエンジニア。邦訳された著作に『ソフトウェアテスト技法』、『実践的プログラムテスト入門』があります。

[訳注 24]　ジェム・カネル（Cem Kaner）。フロリダ工科大学のソフトウェア エンジニアリング教授。邦訳された著作に『ソフトウェアテスト 293 の鉄則』、『基本から学ぶソフトウェアテスト』（James Bach との共著）があります。

[訳注 24]　ジェームズ・バック（James Bach）。ソフトウェアテストの専門家。邦訳された著作に『基本から学ぶソフトウェアテスト』（Cem Kaner との共著）があります。

たい人たちはヨーロッパの事例を引き合いに出すかもしれません。テスト技術者のテストへの情熱をかき立てるのに、認定資格は有効でしょうか？　一般的に、テストトレーニングはヨーロッパのほうが人気があるようです。

これはアメリカ人の自動テストに対する偏見、特にMicrosoftのそれと関係があると思っています。アメリカのテストコミュニティのほとんどはSDET（ソフトウェア開発エンジニア）です。そのため、開発者の視点でテストに取り組んでいます。SDETは自分たちがテスト技術者であるとはあまり考えておらず、テスト文化やテストの歴史を調べることはしていないかもしれません。それは残念なことです（もちろん、Microsoftには多くの例外があります。しかし、アメリカにいる数万人のテスト技術者の中では、一般的に正しいことだと思います）。

おそらく、この投稿のせいで私は多くの問題を抱えることになると思います。しかし、認定資格に触れてしまった以上、認定資格をテーマにブログを書きたくて仕方がないのです。私が認定資格について書きたいことを書けば、炎上することは間違いないでしょう。

C.2.9　テストの詩

OK、そのとおりです。ブログを書く時間がなくなるほど、パブに長居していました。しかし、この記事の内容には自信があります！　この記事はまた、ヨーロッパに触発された情熱の表れでもあります。私の好きなスポーツはサッカーです。サッカーが好きになったのは、私の子供のおかげです。子供がサッカーを始めるまでは、サッカーは好きではありませんでした。チャンピオンズリーグ[訳注25]はシアトル時間では昼食時なので、試合時間になれば地元のパブで私と友人を見つけることができます。

God Save the Queen！[訳注26]（不思議な言葉ですね…アメリカ人の私から見ると。しかし、イングランドの歴代君主の歴史を顧みれば、自分にジェンダー・バイアスがあることは認めざるをえません。どちらにしても、素晴らしいビール醸造所のある国を統べる女王陛下を敬うのは同じです！）

もうお分かりかと思いますが、私は今イギリスにいます。そして（言うまでもないと思いますが）パブにいます。イギリスについてから6人ほどのテスト技術者をお会いして、（ビールでつられたので）サイン会を開くことになりました。私はサイン会を断ることはほとんどありませんし、無料のビールを断ることもありません。現在のポンドの為替レートではなおさらです。

別れ際に、サイン会の主催者との間でかわした会話をブログ記事にするよう勧められました。この投稿がそれです。明日の朝、主催者たちが恥をかいていないことを祈っています。

1人の開発者の方がサイン会に来ていました。開発者なのになぜ私のテストの本を買ったのかと訊いてみたところ、私の著作に書いてある「トリック」を使ってもテストがうまくい

［訳注 25］　ヨーロッパのサッカークラブチーム王者を決定する大会。

［訳注 26］　イギリスの国歌は君主の性別によって曲名や歌詞が変わります。原著が出版された時点ではエリザベス 2 世が在位していたので God Save the Queen でしたが、2022 年にチャールズ 3 世が即位した後は God Save the King になりました。

かないようにしたかったから、という答えが返ってきました。「トリック」を使ってもバグが見つからないコードを書いて、テスト技術者をいらいらさせるつもりだそうです。

　私は微笑みながら言いました。もしこれがサッカーだったら、おっと失礼、ここはイギリスでした。もしこれがフットボールだったらゴールのあとにシャツを破きながら歓喜の雄たけびを上げているところですね、と。開発者の方は私を変な目で見ていました。テスト技術者ならわかったと思います。皆さんもそうでしょう。

　開発者の方はコード書くことがテストよりも上位である理由を説明してきました。続けて開発の難しさを語り始めました。コンパイラと格闘し、IDEやオペレーティング・システムによる開発ミッションの妨害を巧みにかわしているそうです。あの人にとって、開発は戦いであり、征服です。ユーザーとバイナリコードのために戦う騎士といえます。

　素晴らしい話でした。個人情報を掲載する許可はもらっていないのでどこの誰だったかは詳しく書きませんが、あの開発者の方はすばらしい情熱を持っていました。あのような逸材がソフトウェア開発に携わっているのですから、世界はよりよくなっていくでしょう。

　しかし、開発者が戦士なら、私を含めてテスト技術者は吟遊詩人だと考えています。私にとってテストとは詩なのです。ソフトウェアをテストしていると、入力とデータが混ざり合う様子が目に浮かびます。あるものは内部に保存されて、あるものは一時的に使用された後に廃棄されます。入力がアプリケーションの中を移動して、データ構造に格納され、演算に使われたりすると、音楽が聴こえてくるようです。

　入力値がどのように使われているかを考えると、与えた入力によってアプリケーションが何をしているかが分かりやすくなります。同時に、アプリケーションを壊す方法を考えることにも使えます。開発者のミスはすべて、まだ発見していない不具合の原因である可能性があります。テスト中のアプリケーションが入力を処理しているところを想像してみてください。アプリケーションが朗読する詩を聞いてみてください。そうすれば、不具合が発生するタイミングを教えてくれます。

　特にWebアプリケーションのテストはこのとおりだと感じています。私は、自分の入力によってアプリケーションがどのようなSQLクエリを実行するのかを頭の中で思い描きます。クライアントからサーバーに送信されるHTMLトラフィックと、サーバからのレスポンスを頭の中でイメージします。アプリケーションは何をしているのでしょうか？　データはどこへ行き、どのような目的に使われているのでしょうか？　すべてのテスト技術者の頭の中にいる吟遊詩人に投げかけるのにふさわしい、深く、本質的な問いです。そして、バグを見つけます。アプリケーションの内部で進行中のプロセスを詳細にイメージできれば、開発者がおかしたかもしれないミスがもっとわかるようになります。

　頭の中から湧き上がってくる音楽は、テスト業務のすべてに価値を与えてくれます。ソフトウェアが失敗するしかないことが明らかになる瞬間。その時、さながら勝利のゴールを決めたような高揚感を味わえます。でも、シャツは脱がないでください。フットボールの試合中にシャツを脱ぐのは重大な反則です。開発者にイエローカードを突き付けられないようにしてください。

C.2.10 予防 vs 治療（その3）

この記事を投稿した後、Microsoftのテスト技術者からたくさんのメールを頂きました。届いたのは、自分が手動テスト支持者であることを「カミングアウト」するメールでした。Microsoftではテストよりも開発を優先しています。同じように、Microsoftでは手動テストよりも自動テストを優先しています。ソフトウェア業界には遺伝子レベルでコーディングにあこがれを抱かせる何かがあるようです。その割には、Microsoftで実施している手動テストは驚くほどの量のです。意味がないと思っているためか、Microsoftの従業員が手動テストについては話すことはありません。しかし、手動テストを行う理由は、ソフトウェアの品質向上のためなのです。

テスト担当者を再雇用した今、どのような業務を割り当てますか？　自動テストスクリプトの作成ですか？　それとも手動テストを依頼しますか？

まず、自動テストの長所と短所について考えてみましょう。自動テストには悪評と尊敬の両方が付きまといます。

悪評はテストがコードであること、つまりテストにはコーディングが必要なのでテスト技術者が開発者になるという事実からきています。開発者は実際に優れたテスト技術者になれるでしょうか？　多くの人はなれますし、多くの人はなれません。しかし、現実として自動テスト実施中に頻繁にバグが発生しているのですから、自動テストのコーディング、デバッグ、修正に膨大な時間を費やすことになっています。ひとたびテストが開発プロジェクトに変化してしまうと、テスト技術者はソフトウェアテストの時間に比べて、自動テストのメンテナンスにどれぐらいの時間を使っているのかと考えてしまいます。自動テストのメンテナンスのほうがはるかに長いことは想像に難くありません。

尊敬は自動化はクールであるという事実からきています。1つのプログラムを書くだけで無制限にテストを実行して大量のバグを見つけられます。自動化テストはアプリケーションのコードが変更されたときや、回帰テストが必要になったときに繰り返し実行できます。すばらしい！神業です！自動テストを崇め称えなさい！　もしテスト技術者が実行したテスト数で評価されるなら自動テストは常に勝利するでしょう。もしテスト技術者がテストの質で評価されるのなら、まったく別の話になります。

問題なのは何年も、何十年も自動テストを続けているにもかかわらず、ユーザーのデスクトップにおかれるとすぐに不正終了するようなソフトウェアをいまだに作っているということです。なぜでしょう？　それは、自動テストは他の開発者テストと同じような問題を数多く抱えているからです。実際のユーザー環境ではなくデバッグルームの環境で実行されるからです。また、自動テストは一般的にあまり信頼性が高くないため、テストに実際の顧客データベースを使用するリスクをとることはほとんどありません（自動テストも結局はソフトウェアなのです）。データベースのレコードを追加/削除する自動テストを想像してみてください。そして、自動テストのアキレス腱といえる誰も解決していない問題があります。オラクル問題です。

オラクル問題とは、ソフトウェアテスト最大の課題 —— テストケースを実行したときにソフトウェアがなすべきことをできたかをどうやって判断すればいいのか？ —— に付けられた名前です。正しい値が出力されましたか？ 望ましくない副作用はありませんでしたか？ どうすればそれを確かめられますか？ ユーザー環境、データ構成、入力を与えるごとに、ソフトウェアが設計どおり正確に動作したことを教えてくれる神のお告げ（オラクル）はありますか？ 仕様書が不完全である（あるいはそもそも存在しない）という現実を鑑みるに、ソフトウェアテスト技術者にとってオラクルは絵空事です。

オラクルがないのなら、自動テストはクラッシュ、ハングアップ、例外といった最悪の不具合しか（おそらく）検出できません。そして、自動テスト自体がソフトウェアであるという事実は、クラッシュの原因がソフトウェアではなくテストケースにあるかもしれないことを意味します！ 微妙で複雑な不具合は見落とされています。では、テスト技術者はどうすればいいのでしょうか？ もしテスト技術者がバグ防止技術や自動テストに頼ることができないのなら、どこに望みを託すべきでしょうか？唯一の答えは手動テストです。

オラクルなしでは、テスト自動化は、クラッシュ、ハング（多分）、例外といった最もひどい失敗しか見つけることができません。そして、自動化自体がソフトウェアであるという事実は、多くの場合、クラッシュがソフトウェアではなくテストケースにあることを意味します！ 微妙で複雑な不具合は、そのまま見逃されてしまいます。

では、テスト技術者はどうすればいいのでしょうか？ もしテスト技術者が開発者のバグ防止や自動化に頼れないとしたら、どこに望みを託すべきでしょうか？ 唯一の答えは、手動テストです。「予防 vs 治療（その4）」ではこのテーマを取り上げています。

C.2.11 テストに戻る

前述したとおり、私のMicrosoftでのキャリアはセキュリティ業務から始まりました。1999年にセキュリティテストを「放り出した」したとき、テストリーダーから多くの非難を受けました。しかし、自分ではどうすることもできなかったのです。Y2Kの騒動が片付いた後、次の大きなバグを探していた時です。同僚のデビッド・ラッドが私にセキュリティ業務を紹介してくれました。私はセキュリティの知識がまったくなかったので、セキュリティは知的な遊び場に感じられました。また、セキュリティ技術が自分のテストスキルの向上にとても役立つことにも気がつきました。セキュリティもバグも、開発に重大な影響を与えるのですから。私はこの頃に『How to Break』シリーズの2冊目と3冊目の本を執筆して、コンピュータウイルスを見つける新しい方法を発明し、うるさがたの米国政府からも多額の資金を獲得しました。しかし、セキュリティは、結局のところ…まあ、ブログの続きを読んでいただければ分かります。

数週間前にこのブログを始めてから、ブログに投稿されたものよりも多くのコメントがメールで届いています。ものすごくたくさんです。

私が大学教授だった頃、授業の最後には毎回「何か質問は？」と言っていたことを思い出

します。ほとんど何も発言はありませんでしたが、授業が終わると学生たちが質問のために列を作っていました。一対一の対話には、人々を惹き付ける何かがあるようです。私は時間をかけて質問を覚えるようにしていました。質問が一般的な内容で、後になって役立つと感じたときにクラス全員に教えられるようにするためです。

まあ、これはブログの仕事であって、教える仕事ではありません。どれだけ読者の役に立っているのかは疑問ではありますが、私の受信トレイに届く質問でもっとも多かったものは「セキュリティ業務からテスト業務に戻った理由は？」です。おそらく、この質問は一般的なものですし、読者のみなさんも知りたいと思っているものでしょう。

その答えは「無知」です。

実際、2000年に私がセキュリティの業務を始めたのは、無知が原因でした。友人であり同僚でもあるデビッド・ラッド（ブログはこちら[訳注27]）が私の興味をかきたてくれたのです。無知は科学の進歩の核心です。マット・リドレー[訳注28]の次の言葉がこれをもっとも端的に説明しています。「ほとんどの科学者は、すでに発見したことには飽き飽きしています。科学者を突き動かすものは無知なのです。」デビッドが教えてくれたセキュリティ・テストのすばらしさは、私をとりこにしました（つまり、実際的には私はテストから離れていたわけではありません）。セキュリティ分野は、私にとって無知の領域でした。それから8年、2つの特許、2冊のセキュリティ関連書籍の出版、1ダース以上の論文、2つの新規事業の立ち上げを行ったところで、正直、私は少し飽きてきました。

ある意味、セキュリティは簡単になってきています。セキュリティ問題の多くは、セキュリティ技術者が作り出したものです。たとえば、バッファオーバーフローは本来なら起こるはずのないものでした。プログラミング言語の不適切な実装が原因です。コンピュータウイルスもまた、自然に発生したものではありません。Microsoftをはじめとする多くの企業は、ゲームチェンジャーになろうとしています。コンパイラの改良、オペレーティングシステムの強化、ソースコードの管理よって、セキュリティ問題の多くは消えてなくなりました。仮想化とクラウドコンピューティングによってセキュリティの改善は継続するでしょう。無知は知識に置き換わっていきます。セキュリティ分野では特に顕著です。

Visual Studio開発チームがテスト事業のアーキテクトを募集していると聞いたとき、私の血が騒ぎだしました。無限の無知に呼ばれたからです。

セキュリティの仕事に携わるうちに、テストが本当に難しいものだということがわかってきました。テストは技術者が作り出した業務ではありません。ソフトウェアの本質です。テストは、コンピュータとネットワークの無限の可能性を紡ぐ糸なのです。実際、私が8年間「アウェイ」にいた間にテストが何か変わりましたか、と尋ねてきた人がいました。「いや、何も変わっていませんでした。」この8年間でセキュリティは根本的に変化しました。もし逆に8年間もセキュリティ分野から離れていたとしたら、私のスキルはあやしいものになっていたでしょう。ただ離れていたのはテスト分野だったので、私は以前とほとんど同じテストの

[訳注27]　転載元のブログにはビッド・ラッドのブログへのリンクがはられていましたが、現在はリンク切れです。

[訳注28]　Matt Ridley。イギリスの科学ジャーナリスト。『赤の女王：性とヒトの進化』『ゲノムが語る23の物語』など遺伝子関連の多くの著作が邦訳されています。

問題に取り組めています。

これは、テストの研究者、実務者、あるいはテスト全般を非難しているのではありません。テストの問題が複雑だということを示しています。テスト技術者を忙殺させる無知はたくさんあります。無知を正しい知識に置き換えていかないといけません。テストは進歩をしていないように見えるかもしれません。しかし、現代に残る最高の未解決課題への取り組みをためらってはいけません。

貴重な質問、ありがとうございました。

C.3 2008年8月

私は現在もイギリスにいますが、次の投稿がワシントンに戻る前に書いた最後の記事になります。ですから、読者の皆さんがどのように感じていたのかは分かりませんが、イギリスのエールの影響を受けた文章は次で最後になります。

C.3.1 予防 vs 治療（その4）

手動テストは人間が行うテストです。人間のテスト技術者が頭脳と手先と機知を駆使してシナリオを作成して、ソフトウエアに異常動作と正常動作をさせるのがテストの目的です。開発者テストや自動テストによってバグを取り除いた後に、手動テストを実施することがたびたびあります。つまり、手動テストはやや不公平な立場に置かれています。簡単なバグはすでに取り除かれており、魚をとりつくした池のようなものです。

しかし、手動テストはいつもバグを発見します。さらに悪いことに、（手動テストを行うことになる）市場のユーザーもバグを発見します。手動テストには無視できない力があることは明らかです。手動テストをもっと詳しく研究しなければなりません。手動テストにはまだ見ぬ金脈が眠っているのです。

人間が行うテストに成果がある理由としては、現実の動作環境で現実のデータを使う現実的なユーザーシナリオでテストを実施できることが挙げられます。さらに、明白にバグだとわかるものと、バグかどうかの判断が難しいものの両方を見つけられるテストだからです。テスト内に賢明な人間がいるからこその効果です。

もしかしたら、開発者向けの技術が発展してテスト技術者が不要になるかもしれません。確かに、これはソフトウェア開発者にとってもソフトウェアのユーザーにとっても望ましい未来でしょう。しかし当面の間は、重大なバグを検出するための最善策は人手によるテストになるでしょう。自動テストがすべてを網羅するには、入力値が多すぎるし、シナリオが多すぎるし、起こりうる不具合が多すぎるのです。そこで「検証タスク内の人間の頭脳」が求められています。これはこの10年、次の10年、そしておそらくその先も同じでしょう。私たちはソフトウェアが正しく動く未来を目指しているのかもしれません。もし達成できたのなら、それは手動テスト技術者の努力の積み重ねによってもたらされたものです。

200

手動テストには主に2つの種類があります。

スクリプト手動テスト

多くの手動テスト技術者は事前に書かれたスクリプトに指示される形で、入力を選んでソフトウェアが正しく動作しているかをチェックします。スクリプトが具体的な場合もあります。この値を入力して、このボタンを押して、結果をチェックしなさい、といった具合です。このようなスクリプトはスプレッドシートで記述されることが多く、新規開発やバグ修正によってソフトウェアがアップグレードされるたびにメンテナンスが必要になります。スクリプトには実施したテストの文書化というもう1つの目的もあります。

時として、スクリプト手動テストはテスト手順が厳格すぎることがあります。あるいは、テスト工程およびテスト技術者によってあまり厳格ではない運用がされることもあります。すべての入力手順を細かく文書化するのではなく一般的なユーザーシナリオとしてスクリプトを記述すれば、テスト技術者はある程度柔軟にテストを実行できます。MicrosoftのXboxゲーム手動テストチームがよく採る方法です。この場合のテストは、ソフトウェアと対話しながら入力値を決めるので、テストは「魔法使いとのコミュニケーション」と呼べるものになります。というのも、どのようなやりとりをしなければならないかを正確に指定しないからです。

探索的テスト

テストからスクリプト（事前に書かれたテストケースやテスト手順）が完全に取り除かれたとき（あるいは、後の章で述べるように、スクリプトの制約がゆるいとき）、そのテストは探索的テストと呼ばれます。探索的テストでは、どのようにテストをするのか、アプリケーションをどう操作するのかをテスト技術者が決められます。テスト技術者が好きなようにアプリケーションとやり取りしてテストを行えます。アプリケーションから得られる情報を望むようにテストに使えます。アプリケーションの反応を使って、どこをテストするのか、どうやってテストをするのかを決められます。いきあたりばったりなテストととられるかもしれませんが、熟達した経験豊富なテスト技術者の手にかかれば、探索的テスト技法は強力な手法になります。「人間の頭脳をフルに活用してバグを発見し、先入観にとらわれることなくソフトウェアの機能を検証できるテストである。」探索的テストの支持者はこのように主張しています。

探索的テストでは文書化したテスト記録を残さないわけではありません。テスト結果、テストケース、その他テストドキュメントはテスト計画工程であらかじめ作成されるのではなく、テストを実行しながら作成します。画面キャプチャやキー入力記録ツールは探索的テスト結果の記録にうってつけです。

探索的テストは、特にアジャイルを用いる最新のWebアプリケーション開発に適しています。アジャイルでは開発サイクルが短く、正式なスクリプトの作成と保守にかける工数はほとんどありません。機能変更も頻繁なので、（事前に準備されたテストケースのような）機能変更に伴って変更が必要なドキュメントを最小限にすることが求められています。探索的テ

ストの支持者は十分に多いので、その必要性についてこれ以上説明する必要はないでしょう。

Microsoftでは、探索的テストをいくつかのタイプに分類しています。「予防 vs 治療（その5）」では、このトピックについて説明します。

C.3.2 Microsoftがテストが得意というなら、なぜあなたが使っているソフトウェアはまだ使い物にならないのか？

ブログにどのような影響があるのかを、この記事を書くまでは知りませんでした。これは私が書いたブログ記事のなかで、初めてMSDNのホームページに掲載されたものです。本当にたくさんのアクセスがありました。反響のメールで受信トレイはいっぱいになりました。もちろんコメントのほとんどは好意的なものでした。しかし、この投稿が一部の重役たちの注目を集めることになったことは確かです。まじめな話、Microsoftは従業員があまり誇りに思えないようなソフトウェアを開発しています。全世界のすべてのソフトウェア開発企業も同じでしょう。ソフトウェアを作るのは難しく、テストは難しく、完璧に近づくことさえ難しいのです。ソフトウェア業界に携わる者は、ソフトウェア開発にまつわる苦しみを話し合い、開発の結果を正直に認めなければなりません。ソフトウェアを改善するために、これは避けては通れません。この記事を書いて最も嬉しかったのは、競合他社からメールをもらったことです。メールでは私の正直さを称賛しており、自分たちの責任を認めていました。ソフトウェア業界は、全員一緒に品質問題に取り組んでいるのです。

なんというタイトル！　この質問がどのようなときにどのように投げかけられるかを、お伝えできればいいのですが。質問をするときの口調はいくらか申し訳なさそうです。（私がこの質問をされる側になる前は、同じ質問を何度もする側だったことを覚えている人が多いからでしょう）。あるいは、相手を見下している感じだったりします。この質問をするということは、重要なファイルを保存する前にコンピュータがブルースクリーンになっているはずです。それを想像すると、私は思わずニヤニヤしてしまいます（OK、今日はクールエイドを多めに飲んだようです。[訳注29] ライム味でしたし、ライムは好きですから）。

27ヶ月間Microsoftでテスト業務をした後に、私は冒頭の質問の回答を見つけました。最初の3つは、認めますが、守りに回った回答です。それでも、私が身をもって経験したように、真実であることは間違いありません。しかし、最後の1つは本当に問題の核心をついています。才能はともかく、Microsoftのテスト技術者にはやるべき仕事があるということです。

「テストは品質に責任を持たない。代わりに開発者／デザイナー／アーキテクトが責任を持つ。」私はこの当たり前の考えを持つことはしません（私は「品質はテストできない」というフレーズが嫌いです。責任転換です。私はテスト技術者として、品質を自分の責任として受け止めています）。

ちょっと話が先行しすぎているようですね。品質責任の話はこの記事の最後に回します。ま

［訳注 29］　クールエイドはアメリカ発祥の水で溶かして飲む粉末ジュースです。英語のスラングで「クールエイドを飲む」とは「同調圧力に負けて間違った選択をする」という意味があります。

ずは守備的な回答から。

1. **Microsoftは世界で最も複雑なアプリケーションを開発している。** Windows、SQL Server、Exchangeなどが複雑ではないと言う人はいません。また、広く使われているので、Microsoftの最大の競合相手はMicrosoft製品の旧バージョンででであるとも言えます。結局のところ、Microsoftは過去の機能を下敷きにしてソフトウェアを構築する、いわゆる「ブラウンフィールド」開発[訳注30]をしています（新規開発を行う「グリーンフィールド」やバージョン1開発とは対照的です）。つまり、テスト技術者は既存の機能、フォーマット、通信プロトコルに加え、すべての新機能と統合シナリオに対応しなければなりません。そのため、現実的に実行可能な全体テスト計画の作成が非常に困難になっています。エンドツーエンドテスト[訳注31]のシナリオは、統合テストや互換性テストと並行して実施することになります。レガシーシステムは最悪で、つぎはぎだらけの機能は問題の一部に過ぎません。テスト技術者なら皆、何がフィールドをブラウンにしているのかはわかっています！　足元には気を付けてください。昨日のバグに気を取られていると、今日のバグを見落としてしまいます。

   （余談：昔の創造科学者[訳注32]のジョークを聞いたことがありますか？　「神が宇宙を創造するのに、なぜたった7日しかかからなかったのか？」答えは「既存顧客がいなかったから。」失敗させるものがない。既存顧客を怒らせることがない。以前の機能やくだらない設計のように開発の邪魔になるものがなかったかからです。神は幸運でしたが、私たちは…そうではありませんでした）。

2. **ユーザーとテスト技術者の数が違いすぎるので、絶望的に人手が足りない。** たとえばMicrosoft Wordリリース後の最初の1時間でユーザーが行う操作に匹敵するテストケースを実行するためには、何人のテスト技術者が必要でしょうか？　現在Microsoftが雇用している人数、あるいは採用できる人数をはるかに上回ります。リリース後の最初の1時間（1日、1週間、2週間、1ヶ月、どのような期間でもいいですが、恐ろしいことには変わりありません）。で、あらゆるユーザーが考えられるかぎりの方法ですべてのフィーチャを使用するのです。これはテスト技術者にとって大きなストレスです。自分がどれほど重要なソフトウェアをテストしているのかを知るのは、ある意味ではいいことです。しかし、リリース後にバグが大量に見つかることとは、まったく別の問題です。Microsoftのソフトウェアのテストは困難です。求人は勇敢な方のみに限らせていただきます。

3. 2に関連して、顧客がMicrosoftを標的にしている。Microsoft製品のバグは非常に多くの人々に影響を与えるので、ニュースとして取り上げられます。Microsoftのバグを待

[訳注30]　もともとは都市開発の用語で、「グリーンフィールド」は緑がある土地に一から都市を造っていく手法、「ブラウンフィールド」はすでにある都市を作り替えていく手法を指します。ここでは「グリーンフィールド」＝新規開発、「ブラウンフィールド」は派生開発を意味しています。

[訳注31]　エンドツーエンドとは「端から端まで」を意味する言葉で、ここではユーザーとアプリケーションの関係を指すとともにユーザーによる操作を指しています。またエンドツーエンドテストとは、ユーザーの視点でシステムを操作して動作を確認するテストです。多くの場合で手動テストとして実施します。

[訳注32]　創造科学（creation science）とは聖書に書かれている創世記が正しいものと信じて、進化論などを否定する考えです。この考えを持っている人は創造科学者（creationist）と呼ばれています。

ち構えている人はたくさんいます。デビッド・ベッカムがセンスのかけらもないチェック柄のシャツを着て朝刊を取りに行けばスキャンダルですが、私が1週間ジーンズの上から下着を履いていても気づく人はほとんどいないでしょう（同僚に聞いたところ、私のファッションセンスは最悪なので、仮に気づいたとしても気にもとめないそうです）。ベッカムはスターです。「物事には良い面も悪い面もある」のだとしても、良い面しかないように見られているのです。Microsoft製品に似ていますよ、デビッド。

でも、そんなことはどうでもいいんです。Microsoftは既存顧客とマーケットシェアをずっと維持できるでしょう。バグと取引はしません。それでもMicrosoftは、常に製品を改善する準備ができています。テスト技術者は、品質テストをよりよく行うために一歩前に進まなければいけないと思います。それが私の4番目の回答です。

4. テスト技術者がアプリの設計にあまり関与していない。Microsoftには、たいへんに頭のいい人材が数多くいるという「問題」があります。テクニカルフェローや著名なエンジニアと呼ばれる人たちは、本当に頭脳明晰で大きな夢を描いています。そして、大きな夢を携えて、ゼネラルマネージャーや副社長（頭がよいだけでなく、明晰で情熱的です）。を、夢を実現すべきだと説得します。次に、プログラムマネージャーと呼ばれる頭のいい人たちが、夢の設計を始めます。その次は開発者が夢を開発していきます。合計数十人の天才がかかわった結果、夢のシステムに生命が宿ります。その後に誰かが聞いてきます。「これをどうやってテストするんですか？」もちろん、出来上がってからそんなことを聞かれても、もう手遅れです。

　大きな夢を持つ頭のいい人たちは、私にインスピレーションを与えます。テストを理解せず、大きな夢を抱く頭のいい人たちは、私に恐怖を与えます。テスト技術者は、もっとうまく情報を発信しなければなりません。Microsoftにはもう1つの非常に頭のいいグループとして、社内教育を受け持っている部署が存在しています。テスト技術者は教育プロセスに少し遅れて加わっています。テスト技術者には言わなければならないことや、チームのために行わなければならないことがあります。もちろん、後進を育てることも忘れてはいけません。テスト技術者にはまだ十分にできていないことがあります。1つは設計・開発プロセスにテストを組み込むことです。もう1つは、品質とは何か、品質目標を達成するためにはどうすればいいのかを、他の部署に教育することです。

　品質はテストできます。ただし、そのためには開発のもっと早い段階からテストを始める必要があります。つまり、開発立ち上げ時の選抜メンバーであるTF（タスクフォース）、開発を行うDE（開発エンジニア）そしてパイプライン[訳注33]に至るまで開発に携わるすべての人が、自分の仕事の一部としてテストを行わなければならないのです。テスト技術者は、他のメンバー全員に品質をテストする方法を示さなければいけません。そのために、頭のいい人たちに品質とは何か、テストとは何かを教えなければなりません。バイナリ、アセンブリ、設計、ユーザーストーリー、仕様、その他の成果物すべてにテストを適用しなければなりません。品質のテストは、開発初期段階には適用できないのでしょうか？　いえ、できます。テ

［訳注33］　ビジネス用語でパイプラインとは、営業が見込み客を顧客に変えるプロセスを指します。ここでは営業活動を意味しています。

スト技術者は、開発の全工程に品質テストを適用する道を切り開くのです。

よいテスト技術者とは何か、質の悪いソフトウェアとは何か、という質問をしてくる人がいます。Microsoftがそれをどのように実現しようとしているのかを知ったら、質問した人は驚くと思います。幸いなことに、Test for Officeの部門長であるタラ・ロスが、2008年11月のSTAR West[訳注34]で講演を行います。Officeはテスト活動を推進しており、タラはリーダーとして活躍してきました。タラの講演は、きっと面白いと思います。

この後、タラはSTARで大活躍しました。

C.3.3　予防 vs 治療（その5）

これは「予防 vs 治療」シリーズの最終章です。以前考えていた、探索的テストをより小さく、より扱いやすく分割する方法を説明しています。しかし、本書を読んだ方は、探索的テストに対する私の考え方が大きく進化したことがわかっていただけると思います。ここで紹介している「フリースタイル-戦略-フィードバック」モデルではなく、本書で使用した「スモール探索的テスト - ラージ探索的テスト」モデルを採用することにしました。どちらが読者の皆さんの好みになるか、比較してみてください。

さて、このスレッドも終わりに近づいています。ここではおそらく皆さんからもっとも多くが質問された内容についてお話します。探索的テストの実施方法、特にMicrosoftではどのように実施しているかについてです。

Microsoftでは、探索的テストを4つのタイプに分類しています。これはテスト手法を分類して解析しようというものではなく、単に便宜上の分類です。探索的テストは単にテストを行う手法ではありません。計画、分析、思考して可能なかぎり効果的なテストを行うために、あらゆる文書や情報を利用するテスト手法です。

フリースタイル探索的テスト

フリースタイル探索的テストとは、テスト技術者の好きな順序で好きな入力を使って、アプリケーションのフィーチャを臨機応変に探索するテスト手法です。テスト対象のフィーチャをすべて網羅できているかは問いません。フリースタイル探索的テストには、ルールやパターンもありません。テストを実行するだけです。残念なことに、多くの人が探索的テストはすべてフリースタイルだと考えています。しかし、それはフリースタイル探索的テストを過小評価しているからです。このあとに説明する探索テキストの他のバリエーションをみれば理解できると思います。

人によっては、システムのクラッシュや重大なバグを見つけるために、手軽なスモークテストとしてフリースタイル探索的テストを実施するかもしれません。あるいは、もっと詳細

［訳注34］　STAR（Software Testing Conference）は世界最大級のソフトウェアテストカンファレンス。アメリカ西海岸が会場のSTAR WEST、アメリカ東海岸が会場のSTAR EAST、ヨーロッパが会場のEuroSTARが毎年開催されています。

なテストを実施する前に、アプリケーションの動作を把握する目的で実施することもあります。確かに、フリースタイル探索的テストはあまり準備をしなくても行えます。事実、「テスト」というよりも「探索」に近いものなので、テストの効果もそれ相応であると考えるべきです。

フリースタイル探索的テストに必要な経験や情報はそれほど多くありません。しかし、以下に述べる他の探索的テスト手法と組み合わせると、非常に強力なツールになります。

シナリオベース探索的テスト

従来から行われてきたなシナリオベースのテストでは、エンドユーザーが実行すると想定されるユーザーストーリー、あるいは文書化されたエンドツーエンドのシナリオが起点になります。このシナリオは、ユーザー調査、旧バージョンのデータなどから作成できます。シナリオベーステストはシナリオをスクリプト[訳注35] として用いるテストです。シナリオベーステストに探索的テストの要素を加えると、スクリプトでカバーできる範囲が広がります。スクリプトを変化させて、新たな調査内容が加わり、ユーザーストーリーを増やすことができるようになります。

シナリオベース探索的テストは、シナリオをガイドとして使う探索的テストです。シナリオに従ってアプリケーションを実行しながら、シナリオに記述されておらず、しかし気になる入力を与えてみたり、スクリプトには記載されておらず、しかし他の機能に与えるかもしれない影響を調査したりします。しかし、シナリオベース探索的テストの最終的な目標は、シナリオを完成させることです。テスト実施中に回り道をしても、最後は必ずスクリプトに記載されているメインのユーザーシナリオに戻るようにします。

戦略ベース探索的テスト

フリースタイル探索的テストにテスト技術者の経験を組み合わせると、戦略ベース探索的テストになります。テスト技術者が持っている、テスト経験、スキル、ジェダイのようなテスト感覚で探索を補完する手法です。フリースタイルの探索ですが、テスト技術者の経験に裏付けされたバグ発見テクニックをガイドにします。戦略ベースの索的テストには、規約のあるテスト技法（境界値分析や組み合わせテストなど）や、テスト技術者の直感（例外ハンドラはバグが出やすい、など）の両方を取り入れます。テスト技術者の探索を手助けするためにこのテスト戦略を使います。

戦略とはテストを成功に導く鍵となるものです。テスト戦略の基盤となるのは、テスト技術者が今までに蓄えた知識です。テスト知識が豊富であればあるほど、効果的にテストが行えます。たとえば、どこにバグが潜んでいるか、入力とデータはどのように組み合わせればいいのか、どのコードパスに不具合が混入しやすいかなどです。戦略ベース探索的テストは、ベテランテスト技術者の経験と、探索的テストの自由さを組み合わせたテスト手法です。

［訳注35］ ここでの「スクリプト（script）」とは「台本」の意味に近く、文書化されたテスト手順を指しています。

C.3　2008年8月

フィードバックベース探索的テスト

　フィードバックベース探索的テストでは、まずフリースタイル探索テキストを実施します。テストの履歴が集まったら、履歴のフィードバックを探索の指針に用います。典型的な例は「カバレッジ」です。テスト技術者は、それまでに測定したカバレッジをもとにして、カバレッジの網羅率を上げるテストを実施していきます（カバレッジには、コードカバレッジ、UIカバレッジ、フィーチャカバレッジ、入力カバレッジ、あるいはその組み合わせが含まれます）。カバレッジはほんの一例です。コード修正やバグ密度などもフィードバックに利用できます。

　私はフィードバックベース探索的テストを「継続テスト」だと考えています。テスト中にアプリケーションがある状態になるのは、テストで与えた入力が原因です。だから、今回のテストでは前回の入力とは別の入力を選びます。あるいは、前回のテストではUIのAというボタンをクリックしたのなら、今回はBという別のボタンをクリックするテストを行います。

　テスト履歴を保存し、検索ができ、リアルタイムに参照できるテストツールは、フィードバックベース探索的テストの実施に非常に役立ちます。

C.3.4　テストの未来（その1）

　Microsoftは敷地内に未来の家庭を再現した、とてもクールな施設を建設しました。この施設では、テクノロジーとソフトウェアが家族の暮らしやコミュニケーションにもたらす変化を見ることができます。ディズニー・ワールドの「カルーセル・オブ・プログレス[訳注36]」を見たことがある方なら、どのようなものか想像がつくでしょう。ただし、ディズニーのものは古いアトラクションなので、1960年代から見た未来を展示しています。Microsoftの方がはるかに現代的な展示です。他にもマクロソフトは、小売業、医療、生産性、製造業などの未来予想を収録したビデオシリーズも作成しています。美しい映像であるだけでなく、コンピュータ、RFID、ソフトウェアがいたるところにある、非常に説得力のある未来を表現しています。テスト技術者としては、恐ろしく感じる未来でもあります。現代のソフトウェアの品質がこれほど悪いというのに、未来のソフトウェアをどうやってテストすればいいのでしょうか？

　こうして私の未来への探求が始まりました。私は未来について社内の数十人の方と話し、さらに数百人から意見を聞くためにプレゼンテーションをすることにしました。その結果がEuroSTARの基調講演であり、このブログシリーズです。本書に収められている未来のビジョンはブログ記事を修正したものです。しかし、もとになったブログ記事を読めば、私の未来へ展望がどのように進展していったかを理解できると思います。

　アウトソーシング。これはよく知られた言葉ですし、2008年現在は多くのテストをアウトソーシングで実施しています。しかし、以前は違いましたし、今後も変わらないとは限りません。この記事では、未来のテストがどのように行われるようになるのかをお話しします。

[訳注36]　アメリカのディズニーランドにある、科学技術の進歩によって生活がどのように変化していくのかを体感できるアトラクション。

また、ソフトウェアテストのビジネスモデルとしてアウトソーシングが根本的に変化する可能性についても述べています。

かつて、テスト業務はほとんどアウトソーシングしていませんでした。ソフトウェア開発企業に雇用されたインソーサーがテストを実施していました。ソフトウェア開発者とテスト技術者（たいていの場合で、両方の業務を兼任していました）が肩を並べて作業し、ソフトウェアの作成、テスト、出荷を行っていました。

インソーシング（内製）時代のベンダーの役割は、テストをサポートするツールの提供でした。しかし、ツール以上のものに対する需要が出てくると、ベンダーの役割はすぐに変わりました。ツールを提供するだけでなく、テストそのものを提供するベンダーが登場したのです。ソフトウェア業界ではこれをアウトソーシングと呼んでいます。現在でも多くのソフトウェア開発企業がテストを実施する際の基本モデルとなっています。

つまり、最初の2世代のテストはこのようなものです。

世代	ベンダーの役割
第1世代 インソーシング	テストツールの提供
第2世代 アウトソーシング	テスト業務の提供（テストツールの提供を含む）

次なるテスト進化のステップは、ベンダーによるテスト技術者の提供です。クラウドソーシング時代に入ったことは間違いありません。先日のuTest [訳注37] の発表は、この時代の幕開けを告げるものです。今後の展開からは目が離せません。クラウドソーシングはアウトソーシングを駆逐し、将来のテスト市場の勝者となるのでしょうか？　市場経済とクラウドの威力が勝者を決めることになるでしょう。ただ、私個人の見解では、クラウドが有利な状況にあります。これはどちらか一方が選ばれるというものではなく、テスト分野の進化です。古いモデルは時間の経過とともに新しいモデルに置き換わっていきます。ダーウィンの自然淘汰が数年で行われた事例になると考えています。もっとも適したものが生き残ることになります。どれほどの期間生き残るかは、経済性と提供するテストの質が決めます。

これがテストの第3世代です。

世代	ベンダーの役割
第3世代 クラウドソーシング	テスト技術者の提供（テスト業務とテストツールの提供を含む）

そして未来はどうなるでしょうか？　テストDNAの奥深くに潜んでいるアグレッシブな遺伝子が、クラウドソーシングをさらに優れたものに進化させるのでしょうか？　そのとおりだと考えています。ただし、実現には何年もかかりますし、いくつもの技術的飛躍が必要です。とりあえず、新しいテスト概念に名前を付けるために、新しい用語を考案してみました。「テストソーシング」です。

[訳注37]　世界最大のクラウドテスティングホストサービス（"https://www.utest.com/"）

世代	ベンダーの役割
第4世代 テストソーシング	テスト成果物の提供（テスト技術者とテスト業務とテストツールの提供を含む）

しかし、まだ起こっていない重要な技術的飛躍を抜きにしては、テストソーシングを説明できません。それは仮想化技術です。詳しくは「テストの未来（その2）」で説明します。

C.3.5　テストの未来（その2）

テストソーシングがテストの未来に定着するためには、2つの技術的障壁を打ち破る必要があります。テスト成果物の再利用性と、ユーザー環境へのアクセスです。説明します。

再利用性：1990年代にOO（オブジェクト指向 - Object-Oriented）と派生技術が普及したおかげで、ソフトウェア開発成果物の再利用性はあたりまえになりました。今日開発しているソフトウェアの多くは、既存のライブラリの集まりです。残念なことに、テストはまだそこにいたっていません。自分が書いたテストケースを他のテスト技術者に渡して再利用することは、ほとんどできません。テストケースが自分のテスト環境に依存しすぎているからです。テストケースはテスト対象になっているたった1つのアプリケーションに特化しているからです。他のテスト技術者が持っていないツールが必要だからです。自動化ハーネス[訳注38]、ライブラリ、ネットワークを正しく設定しないと使えません。再利用は容易ではありません。

ユーザー環境：すべてをテストするためには、膨大な数のユーザー環境が必要です。たとえば、さまざまな携帯電話で動作するアプリケーションを開発したとします。アプリケーションをテストするために必要な種類の携帯電話を、どこで手に入れればいいでしょうか？　また、想定するユーザーの携帯電話と同じ設定にするためにはどうすればいいのでしょうか？他のあらゆるアプリケーションにも同じことが言えます。Webアプリケーションの開発なら、OS、ブラウザ、ブラウザの設定、プラグイン、レジストリの設定、セキュリティ設定、ハードウェア固有の設定、競合するアプリケーションなどをどのように考えればよいのでしょうか？

これに対する答えは、仮想化です。仮想化は、より安価で、より高速で、より強力になってきています。開発環境の管理からITインフラのデプロイまで、あらゆる領域で使われています。

仮想化は、クラウドソーシングの「クラウド」に力を与える可能性を秘めています。テスト対象に特化しているテストスイート、テストハーネス、テストツールでも、ワンクリックで仮想マシンに展開できます。誰でも、どこであってもテスト環境を利用できます。現代のソフトウェア開発者が同僚や先人のコードを再利用できるように、クラウドのテスト技術者

［訳注38］　テストハーネスとは、スタブやドライバで構成されているテスト実行環境のことです。テストの自動実行やテストレポートの出力などの機能を持っていることもあります。

もテストスイートやテストツールを再利用できるようになります。再利用によって確実に構築できるアプリケーションの範囲が広がりました。同じように、再利用によってテスト技術者がテストできるアプリケーションの種類も増えるでしょう。複雑で高度なテストハーネスも、仮想化を使えばすぐに再利用できるようになります。

　ユーザー環境についても、仮想化はテスト技術者に同じ恩恵をもたらしてくれます。ユーザーはワンクリックで自分のコンピュータ全体を仮想マシンに取り込みます。そして、クラウド環境でテスト技術者が利用できるようになります。世界中のすべてのビデオを保存して、誰でも、どこでも、すぐに見ることができるのです。仮想ユーザー環境でも同じことができないはずがありません。PCでは仮想化技術はすでに存在しています。モバイルやその他の特殊な環境でも、ほぼ実現しています。ただ、仮想化技術をテストに応用しさえすればいいのです。

　最終的には、再利用可能な自動テストハーネスや、ユーザー環境をすべてのテスト技術者がどこからでも利用できるようになるでしょう。仮想化による再利用は、クラウドソーシングの大きな力になります。技術的な面からは、アウトソーシングと同等以上に渡り合えるようになります。クラウドソーサーはアウトソーサーよりもはるかに数が多いので（現実はともかく、少なくとも理論上は）、仮想化がクラウドソーシングに有利に働くことは明白です。

　市場原理もまた、仮想化によって実現するクラウドソーシングモデルを後押しするでしょう。クラウドソーシングは競争優位性を得るために、ユーザー環境を欲しがるでしょう。ユーザー環境は金銭的価値が生まれるのです。自分の環境を仮想化して共有するボタンをクリックすることで、ユーザーはインセンティブを得られるようになります（もちろんこのモデルにはプライバシーの問題がありますが、解決可能です）。ここでは問題が発生する環境のほうが、正常に動作する環境より高い値がつきます。そのため、頻繁にドライバエラーやアプリケーションエラーが発生しているユーザーにもメリットが出てきます。エラーの多いテスト用仮想マシンのほうが価値がある、つまり、レモン[訳注39]の中には金が入っているのです！　同じように、テスト技術者もインセンティブを得るために、テスト資産を共有して可能なかぎり再利用できるようにするようになるでしょう。市場原理が再利用可能なテスト成果物を求めるようになり、仮想化がそれを実現します。

　では、仮想化がもたらす未来は、ひとりひとりのテスト技術者にとってはどのような意味を持つのでしょうか？　20〜30年先には、数百万（？）のユーザー環境がキャプチャ、クローン、保存されて利用できるようになっていることでしょう。集められたユーザー環境はオープンなライブラリになって、テスト技術者が自由に利用できるようになっていると想像できます。あるいは、サブスクリプションで利用できる有料ライブラリかもしれません。テストケースやテストスイートも同じようにライブラリ化されるはずです。それぞれがもっている価値や有用さに見合った領域でライセンスされるようになっているでしょう。

　おそらく、人間のテスト技術者は極めて少数になっていると思います。ニッチな製品や専門性の高い製品（あるいはオペレーティングシステムのような極めて複雑な製品）だけにテ

［訳注 39］　英語のスラングでレモンには「役立たず」の意味があります。

スト技術者が必要とされる時代が来るでしょう。

　大半の開発では、ひとりのテスト設計者だけになります。テスト設計者は膨大な数のテスト仮想環境からテスト対象に適したものを選び、テストを並行して実行します。テスト仮想環境はすでにユーザーごとの設定ができており、すぐに自動テストを実行できる状態なので、数百万時間のテストが時間で完了します。これがテストソーシングの世界です。

　これは、現在行っているようなテストが終わることを意味します。しかし、テストコミュニティにとっては、まったく新しい課題や問題の始まりです。そして、テストソーシングの世界は仮想化技術があれば実現できます。現在すでに存在しているか、あるいは近い将来に実現すると考えられる技術以上のものは必要ありません。また、テスト技術者に今より高度な役割が求められる世界でもあります。設計（実際にテストを実施する場合）や開発（再利用可能なテスト成果物の構築や維持管理を行う場合）の役割を担わなければならなくなります。もう開発サイクルの終盤で活躍するだけではなくなります。仮想化された未来では、テスト技術者は第一級市民[訳注40]なのです。

C.4　2008年9月

　この月は、テストの未来シリーズに加えて、単発の記事もこっそりと投稿していました。次の認定資格についての記事は、大きな注目を集めることになりました。どうやら、認定資格は教育をしているコンサルタントを大儲けさせているようで、記事に書いた認定資格の価値に対する懐疑的な意見は歓迎されませんでした。この記事を投稿した後に、ブログの反応として初めて嫌がらせメールを頂くことになりました。Microsoftが認定資格を無意味だと思っていることをほのめかしたせいで、認定資格を妨害していると非難されたのです。しかし、私はほのめかしただけです。Microsoft社内のほとんどの人は、本当に認定資格を無意味だと思っています！

C.4.1　テスト技術者認定資格について

　テスト技術者の認定資格についてどう思いますか？　賛成、反対両方の意見を聞いたことがありますし、さまざまな認定とその要件も調べました。率直に言って、あまりいいものだとは思っていません。私の雇用主も同じです。今までMicrosoftで認定資格を持っているテスト技術者に会ったことはありません。ほとんどの人は認定資格があることさえ知りません。テスト技術者は皆、昔ながらの方法でテストを学んできました。手に入るかぎりの書籍や論文を読むことや、自分よりもテストに精通している同僚に弟子入りすることです。あるいは、自称テストの達人による講演や文章を批判することでテスト技術を向上させてきました。

　単純に考えれば、こうです。Microsoftには、私が今までに会った中でも最高のテスト技術

[訳注40]　第一級市民（first class citizens）とはオブジェクト指向言語の「第一級オブジェクト」の意味で用いられる言葉です。第一級オブジェクトとは生成、代入、演算などの基本的な操作を制限なしに行えるオブジェクトを指します。

者が何人もいます（つまり、本気で言っているのですが、帝国はテストのことをよく知っており、また、テスト技術者についてもよく知っています。私はテストについて研究しており、おそらく実際以上にテスト革新の功績で評価されています。しかしMicrosoftでは私以上にテスト分野の知識があり、私よりもはるかに優れたテスト技術者と出会わない日はありません。ここで何人かの名前を挙げたいのですが、挙げられなかった人は怒るでしょう。怒っているテスト技術者は手に負えないので、名前を挙げるのはやめておきます）。私の経験では、資格とテストの才能の間には逆相関があります。私が尊敬する他社のテスト技術者についても、カンファレンスや会議で出会うかぎりでは同じことがいえます。カンファレンスや会議でミーティングで会う、私が尊敬する他社のテスト技術者にも同じことが言えます。私が知っている本当に優秀なテスト技術者は、資格を持っていません。たまに例外もありますが、一般的には成り立ちます（その逆については、私には意見を述べるだけのデータがありません）。

　繰り返しますが、これは私の経験則です。経験と事実はイコールではありません。では、なぜ認定資格をテーマにブログに書いているかというと、最近になって認定資格を持つ3人のオフィスマネージャー/管理者に会ったからです。この3人はテスト技術者ではありませんが、テスト技術者とともに業務をしています。また、3人は認定資格の教育コースを主催しています。そして認定資格を取得すれば、周りにいるテスト技術者が毎日何をしているのかを理解することに役立つだろうと考えました。3人は教育コースを受講し、試験を受け、資格を取得しました。

　うーむ。

　OK、確かに、3人が賢く、好奇心が強く、勤勉であることは認めます。しかし、試験にはこれ以上の要素があります。3人は自分たちがコンピューティングについてほとんど知識がないこと、ソフトウェアについてはもっと知識がないことをすぐに認めました。私の印象としては、3人がよいテスト技術者になれるとは思えませんでした。3人のスキルはテストとは別のところにあります。私がフロリダ工科大学で教えていたどの講義にも合格できるとは思えませんし、帝国のトレーニングも3人には少し難しすぎるのではなかと思います。しかし、認定試験には難なく合格しました。

　私は何か見落としているのでしょうか？　認定資格の目的は、受験者が何をできるかを認定することではないのですか？　「認定」というのは本当に強い言葉で、軽々しくは使えません。認定資格のある配管工に仕事を依頼するとき、資格を持っていない私より高い能力を期待しています。認定資格のある電気工事士に仕事を依頼するとき、素人の私を悩ませた問題を簡単に解決することを期待しています。認定資格のあるテスト技術者に仕事を依頼するとき、認定資格にふさわしい能力とスキルでテストを実施してくれることを期待するでしょう。配管会社の管理職が、簡単に配管工の認定資格を取得できるのでしょうか。

　ちょっと調べてみました。配管工は（少なくともシアトルでは）確かに資格を持っていますが、講習と試験を受けて資格を取得するわけではありません（資格そのものを取得するためには講習と試験が必要ですが）。ベテラン配管工のもとで一定期間見習いを務めることが必要です。認定資格を取得した時点で、配管工の仕事はすべてこなせるようになっていると考えてください。

ソフトウェアテストは配管工事とは違いますが、認定という言葉には抵抗があります。強い言葉です。テスト技術者認定資格には、私が見落としている何かがあるのでしょうか？ 単にソフトウェアの基本的な専門用語を理解していることを認定するのでしょうか？ あるいは他のテスト技術者と会話ができて仲間と認めてもらえるというものなのでしょうか？ それとも、単にオープンマインドでコースを受講し、ある程度は理解できたということなのでしょうか？ このようなことができたからといって、テスト実行には何か役立つのでしょうか？ 認定資格があることで、テスト業界になにかよいことがあるのでしょうか？ まったくテストができない人を認定してしまい、テスト業界のレベルを下げてしまうことにはならないでしょうか？

私は、テスト技術者の認定資格は本当の認定資格ではないと思います。単なるトレーニングです。認定と呼ぶのは誇大広告です。私の考える認定というものは、素人や初心者以上のことができることの証明書です。そうでなければ、何をもって認定したというのでしょうか？

私はテスト技術者であることに誇りを持っています。傲慢だと取られるのであれば、それはそれでかまいません。私や私の同僚が行っている業務は、教育コースを1つ修了しただけでできるようなものではありません。どれほど賢いオフィスマネージャーであっても同じです。

もし私が認定資格を誤解しているのなら、ご教授願いたいものですね。どう考えても利点がないのですから。

C.4.2　テストの未来（その3）

これは私が気に入っている未来予測です。THUDの開発には今も熱心に取り組んでいます。

では、今回は3つ目の未来予測、つまり、情報の取り扱い方と、テスト技術者がどのように情報を活用して未来のテストを改善するかについて話します。

予測1：テストソーシング　予測2：仮想化　予測3：情報

ソフトウェアのテストに役立つ情報は何ですか？ 仕様書？ユーザーマニュアル？ 旧バージョン（あるいは競合製品）？ ソースコード？ プロトコルアナライザ？ プロセスモニター？ その情報は役に立ちますか？使いやすいですか？

ソフトウェアテスト技術者が取り組むすべての活動の中心にあるものは情報です。ソフトウェアは何をするのか？どうやって実行しているのか？ このような情報が多ければ多いほど、テストの質は向上します。現在のテスト技術者があまりにも少ない情報しか受け取れていないことが、私には受け入れられません。しかも、そのどれもがテストをしやすくするために準備された情報ではないのです。幸いにも、この状況は急速に変化しています。近い将来、適切なタイミングで適切な情報を手に入れられるようになるでしょう。

私はテストに必要な情報を入手するためのヒントを、テレビゲームから得ています。テレビゲームでは、情報の表示方法と利用方法がほぼ完成しています。ゲーム、プレイヤー、対

戦相手、環境の情報が多いほど、うまくプレイできてハイスコアをとれます。テレビゲームでは、この情報はHUD（ヘッドアップディスプレイ）に表示されます。HUDとは、ゲーム画面に重なって表示される小さなウィンドウです。HUDにはプレイヤーの能力、武器、体力などの情報が表示されており、クリックするとさらに詳細な情報が表示されます。同じように、ゲーム内のプレーヤーの位置は小さなミニマップに表示されていますし、対戦相手の情報もすぐに入手できます（私の息子は以前ポケモンをプレイしていました。ポケデックス[訳注41]にアクセスするとゲーム内で出会うポケモンの詳しい情報が手に入ります。同じように、テスト中に出会うバグの情報が手に入るバグデックスが欲しいと思っています）。

　しかし、テストの世界のほとんどは、テレビゲームのような豊富な情報インフラを持たないブラックボックステストに埋もれています。システム内のどの画面をテストしているのかを教えてくれるミニマップはどこにありますか？　テストしている画面がシステムの他の部分とどのようにつながっているのかを教えてくれますか？　GUIコントロールの上にカーソルを置いても、ソースコードや、コントロールが実装している（つまりテスト対象の）プロパティのリストを見ることができないのはなぜですか？　APIをテストしているときに、すでに自分や同僚のテスト技術者がテストを終えているパラメータのリストを見れないのはなぜですか？　私は上記に挙げたすべてを、テストに使える形式で表示して欲しいですし、必要な時にすぐに見たいのです。SharePointのサイトにバラバラに格納されているプロジェクト成果物から探したくはないのです。

　私が望んでいる情報の取得ツールのことを、Microsoftの同僚であるジョー・アラン・ムハルスキーは、THUD（テスト技術者用ヘッドアップディスプレイ：Tester's Heads Up Display）と呼んでいます。THUDはバグ検出に必要な情報と、機能検証に必要な情報を表示します。THUDが表示する情報は、テスト技術者がすぐに利用できる形式です。THUDはテスト対象のアプリケーションをラッパーするスキンだと考えてください。現在は適切な情報を表示するTHUDが使用された事例はほとんどありません。将来はTHUDなしでテスト実施することは考えられなくなっているはずです。ゲーマーがHUDなしで予測不可能で危険なゲームの世界を旅することが想像できないのと同じです。

　もし、これがチート[訳注42]に見えるのなら、それはそれで構いません。HUDにチートを追加したゲーマーは、チートを使わないゲーマーよりもっと優位な位置に立てます。ソース、プロトコル、バックエンド、フロントエンド、ミドルウェアにアクセスできる社内テスト技術者なら、実際に「チート」ができます。ブラックボックステストしか実施できない外部テスト技術者やユーザーよりも、社内テスト技術者はバグ発見においてはるかに優位な位置に立っているのです。つまり、誰よりも速く、誰よりも効率的にバグを発見できる位置に立っています。テスト技術者が望んでいた場所にいるのです。アプリケーション内部の情報活用は、私が全面的に賛成するチートです。しかし現時点では、テスト技術者はチートに必要な情報を活用できていません。

　将来的には活用できるようになるでしょう。未来は、情報不足の現在とは根本的に異なる

［訳注41］　Pokédex。ポケモンの情報を調べることができるゲーム内ツールのことで、日本語版では「ポケモン図鑑」です。

［訳注42］　ゲームにおける不正行為のこと。特にゲームを改造する行為を指すことがあります。

ものになるでしょう。

C.4.3 テストの未来 (その4)

今振り返ると、この未来予測は魔法のような話です。世界がまだ予測まで到達していないからです。しかし、ここに書いたのは未来の予測なので、魔法に見えてもかまわないと思います。開発早期段階でのテストを提唱する人は大勢いますが、それは単にテスト技術者を開発早期に参加させているだけです。私の立場から言わせてもらうなら、何十年も前からテスト技術者は仕様書のレビューなどに参加していました。これは早期にテスト技術者が参加しているだけで、早期にテストを実施しているわけではありません。本当にしなければならないことは、開発早期にテストを実施できるものを入手して、開発早期にテスト技術を投入できるようにすることです。

▌早期テスト

テストにはギャップがあります。ギャップは、品質を悪くし、生産性を下げ、開発ライフサイクルを管理できなくします。テストのギャップとは、バグが発生してから、バグが検出されるまでの期間のことです。ギャップが大きいほど、バグが長期間システムにとどまります。これ自体も明らかに問題です。しかし、バグがシステム内に長くとどまっているほどバグ除去のコストが高くなることは、すでに何度も聞いたことがあると思います。

未来のテスト技術者はテストのギャップを埋めなければなりません。

しかし、テストのギャップを埋めるためには、テストのやり方を根本的に変えなければなりません。2008年の時点では、ソフトウェア開発者がバグを作りこむのはまったくの偶然によるものです。Microsoftの開発環境では、バグの作りこみを防ぐ手段はほとんどありません。バイナリファイルを生成するまでは、バグを見つける活動はほとんどされていませんでした。バグを作りこんだ後、開発プロセスのかなり後までバグを放置していました。そして、開発プロセス後期になって、テスト技術者の英雄的な活躍に頼ってバグを検出することになっています。

ソフトウェアテスト技術者の役割は、バグ発見とバグ分析のテクニックの開発プロセスへの提供です。今後テスト技術者がしなければならないことは、このテクニックをプロセスのもっと早い段階での提供です。このためにできることとして、2つの方法を考えています。1つ目は、バイナリの生成を待たずに、開発初期の成果物にテストを実施することです。2つ目は、開発初期段階でバイナリを生成してテスト実施できるようにすることです。

それでは、順番に説明していきましょう。最初は「開発初期の成果物へのテスト実施」から。開発後期の英雄的活躍の期間では、テスト技術者はユーザーインターフェースを利用してバイナリからバグを検出します。まず、コンパイル済みのバイナリ、アセンブリ、バイトコードの集合体にテストハーネスを接続します。そして、十分なバグを検出して十分な品質があると確信できるまで、入力とデータでバイナリを叩きます（品質測定とリリース基準については、おそらく今後のブログ記事で取り上げることになると思います）。

しかし、なぜバイナリの準備が終わるのを待たなければならないのでしょうか？　アーキテクチャ設計書にはテスト技術を使えないのでしょうか？　要求やユーザーストーリーには？仕様書や設計書には？　過去半世紀にわたって蓄積されたテスト技術、テスト技法、テストの知見は、実行形式のプロジェクト成果物にしか使えないというのは、あり得ないことではないでしょうか？　なぜ実行形式のファイルと同じ方法で、アーキテクチャをテストできないのでしょうか？　なぜテスト技術をデザインやストーリーボード[訳注43]に使えないのでしょうか？　その答えは、「しない理由はない」です。実際、Microsoft社内の先進的なグループは、開発早期の成果物にテストを実施しています。将来的には、チーム全体で開発早期のテスト実施方法を見つけ出すでしょう。テストを始めるのは、テストができるようになった時ではなく、テストを必要とする成果物ができた時です。微妙な違いですが、重要な違いです。

　2つ目は「早期にバイナリを生成する」ですが、このためには技術的なハードルを飛び越えなければいけません。2008年の時点では、コンポーネントごとにソフトウェアを開発しています。すべてのパーツが準備できなければ全体を構築できません。つまり、すべてのコンポーネントがある程度完成するまでは、テストが実施できないのです。そのため、作りこんだバグがテストで発見されるまでに、何日も何週間もそのままにされています。部分的に完成したコンポーネントを仮想コンポーネントで代用できないでしょうか？　あるいは、外部動作を模倣するスタブで代用することはできないでしょうか？　（一時的に）挿入されたシステムに合わせて動作を変える汎用カメレオン・コンポーネントは作れないでしょうか？　私はできると予想しています。なぜなら、できなければならないからです。仮想コンポーネントやカメレオン・コンポーネントがあれば、バグが作りこまれた直後にテスト技術者が検出できるようになります。産声を上げたバグが生き残るチャンスはほとんどなくなるでしょう。

　開発サイクルが終了してから始めるのには遅すぎるほど、テストは重要な工程です。確かに、反復型開発やアジャイル開発なら、開発早期にテスト可能なコードを作成できます（小規模な上に機能も不完全ですが）。それでもリリース後に発見されるバグがあまりにも多いのです。現在行われているテストは、は明らかに不十分です。

　将来的には、開発初期段階の開発成果物にテストの威力を発揮できるようにならなければなりません。また、コードが完成するはるか前に、実行できてテストも可能なバイナリコードを準備できなければなりません。

C.4.4　テストの未来（その5）

　視覚化は、テストツールの世界で大きな進歩を遂げている分野です。あと数年で実現するでしょう。数年以内に、ソフトウェアテストはテレビゲームをプレイするようなものになるはずです。

　視覚化。

[訳注43]　ユーザーストーリーやユーザーエクスペリエンスを絵コンテ形式で記述して、他の人にも理解しやすくしたものです。

ソフトウェアはどのように見えていますか？　ソフトウェアを開発しているときや、テストをしているときに、ソフトウェアを視覚化できれば便利だと思いませんか？　ひと目見ただけで、未完成の部分があることがわかるのです。依存関係、インターフェース、データも簡単に確認できます。テストもしやすくなるはずです。少なくとも、開発中はソフトウェアの成長と進化を観測できます。テスト中は入力がどのように使われるのか、動作環境とはどのようにやり取りしているのかを観測できます。

他の工学分野にもこのような視覚的なものがあります。自動車を製造する人たちのことを考えてみてください。組み立て工程の作業員は、全員が自動車を見ることができます。バンパーやハンドルがまだ取り付けられていないことも分かります。機械化された組み立てラインを内装がまだの自動車が進んでいくところを見れます。組み立てライン上で自動車が完成品になっていくところを見れます。完成まであとどれくらいかかりますか？　組み立てラインの終点まで40フィートです！

自動車の製造に関わる人たちが自動車について共通のビジョンを持っていることは、非常に有益です。全員が理解できる共通言語を持つことと同じだからです。すべての部品、すべての加工、すべてのインターフェース。これが組み立て工程のどこにあるのかを全員が理解しているので、意思疎通ができるようになっています。

残念ながら、ソフトウェアの世界は違います。「完成まであとどれぐらいかかりますか？」「残っている作業は何ですか？」このような質問には答えを窮します。これは21世紀のテスト技術者が解決することになる問題です。

アーキテクトやソフトウェア開発者はすでに視覚化を解決しています。Visual Studio には、シーケンス図や依存関係グラフなどの図示機能や視覚化機能が豊富にあります。テスト技術者も視覚化の問題を解決しています。帝国の城壁内にある視覚化は見事なものです。Xboxのゲームはコード変更が視覚化されています（コードが変更されたオブジェクトは緑色に光って表示され、テストが終わると通常状態に戻ります）。Windowsは未テストコードや複雑なコードを見つけることができます（コードカバレッジとコードの複雑さのヒートマップ[訳注44]を3次元空間に表示でき、テスト技術者は問題のある部分を正確に特定できます）。視覚化は素晴らしく、美しいものです。テスト技術者は視覚化された表示を一目見るだけで、テストが必要な場所を特定することができます。

テスト技術者には視覚化が必要です。しかし、視覚化は慎重に進めるべきです。UMLで描かれた図やモデリングの専門家から受け取った図を、そのまま使うことはできません。図がテストに利用できるのかできないのかは、関係ありません。もともと、テストとは別の問題を解決するために視覚化された図だからです。既存の視覚化技術の多くは、テストとはニーズが異なるアーキテクトやソフトウェア開発者のために作られたものです。テスト技術者はこのことをよく考えなければいけません。視覚化に必要なものは、異なる2つのものをマッピングすることです。要求をコードに、テストをインターフェースに、コード修正をGUIに、コードカバレッジをコントロールに。テストにはこのよう情報を結び付ける視覚化が必要で

［訳注 44］　量や数の大小を色の濃淡で表して、直感的に分かりやすくした図。

す。テスト中のアプリケーションを起動したら、GUIのカバレッジや実施したテストの数がひとめで分かるように視覚化されているといいと思いませんか？　ネットワーク使用率やリアルタイムのデータベース通信をアニメーションで視覚化できたらいいと思いませんか？　ネットワークトラフィックやSQLクエリが視覚化できたらいいと思いませんか？　アプリケーションの裏側では、目に見えないところでたくさんの処理が行われています。今こそ、裏側を視覚化して、コードの品質向上に利用するべきです。

これはすぐに解決可能な問題であり、多くの優秀な人たちが取り組んでいるます。視覚化は、ソフトウェアテストに活力を与えてくれます。

C.5　2008年10月

10月に投稿したものはテストの未来シリーズの続きです。ブログのアクセス数もだんだんと上昇し始めていました。MSDNのトップページで紹介されるようになり、そのせいでますますブログのアクセス数が増加しました。また、「テストの未来」の社内講演の依頼が急増していました。テストの未来について優秀なMicrosoftのエンジニアたちと話す機会が増え、討論するようになっていました。その結果として、未来のビジョンにいくつかの弱点があることが分かり、利点を補完できました。やがて8つの未来予測のうちの「情報」に注力するようになっていました。

ただし、次の記事はテストの文化についてです。次の物語に登場する「技術フェロー[訳注45]」であるとともに「著名なエンジニア」でもある方の正体を誰にも言ったことはありません。これからも明かすことはしないでしょうが、今でも定期的に会ってソフトウェアテストについての話をしています。

C.5.1　テストの未来（その6）

テスト文化

数カ月前、私は帝国の技術フェロー（たぶん著名なエンジニアだったと思いますが、似たような人が多いので確かなことは言えません）の講演会に出席しました。他の技術フェローと同様に非常に優秀な方でした。新製品の設計についての発表を聞いたとき、私はあることをひらめきました。

私はひらめいたときに、腎臓結石を排出しているような表情をします。技術フェローはそれに気づいて（私の隣に座っていた女性も気づいていましたが、そのことについては話したくありません）、講演が終わった後に私に声をかけてきました。その時のこのような会話を交わしました

[訳注45]　組織によってフェローの意味は異なりますが、研究職を指すことが多いようです。日本では役職待遇の研究職を意味することがあります。

「ジェームズ（技術フェローは私の名前を知っていました！）、私の設計や製品に何か問題を見つけたようですね。お聞かせいただけますか。」

「いいえ、あなたの製品にも設計にも問題はありません。問題はあなた自身です。」

「えっ？ もう一度お願いします。」

「あなたのような人は恐ろしいです。」私は続けてい言いました。「あなたは、フィーチャやシナリオをどうやって実現すればいいのかを考え続けています。それにインターフェースやプロトコルの設計に明け暮れています。あなたは重要な役職についていますので、他の人ははあなたの意見に耳を傾け、あなたの夢を実現しようとします。ただ、あなたはテストについて何も知らないまま行動しているのです。」

そしてこれが、技術フェローが正しいことをしようとした瞬間でした。テストに手を伸ばそうとしたのです。私は設計レビューへの参加を頼まれました。読者の皆さんなら、それが正しい対応だとお考えでしょう。

しかし、間違った対応です。

テスト技術者を設計に参加させることは、テストをまったく考慮していない設計よりましです。しかし、それほどいいものでもありません。テスト技術者はテストの問題を探します。ソフトウェア開発者は実装の問題を探すでしょう。その両方を管理するのは誰でしょうか？正しいトレードオフを決めるのは誰でしょうか？ 誰もできません。テスト技術者が設計に参加しても、多少の改善にしかなりません。設計者（およびその他すべての開発人員）がテストに参加することこそが、ソフトウェア未来です。

まじめな話、ソフトウェア開発者がテストをほとんど理解していないのはなぜでしょうか？ そして、これまで改善してこなかったのはなぜでしょうか？ 私たちテスト技術者はテストの役割にこだわりすぎて、この「知性の王国」に他の誰も入れようとしていないのでしょうか？ ソフトウェア開発者が答えを見つけられないほど、テストは難解で曖昧なものなのでしょうか？ ソフトウェア開発者は、開発プロセスの「あまりおもしろくない」部分をテスト技術者に任せることに慣れてしまい、今ではそれが当りまえだと思っているのでしょうか？

設計にテスト技術者を加えてもうまくいきませんでした。テスト技術者が早くからテストをしてもうまくいきませんでした。ソフトウェア開発者とテスト技術者の比率が1：1の組織がありますが、信頼性が高い製品が開発できるとは考えられません。ソフトウェア開発者とテスト技術者の比率がはるかに「悪い」組織もありますが、優れた製品が開発されることもあります。将来的には、開発とテストの役割分担が役に立たなくなると思います。開発とテストの役割分離は、テストが後手に回ることを確定するだけかもしれません。そのせいでテストが不足して、製品の持てる力を発揮できなくなるかもしれません。

現在のテスト文化と役割分担は破綻しています。それを修正するためには、テストと他の役割を統合することです。品質をメンバー全員の仕事にしなければなりません。トールキン

[訳注46] の言葉を思い出してください。「1つの役目はすべてを統べる！」[訳注47]

　テストの知識がテスト技術者全員の頭の中に入っている世界を想像してみてください。アーキテクトはテストを知っています。デザイナーはテストを知っています。ソフトウェア開発者はテストを知っています。そしてプロジェクトメンバー全員が、自分の業務にテスト業務を追加します。これは、他のプロセスから独立したテスト業務がなくなるという意味ではありません。ある程度は独立してテストを実施したほうがいいですし、その方がよりよいテストが行えます。製品開発全体を通して行われる各決定は、正しいテストを行うためにはどうすればいいのかという問いかけになるかもしれません。そうならば、開発プロセスの最後に実施するシステムテストは、現在想定できる最高のレベルに到達できるはずです。プロジェクトメンバー全員がテストを理解しているなら、数人の専任テスト技術者でどれほどのことを成し遂げられるかを想像してみてください！

　このテストのユートピアを実現するためには、テスト文化を根本的に変える必要があります。テストは、学術界やプログラミング教室など、ソフトウェア開発現場以外でも教えられるようにならなければなりません。開発者のキャリア形成とともにテスト教育は続けられなければなりませんし、より高度で強力なものになっていかなければなりません。プロジェクトのステークホルダー全員がテストを理解し、あらゆる業務にテストの考え方を使わずにはいられなくなるところまで到達する必要があります。ツールもテスト業務以外への適用をサポートするようになります。いつの日か、テスト不可能なソフトウェアは作成されない、というところに到達するでしょう。それは、一部の優秀なテスト技術者によって実現できたものではなく、プロジェクトメンバー全員によって成し遂げられるものです。

　プロセスの「最後の仕上げ」にするには、テストはあまりにも役割が多すぎます。設計がバグを作りこむのは開発プロセスの初期なので、プロジェクトの初期でバグを除去しなければなりません。また、品質保証を専任の担当者にまかせるには、あまりにも役割が多すぎます。その代わりに品質をすべてのプロジェクトメンバー全員の業務として、テストの考え方をすべての業務に適用するためには、根本的なテスト文化の変化が必要です。

C.5.2　テストの未来（その7）

　この記事のタイトルは失敗です。「テストをデザインする」にするべきでした。そちらのほうが言いたかったことに近くなります。テスト環境や再利用可能なテストケースなどのテスト資産でテストをデザインできれば、もっと高いレベルでテスト業務を行えるようになるでしょう。しかしこの記事はWeb掲載時のままなので、少し不完全です。

設計者としてのテスト技術者

　現代のテスト技術者は、開発後期に英雄的な活躍をしています。バグを見つける役割のせいか、ボーナス査定の時期になってもあまり評価されなません。テスト技術者が重大なバグ

[訳注46]　J・R・R・トールキン。イギリスの作家。『指輪物語（ロード・オブ・ザ・リング）』、『ホビットの冒険』の作者。
[訳注47]　『指輪物語』の一節「一つの指輪はすべてを統べ」のもじりです。

を見つけるのは、それが仕事だからであり、期待されているからです。重大なバグを見逃せば、質問攻めにあいます。よく言われる、「やっても悪い結果になり、やらなくても悪い結果になる。」というケースです。

これは変えなければならないので、すぐに変わっていくでしょう。そうでなくていはいけません。私の友人であるロジャー・シャーマン（Microsoft初の統括テスト担当ディレクター）は、これを「テストの青虫が蝶になる」と言っています。ロジャーによれば、テストの蝶とはデザインのことです。

まったく同感です。テストやテスト技法の適用が開発プロセス早期に移動すれば、テスト技術者はソフトウェアの検証よりもソフトウェアの設計に近い業務をするようになります。テスト技術者の仕事はバイナリのテストだけではなくなります。すべてのソフトウェア成果物の品質向上のためにはどうすればいいのかを考えるようになり、品質戦略設計に業務の重点が移っていくでしょう。テストケースを実行するよりも、テストの必要性を認識することに時間をかけるようになります。自動テストの準備と実行よりも、自動テストの管理と効果の測定に時間をかけるようになります。新しいテストを作成するよりも、既存テストの実施状況を確認することに時間をかけるようになります。テスト技術者はデザイナーとなり、もっと抽象度の高いテストを行い、開発ライフサイクルの早期にテストを行うようになります。

Microsoftでこの役割を負うのは、たいていはテストアーキテクトです。また、ほとんどのテスト業務はデザインに近づいていると思います。「テストの未来」シリーズのこれまでの6つの記事を読まれたのなら、テストがデザイン中心に変わっていくことを理解してもらえるでしょう。

さて、これは素晴らしい未来のように聞こえます。しかし、明るい未来の裏側には暗い影が差しています。暗い影が指しているのは、現在のテスト技術が見つけることを得意とするバグと、得意とするテストが原因です。テスト技術者はビジネスロジックのバグを見つけるよりも、構造的なバグ（機能性のバグではなく、クラッシュやハングアップなどのソフトウェア構造のバグ）を見つけるほうが得意と言っても、言い過ぎではありません。しかし、このシリーズで描いている未来には、構造的なバグの技術的解決策が無数にあります。そのため、ソフトウェアテスト技術者はビジネスロジックのバグに対処することになります。しかしビジネスロジックのバグの検出についてソフトウェア業界全体が組織的に取り組んでいるとは思えません。

ビジネスロジックのバグを見つけるとは、ビジネスロジックそのものを理解しなければならないという意味です。ビジネスロジックを理解するとは、顧客や競合他社と関わることが今より増えるという意味です。そして、ソフトウェアが稼働している業界に深くかかわることになるという意味です。未来のテスト技術者はソフトウェアのライフサイクルの早期にテストを実施するだけでなく、プロトタイピング、要求獲得、ユーザビリティなど、いままでしてこなかったことに取り組むことになります。

ソフトウェアのライフサイクルの初期には、テスト技術者が経験したことのない大変な仕事があります。開発の初期段階で結果を出すためには、ビジネスロジックのバグを見つける際の課題に対処し、顧客や品質についての考え方を学ぶ意欲が必要になります。

これが製造工程の初期段階になると、話はまったく異なります。ここは現実すでに存在するテストの問題が残っている場所です。もし未来がやってこなければ、今よりもっと多くのテスト技術者が製造工程で働かなければならなくなるでしょう。

C.5.3 テストの未来（その8）

この記事を投稿した後に、個人情報保護担当から電話がありました。Microsoftは顧客情報の保護し、個人情報の流出などの問題を引き起こさないために細心の注意を払っています。そうだとしても、私はソフトウェアの手を借りてテストを実際の使用環境で移動させなければならないと考えています。つまり、自己テストと自己診断ソフトウェアです。たしかにプライバシーへの影響はありますが、対処することができるはずです。

リリース後のテスト

テストの未来シリーズの最終回です。お楽しみいただけたでしょうか。今回の記事では、私の予測の中でも特に物議を醸しそうなものを取り上げました。すなわち、将来は製品とともにテストコードを出荷して、テストコードをリモートで実行できるようになるだろうという予測です。すでにハッカーたちがほくそ笑んでいる姿が見えますし、個人情報保護担当者の怒りが聞こえてきます。この懸念を払拭する方法は後ほどお答えします。

Windows Vistaがリリースされたとき、私はWindows開発部門に所属していました。ある晩、自宅で当時8歳だった息子にVistaのデモをしたことを覚えています。息子はコンピュータでよく遊んでいました（信じられないかもしれませんが仕事もしていました）。Vistaの Aero インターフェースやクールなサイドバーガジェットはお気に入りでした。大好きなゲーム（そのころ遊んでいたのはLine Rider[訳注48]やズー タイクーン[訳注49]）が快適にプレイできることも喜んでいました「息子が業界ブロガーでないのは残念だ」と思っていましたが、話が脱線したようですね。

デモの最後に、テスト技術者の誰もが恐れる質問を私にぶつけてきました。

「パパはどの部分を作ったの？」

声が出てきませんでした。そんなことは滅多にありません。口ごもりながら意味不明なことをつぶやいてしまいました。何カ月も仕事に取り組んでいたのに、実際にはなにも作っていなかったのです（当時、私はMicrosoftに入社したばかりでしたし、Vistaの開発にはサイクルの終盤になってから加わりました）。8歳の子供になんと言って説明すればいいのでしょうか？　私は、この恐ろしい質問に対するお決まりの答えを試すことにしました（決まり文句には感嘆符が必要です…自分の言っていることが真実だと自分を納得させることができます）。

「Vistaをもっとよくするためにがんばったんだよ！」

「Vistaがうまく動いてるのは…パパのおかげだよ！」

「テストをする人がいなかったら、Vistaは社会の敵になっていたはずだよ！」

[訳注48] マウスで引いた線にそって、そりに乗ったキャラクターが移動するゲーム。各種の家庭用ゲーム機にも移植されました。
[訳注49] 2001年にMicrosoftが販売した動物園経営シミュレーションゲーム。XboxやニンテンドーDSにも移植されました。

特に最後の言葉が気に入っています。しかし、どれも中身がありません。これほど長い間1つの製品開発に携わっているのに、バグがなかったこと以上のことを自分の功績にできないのはなぜでしょうか？

リリース後のテストというアイデアは、テストコードをバイナリとともに出荷して、テスト技術者がいなくてもテストを継続すべきという考えから生まれたのだと思います。これは、テスト技術者の仕事を自慢できるようにしようというつまらない試みではありません。継続的なテストと診断を提供しようという考えです。正直に言うなら、製品をリリースした時にはまだテストは完了できていません。それならなぜテストを終了するのでしょうか？

リリース後のテストの一部はすでに実現しています。製品とともに出荷されている「ワトソン博士」[訳注50]（有名なWindowsアプリケーションの有名な「送信/キャンセル」エラーレポート）は、ユーザーの使用中に発生した障害を収集しています。次のステップは、不具合に対して何か対処ができるようにすることです。

ワトソン博士は障害を検知して、デバッグ情報の画像をキャプチャします。そして通信回線の先にいる不憫な担当者が送信されてくる膨大なデータをすべて調べて、Windowsアップデートで修正手段を探し出します。これは2004年には画期的なことでした。しかし数年後には時代遅れの技術になっているでしょう。

もし「不憫な担当者」がリリース前のテスト環境を利用して追加のテストを実施できたとしたらどうでしょうか？　もし「不憫な担当者」が修正をデプロイできて、不具合が発生した環境で回帰テストを実行できるとしたらどうでしょうか？　もし「不憫な担当者」が修正をデプロイしたあとに、アプリケーションを旧バージョンに戻すことができるとしたらどうでしょうか？

もはや不憫な担当者ではなくなるでしょう。

リリース後のテストを達成するためには、アプリケーションが過去のテストを記憶して、どこに行くのにもテストの記憶を持ったままにしなければなりません。つまり、アプリケーションが自分自身をテストできる能力が、未来のソフトウェアの基本フィーチャになるということです。テスト技術者の仕事は、テストの魔法の活用方法を考えることと、どうやってアプリケーションにテストの魔法を組み込むかを考えることです。テスト技術者が最もクールなフィーチャを設計したことに気づいたときの、目を輝かせる子供たちの顔こそが報酬なのです！

ハッカーや個人情報保護担当者の方々へ。安心してください！　ヒュー・トンプソンと私はずいぶん前に、出荷するバイナリにテストコードを含めることについては警告をしていました（拙著『Attack 10 in How to Break Software Security』の「攻撃10」を参照してください）。テストコードを悪用する方法を知っているのですから、テストコードを正しく使うこともできるでしょう。

［訳注50］　Windows の Vista 以前のバージョンに搭載されていた、システムエラーの内容をファイル保存するユーティリティソフトです。

C.5.4　Googleといえば

　ブログのタイトルにGoogleを使うと、アクセス数が急増するのはなぜでしょうか？　この記事は単なるお知らせでしたが、他の記事よりも多く読まれました！　今、私がGoogleで働いていることを考えると、もしかしたら虫の知らせだったのかもしれません。

　明日はGTAC[訳注51]の講演ですが、Googleで講演するようなものです。テーマは「テストの未来」の最新版です。会場でお会いできることを楽しみにしています。

　「テストの未来」には、たくさんのフィードバックを頂きました。そのため、私は今週末のほとんどを費やして、皆さんから頂いたご意見、修正の指摘、追加情報を元の記事に加えていました（あるいは盗用と言えるかもしれません。皆さんから見れば）。テストの未来について話し合い、知識を提供していただいた皆さんに感謝いたします。

　もしGTAに参加できないのであれば、11月11日にハーグで開催されるEuroSTARでも講演を行います。「テストの終わる日」と題して、似たような内容ですが暗いバージョンの講演をする予定です。そう、酒を飲んでR.E.M.[訳注52]を聴きながらこの原稿を書いていました。

　GTACとEuroSTARは両方とも大成功でした。EuroSTARでの講演は、その直前に行ったGTACの講演での経験が生かされました。どちらの講演も多くの議論を巻き起こすことができました。Googleのブースでは素晴らしい人脈を築くことができました。Googleの人たちの多くが、以前はMicrosoftに勤めていたというのも奇妙な話です。

C.5.5　帰ってきた「手動テスト vs 自動テスト」

　「手動テスト vs 自動テスト」について、これほど多くのメールが届いたことは信じられません。ただ、理由は簡単に分かります。私の博士論文の研究題目はモデルベーステストです。長年にわたってテストの自動化について教えるとともに、研究してきました。ただ、現在の私は手動テストに夢中になっています。手動テスト vs 自動テストは二者択一の問題ではありません。しかし手動テストには大きな利点があると考えています。手動テストでは、テストの全プロセスに人間の頭脳を活用することができます。一方で自動テストは、テストが開始すると人間の頭脳の恩恵が得られなくなります。

　「テストの未来」シリーズでは、手動テスト vs 自動テストの議論において両側を支持していました。赤ちゃんにキスするか、母親にキスするか決められないアメリカの政治家のように、意見をころころ変えると非難されました。手動テストと自動テストは、どちらか一方を選択するといったものではありません。しかし、手動テスト vs 自動テストについて私がどの

[訳注51]　「Google Test Automation Conference」。Google 主催する自動テストのカンファレンス。

[訳注52]　アメリカのオルタナティヴ・ロックバンド。EuroSTAR の講演の題目「テストの終わる日」は R.E.M. のシングル「It's the End of the World as We Know It (And I Feel Fine)」（邦題：世界の終わる日）のもじりです。

ように考えているのかをはっきりさせておきたいです。

つまり、ここで議論したいのは、手動テストと自動テストのどちらを実施するかを適切に決める方法や、手動テストの方が自動テストを上回っているシナリオ、あるいはその逆のシナリオについてです。単純な見かたとしては、自動テストは回帰テストやAPIテストに向いていて、手動テストは受け入れテストやGUIテストに向いているというものがあります。私はこの意見には反対です。問題の本質から目をそらしていると思います。

問題の本質は、APIテストなのかGUIテストなのか、回帰テストなのか機能テストかなのか、などとは無関係です。ビジネスロジックコードかインフラストラクチャーコードかという観点で考えなければいけません。なぜなら、これは手動テストと自動テストの境界線と同じ分割方法だからです。

ビジネスロジックコードは、ステークホルダーやユーザーが製品を購入する理由になるコードです。つまり、機能の実現を担うコードです。インフラストラクチャーコードは、ビジネスロジックを期待する動作環境で機能できるようにするコードです。つまり、マルチユーザー対応、セキュア化、ローカライズなどを担うコードです。ビジネスロジックコードをアプリケーションにするための土台が、インフラストラクチャーコードです。

もちろん、ビジネスロジックコードとインフラストラクチャーコードの両方をテストする必要があります。直感的には、ビジネスロジックのテストは手動テストの方が向いています。なぜなら、ビジネスロジックのルールは自動テストに設定するよりも、人間が覚える方が簡単だからです。この状況においては、直感が大正解だと思います。

手動テスト技術者は、ドメインのエキスパートになるのが得意です。そして、非常に複雑なビジネスロジックを、最も強力なテストツールの「脳」に保存できます。手動テストは時間がかかるので、結果としてテスト技術者は微妙なビジネスロジックのエラーを詳しく調べることになります。時間はかかりますが、オーバーヘッドは少ないのです。

一方で自動化テストは低レベルの詳細なテストが得意です。自動テストは、クラッシュ、ハングアップ、不正な戻り値、エラーコード、例外、メモリ使用量の超過などを検出できます。自動テストは短時間で行えますが、同時にオーバーヘッドも大きくなります。ビジネスロジックをテストするための自動テストの準備は非常に難しく、高いリスクもあります。私の意見としては、Vistaのテストにこの自動テストの問題があると思います。自動テストに頼りすぎているのです。あともう数人の優秀な手動テスト技術者がいれば、計り知れないほどの価値をもたらしてくれたでしょう。

つまり、APIテストなのかGUIテストなのか、回帰テストなのか機能テストかなのかは関係ありません。検出したいバグ種別によって、選択するテストタイプが変わります。特殊なケースもあるかもしれませんが、ほとんどの場合はビジネスロジックのバグを見つけるためには手動テスト、インフラストラクチャーのバグを見つけるためには自動テストが適しています。

C.6 2008年11月

　この月はEuroSTARで講演をしました。基調講演の後に、カンファレンス講演者が私の言葉を引き合いに出していたことを人づてで聞きました。「ジェームズ・ウィテカーは、将来テスト技術者が必要なくなると考えています。」そう言っていたそうです。この出来事によって、私は自分の発言記録を修正する必要があると考えました。

　EuroSTARではソフトウェアテストの未来について基調講演を行いました。まず、**ソフトウェアの可能性**を語ることから始めました。語ったのは、未来のテストはソフトウェアに欠かせないものになるということです。そして、人類が抱える厄介な問題の解決に極めて重要な役目を持つことになることもです。科学者を助けるためには、ソフトウェアの魔法が必要であることを主張しました。気候変動、代替エネルギー、世界経済の安定のためにはソフトウェアは必要不可欠です。ソフトウェアがなければ、どうやって難病の治療方法方を見つけることができるでしょうか？　ソフトウェアがなければ、ヒトゲノム計画は完成したでしょうか？　このような難しい問題から人類を救うものこそがソフトウェアであると訴えました。その一方で、ソフトウェアの数々の不具合を挙げて、「**ソフトウェアから人類を救うものは何か？**」と問いかけもしました。

　私はソフトウェアテストの未来について語り続けました。開発サイクルの後期の英雄的な活躍はしなくなり、低品質アプリケーションから脱却するという未来予想を展開しました。するとどういうわけか、一部の聴講者がこれを「テスト技術者は不要になる。」と受け取ったようです。45分の基調講演のほとんどを無視して、20秒のサウンドバイト^[訳注53]だけを引き合いに出すことは理解できません。アメリカ大統領選挙は終わりました。スピーチからサウンドバイトを作成する時期ではありません。

　このブログには、手動テストへの偏見と、手動テスト技術者への称賛であふれています。もしこのブログを読んでおり、EuroSTARの基調講演を数分でも聞いているなら、私の考えをわかってもらえるはずです。テスト技術者の役割が根本的に変わっていくということです。テスト技術者はテスト設計者に近づいていきます。テストケースの実装、実行、結果の検証などの低レベルでめんどうくさい苦役は過去のものになります。テスト技術者は高レベルの仕事をするようになります。今よりはるかに大きな影響を品質に与えるようになるでしょう。

　私のメッセージを聞いていただけた大勢のテスト技術者は、このような未来を望んでいると思います。私のメッセージを聞いていただけなかった方は、ぜひもう一度ブログを呼んでいただければと思います。

[訳注53]　ニュース等で使われる、政治家のスピーチ等を短く編集したもののこと。

C.6.1　ソフトウェアテスト技術者募集

　この投稿を冗談だと思っていた人がいたということが、私は未だに信じられません。どう考えても、このテスト技術者募集広告は的を射ていると思います。この記事は自分の会社と仕事を軽視しているものだと非難もされました。まじめな話、この記事も、読者の反応も、ただのおもしろい話以上ではないと思っています。

　ソフトウェアテスト技術者募集。この業務では非常に複雑でドキュメントも不十分な製品を、存在しない仕様書、あるいはひどく不完全な仕様書と照合する必要があります。ソフトウェア開発者からの手助けは最低限で、嫌々ながら提供されるものです。この製品は、複数のユーザー、複数のプラットフォーム、複数の言語、その他まだ詳細不明な重要な要求を含む、さまざまな環境で使用されます。それらをどう定義すればいいのかはまだよく分かりませんが、セキュリティとパフォーマンスは最重要事項です。リリース後に不具合が出ることは容認できず、会社は倒産しかねません。

C.6.2　テスト技術者がテストを続けるには

　これはMicrosoftの多くのテスト技術者にとっては耳の痛い話です。優秀なテスト技術者のほとんどはソフトウェア開発やプログラム管理に異動してしまうからです。テスト業務から異動したほうが昇進が速くなると思われていますが、他社ではその傾向がもっと強いようです。

　今日はuTest.comのウェビナーを行いました。素晴らしい質問をいくつかいただきました。その中でも次にあげるものが特に印象に残っています。「優秀なテスト技術者を開発部門に異動させないようにするにはどうしたらいいですか？」

　この質問はよく聞きます。多くのエンジニアは、テストを開発のトレーニングだと考えています。テスト業務は開発へ素早く異動するための足がかりに過ぎないととらえています。はぁ…参りました。

　正直に言うと、これは悪いことではありません。テスト技術者のトレーニングを受けたソフトウェア開発者が増えることは、間違いなくよいことです。元テスト技術者はバグをあまり作りこみません。テストチームとのコミュニケーションも円滑になります。一般的に、テストチームが開発の代わりにテストをしてくれていることを高く評価するようになります。テスト業務から異動することが寂しく感じるのは、テスト分野から有能な人材がいなくなることが原因だと思います。

　退職する人たちの理由が本当に、ソフトウェア開発者の「よりよい待遇」なのかは分かりません。結局のところ、テスト技術者でもコードを書く業務はたくさんあります。開発より自由な雰囲気でコーディングできる場面も多くあります。テスト業務から離れていく理由は、テストマネジャーが昔のテスト業務を繰り返し続けており、ただリリースのためだけにテス

トをしているからだと思います。テスト技術者がソフトウェア開発者に異動していくチーム
は、テストを革新しようとする気概が欠けているように感じます。その逆もまた成り立ちます。
テストを革新し続けており、創造、研究、発見の機会に恵まれているチームに所属するテス
ト技術者は、満足していますし幸せに感じています。

　テスト技術者に残って欲しいですか？　それならば、革新の機会を提供してください。も
しマネージャーがテストケースとリリーススケジュールしか見ていないのなら、テスト技術
者は転職サイトしか見なくなるでしょう。退職した人を、誰も責めることはできません。

C.7　2008年12月

　12月はブログをあまり書きませんでした。読者の皆さんもブログをあまり更新しないとき
は、目につくタイトルを付けることをお勧めします。たとえばGoogleです。信じられない
かもしれませんが、この記事はMSDNのトップページにも掲載されました！　ブログタイト
ルの勝利の方程式をお話しします。

C.7.1　Google 対 Microsoft、開発とテストの比率について

　今年の10月にシアトルで開催されたGoogleのGTACイベントで講演を行いました。それ
以来Googleのテスト技術者たちと、GoogleとMicrosoftのテストに対するアプローチの比較
対照を続けています。有意義な意見がえられました。

　現状はどうかといえば、Googleのテストへの取り組みは、Microsoftと大体おなじ程度の
ようです。両社とも、テストの原則とテスト技術者を重要なものであると考えています。し
かし、双方の違いは深く分析する価値があると思います。

　特に、両社のソフトウェア開発者とテスト技術者の比率の違いは重要です。Microsoftでは、
開発:テストの比率は1:1に近いところも、テストの方が多くて2、3倍いるグループもありま
す。Googleはまったく逆のようで、ひとりのテスト技術者が大勢のバグ開発者を担当してい
るようです（開発者がバグを生産するのは、両社の共通点です！）

　では、どちらがよいのでしょうか？　読者の皆さんの意見を教えていただければ幸いです
が、私の考えはこうです（Microsoftの非を認めたり、Googleを非難する意図はありません）。

1. 開発:テスト = 1:1 は良い。この比率はテスト業務を重視していることを示しています。
   ソフトウェア開発者は開発タスクや、プログラムを細部まで正確に考えることができま
   す。開発プロジェクト内の品質を考慮する役割の人数も最大になります。多数のテスト
   技術者が開発工程の最後でソフトウェアを完璧にしてくれるので、フィーチャ開発の速
   度も上がります。さらに、1:1の比率はテスト技術者の独立性を重視していることも示
   しています。ソフトウェア開発者も自分のコードをテストできるようになります。

2. 開発:テスト = 1:1 は悪い。この比率は、ソフトウェア開発者が品質を考慮しなくても

C.7　2008年12月

よくなるための言い訳になります。なぜなら、テストが嫌いだからです。ソフトウェア開発者はメインの機能だけを作り、エラーチェックや退屈な仕事はテスト技術者に任せます。

多くのMicrosoftのテスト技術者は、同時に経験豊富なソフトウェア開発者でもあります。バグを発見する能力と同じぐらいバグを修正する能力も高いというのは、注目したい点です。しかし、テスト技術者がバグを発見するときに、ソフトウェア開発者が自分の失敗から学んでいるのでしょうか？　才能豊かなテスト技術者がたくさんいると、ソフトウェア開発者は怠け者になってしまうのでしょうか？　これがソフトウェア開発者とテスト技術者の比率についての、もう1つの論点です。

1. 開発:テスト = 多数:1 は良い。テスト技術者が少なければ、ソフトウェア開発者はもっと品質を向上するための役割を担わなければならなくなります。結果として、開発者が書くコードの品質がよくなり、テストもしやすいコードになります。テストの必要性が減るので、テスト技術者も減らすことができます。
2. 開発:テスト = 多数:1 は悪い。テスト技術者の負担が増えます。ソフトウェア開発者は、本来はクリエイターです。自分の作品を否定的な目で見てくれる人がある程度はいないと、見落としが出てきます。また、テスト技術者が少なすぎると単純にテストが難しくなります。ソフトウェア開発者はクリエイターとしてテストを実施するという間違った取り組みをするので、テストが非効率になってしまいます。

では、スイートスポット[訳注54]はどこでしょうか？　確かに、アプリケーション固有の事情はあります。大規模なサーバーアプリなどでは、専門知識を持ったテスト技術者が多数必要です。それでも、テスト技術者とソフトウェア開発者、そして、単体テスト、自動テスト、手動テストの組み合わせを最適にできる一般的な方法はあるのでしょうか？　まず、品質保証の業務に着目することが必要だと考えます。品質保証の業務には何があるのか、品質保証の役割の中で最も重要なものは何か、こういったものです。そうすれば、テストマネージャーは開発:テスト比率のスイートスポットを見つけられるはずです。

[訳注 54]　ゴルフやテニスでボールを打つときに狙うボールの一点、いわゆるボールの芯のこと。

C.8　2009年1月

　2008年は、Zune[訳注55] の有名なバグで終わりました。このバグはMicrosoftのテストサークルの間でも話題になっていました。テストサークルではZuneのバグを話し合いました。どうしてバグが発生したのか？　なぜ見逃されたのか？　この記事はZuneのバグについての私見です。

C.8.1　Zuneの問題

　ご想像のとおり、Zuneの日付計算のバグについては、Microsoft社内でもメーリングリストをはじめとして活発な議論が交わされています。バグそのものの分析は、ここ[訳注56] など多くの場所で見つかります。しかし、私はテストの意味合いの方に興味があります。

　1つの見方：これは些細なバグです。比較演算子の「<」を「≦」と間違えただけでした。典型的なバグです。コードレビューですぐに見つかりますし、すぐ修正して忘れ去られます。さらに、このバグはうるう年の1日しか顕在化しません。しかも製品ラインナップの中で一番古い型番だけにしか影響しないので、あまり重要なバグではありませんでした。加えてこれはZune開発チームが作りこんだバグですらなく[訳注57]、　再利用コードが原因でした。このような文字どおり針でつつくようなテストは、終わりのない作業です。ソフトウェア開発者に責任を押し付けて、再発しないことをお願いするしかありません（気を悪くしないでください。皮肉だということはお分かりだと思います）。

　別の見方：これは重大なバグです。デバイスの起動スクリプト内に存在し、全ユーザーに悪影響を与えました。しかもそれは、たとえ1日だけだとしても、デバイスをレンガ[訳注58] にしてしまいました（結局のところ、たった一日でも音楽が聴けなくなれば大問題です）。このバグのレポートは、「優先度:最高、重大度:大、廊下を絶叫して走りながら報告するバグ」です。

　テスト技術者として、後者以外の見方ができるでしょうか？　しかし、バグは発生しました。では、このバグから何を学べるでしょうか？

　バグの箇所を含むコードのレビューに問題があったことは確かです。私がこれまで参加したコードレビューでは、ループの終了条件の確認が最優先事項でした。特にスタートアップルーチンでは必須です。なぜなら、無限ループのバグはテストでは簡単には見つからないからです。無限ループのバグを見つけるためには、入力、状態、動作環境の条件を「うまく組み合わせる」ことが必要です。これはマジシャンのようにシルクハットから取り出せるものではありませんし、自動テストスクリプトをこねくり回しても見つけることはできません。

［訳注55］　2006年に発売されたMicrosoftの携帯音楽プレイヤー。日本では未発売。

［訳注56］　転載元のブログにはZune公式サイトのユーザーフォーラムへのリンクが張られていましたが、現在はリンク切れです。なお、Zuneのバグの詳細は本書の第4章に記載しています。

［訳注57］　このバグはOS（Windows Mobile PMC Version.2）に起因するものでした。

［訳注58］　動作しなくなった電子製品のことを、英語でレンガ（brick）言います。同じことを日本では「文鎮」と呼んでいます。

これが1つ目のポイントです。私たちテスト技術者は、十分な品質を担保できるコードレビューができていません。もっと早くこのバグを発見できたはずの単体テストができていません。もし私がまだ大学教授だったら、コードレビュー結果、単体テストケース、システムテストケース（手動テストと自動テストの両方）を標準化する方法を見つけた人に博士号を授与したいところです。

もしコードレビューや単体テストの結果を集約できれば、「上流テスト工程」で保証された範囲を以降のテストでは省けます。テスト技術者は、システムテストに集中できるようになります。一度だけ開発者が書いたコードの品質を確認できれば、以降はずっと信用できます。

システムテストがZuneのバグの発見に非常に苦労する理由は、テスト技術者がカレンダーを入力値としてあつかわなければならないからです（多くの人にとっては当たり前のことのようですが、私はそうとは思いません）。そして、カレンダーを変更する方法を考えて（手動テストおよび自動テスト時に行える方法でなければいけません）、366日にある年の366日目にする条件を見つけなければなりません。

日付をテストしていたとしても、自然に366日目のテストシナリオが見つかることはありえないと思います。テスト技術者が、2月29日、3月1日には気づくでしょう。秋と春のサマータイムの切り替えを考慮することも想像できます。しかし、2008年12月31日と2007年12月31日を別のテストケースにする理由があるのでしょうか？　Y2Kをテストするのは当然でしょうし、2017年、2035年、2999年、その他にもたくさんあるでしょう。しかし、2008年ですか？

これが2つ目のポイントです。Microsoft社内のさまざまなフォーラムでZuneのバグの討論をしているときに、1ダース以上の人が日付のテスト方法を提案しました。そのアイデアは、他の誰も思いつかなかったものです。

ある日、廊下で2人の同僚が議論しているところを見つけました。話していたのは、自分ならどうやってZuneのバグを見つけるかです。そして、日付計算のバグを見つけるためには他にどのようなテストケースが必要なのかでした。ふたりの優秀なテスト技術者は日付計算の問題を完璧に理解していました。しかし、ふたりが提案するテストのアプローチはまったく異なっていました！

難解なテスト知識（セキュリティ、Y2K、ローカライゼーションなど）が問題になるのは、知識を共有するために議論したり、テスト技術者にテスト方法を説明するときです。「うるう年の境界値テストが必要です。」は、悪くないコミュニケーションです。しかし、これがZuneのバグを生み出したコミュニケーションです。テスト技術者はテストケースを共有することで、テストの知識を共有しなければいけません。正しいコミュニケーションはこうです。「うるう年の境界値テストが必要です。私が作ったテストケースが使えますよ。」あるいは、「日数のカウントは日付の危険な実装方法です。正しく実装できていること確認するためには、このテストケースを実行すればいいですよ。」

うるう年の日付計算に関わる範囲を完全に網羅するテスト知識は、この問題を議論している人たちが持つ知識より大きなものでした。うるう年問題の議論は、教育的で刺激的でした。しかしデバッグルームに持ち込めるものではありませんでした。テストケース（あるいはテ

ストモデル/抽象化）ならデバッグルームに持ち込めます。テスト知識のカプセル化にも使えます。テスト技術者がテストケースでコミュニケーションをとれば、テスト知識を蓄積することができますし、テスト知識を社内の隅々まで広めることができます（実際にMicrosoftには日付計算を行うアプリケーションやデバイスがすでに無数にあります）。日付計算のアルゴリズムを理解していない人でも、理解している人が作成したテスト資産を用いてテストできます。

　再利用可能でカスタマイズ可能なテストケースは、ソフトウェアテスト知識の積み重ねの基礎となるものです。テスト知識はテストエキスパートの頭の中に入っています。しかし複数のエキスパートの間で分散しているため、テストケース共有以外の方法ではうまく共有できません。

C.8.2　探索的テスト詳説

　この本の完成が近づくにつれ、私は探索的テストのレトリックを補強してくれる懐疑論者を探し始めました。探索的テストの欠点を見つけて、改善を手伝ってもらいたかったのです。Microsoftについて1つ言えることは、懐疑論者が多いということです。この投稿は、懐疑論者たちとの討論して学んだことを記事にしたものです。かなりバニラ[訳注59]ですが、読者には好評でした。

　つい先ほどまで、同僚と話し合っていました（実際には会話というより討論に近いものでした）。その同僚は探索的テストに批判的で、「計画第一主義」および「テスト不要論」の提唱者です

　嬉しいことに、同僚は探索的テストの有用性を認めました。（優位性は認めませんでした）。私もようやく探索的テストの有効性を説明できるようになったのでしょう。私が述べたのは次のことです。

　「ソフトウェアテストは複雑です。入力、コードパス、状態、保存したデータ、動作環境など、変動するものが多いのでテスト技術者の負荷が大きすぎるのです。実際問題として、テストの多様性に対応することは不可能です。テスト計画を作成してテスト開始前に変動するものを網羅しておくのは無理です。探索的アプローチでテスト計画とテスト実行を同時に行おうとしても無理です。最終的にどのようにテスト手法をとるにしても、完璧に行うにはテストは複雑すぎます。

　しかし、探索的テストには利点があります。テスト技術者がテストを実施しながら計画を立てることができます。テスト中に集めた情報を使ってテストの実施方法を変化させられます。これは、事前に計画を立てるテスト手法に対する大きな利点です。シーズン開始前に、スーパーボウルやプレミアリーグの勝者を予想することを想像してください。チームがどのようにプレーするのかを確認する前に予想をするのは困難です。どのような作戦で試合に臨むの

［訳注59］　バニラ（vanilla）は英語のスラングで「平凡」の意味があります。

か、主要選手がケガをしないかなどがわからないからです。シーズン開始後に入ってくる情報が、少しでも正確に結果を予測する鍵を握っています。同じことがソフトウェアテストにも当てはまります。探索的テストはテスト中にソフトウェアを動作させて得られたすべての情報を完全に把握した上で、テストの計画、テストの実施、テストの再計画を小さな単位で継続的に行うことを目指します。

テストは複雑です。しかし探索的テスト手法を効果的に用いれば複雑さは緩和できます。探索的テストは高品質なソフトウェアの生産に繋がるテスト手法です。」

C.8.3　テストケースの再利用

この件に関してケイパー・ジョーンズ[訳注60]からメールをもらい、仕様書や設計など他のソフトウェア成果物の再利用を検討するようにすすめられました。有名人からメールはうれしいものです。でも兄貴（と呼んでもかまいませんよね、ミスター・ジョーンズ？）、私はテスト技術者です。ドキュメントの再利用は、他の誰かが考えることです。

今週は「テストの未来」についての講演を4回（！）行いました。今週の講演に限らず、圧倒的に質問が多いのはテストケースの再利用について予想した箇所です。私は4回とも違う回答をしてしまいました。（面目ない）。ですので、このブログ利用して自分の考えを明確にして、具体例をいくつか補足したいと思います。

次のような状況を想定してみましょう。あるテスト技術者がテストケースを作成し、それを自動化して何度も繰り返し実行できるようにしました。優れたテストケースなので、あなたもそのテストケースを使ってみることにしました。しかし、実行してみると自分のマシンでは動作しないことが分かりました。あなたのマシンにインストールされていない自動化APIと、インストールされていないスクリプトライブラリを使用していたためです。実行環境に特化したテストケースは、再利用する際に問題が生じます。

将来的には、「環境同梱テスト」（同僚のブレント・ジェンセンの発案です）と呼んでいるコンセプトで環境依存の問題を解決するつもりです。未来のテストケースは、仮想化を用いたカプセル化を用いてテストケースと実行環境を記述します。必要な環境依存関係をすべて組み込んだ仮想カプセル内にテストケースを記述して、任意のマシン上で実行できるようになります。

環境同梱テストを実現するために必要になる技術の進歩は、ほんの少しです。しかし、テストケースの再利用を妨げているのは、技術面ではなく経済面です。テストケースを再利用するための作業は、テストケースの作成者ではなくテストケースの再利用者が行ってきました。ここで必要になるのは、再利用可能なテストケースを作成するテスト技術者へのインセンティブです。それでは、テストケース再利用のためのテスティペディアを構築するのはどうでしょうか？　テストケースの保存に貢献したテスト技術者またはその所属組織に報酬を

[訳注60]　Capers Jones。ソフトウェアエンジニアリングの専門家。ファンクションポイント法の研究で知られています。邦訳された著作に『ソフトウェア開発の定量化手法：生産性と品質の向上をめざして』があります。

支払う仕組みを構築するのです。テストケースの価格はいくらでしょうか？　1ドル？10ド
ル？それ以上？　間違いなく値段がつきます。そして、すべてのテストケースを集約するデ
ータベースにも相応の値段がつきます。テストケースのデータベースの管理して、必要に応
じてテストケースを再販するビジネスも成立するでしょう。テストケースは価値が高いほど
値段も高くなります。テスト技術者は貢献に応じたインセンティブを得ることになります。

　再利用可能なテストケースはそれ自体に価値があります。テストケース変換マーケットが
誕生して、テストライブラリがサービスとして提供されたり、製品としてライセンス供与さ
れることになるでしょう。

　しかし、これは解決策の1つに過ぎません。どのような環境でも実行できるテストケース
は有用ですが、1つのアプリケーションに特化したテストケースも依然として必要です。

C.8.4　テストケースをさらに再利用

　テスト技術者は、たいていはただ1つのアプリケーションに特化したテストケースを作成
します。特に驚くようなことではありません。自分のチーム外で自分の作成したテストケー
スに価値があるとは考えてもいないのです。しかし、前回の投稿で描いた再利用可能テスト
ケースの予想図を完成させたいのなら、さまざまなアプリケーションに適用できるテストケ
ースを作成しなければなりません。

　アプリケーションのテストケースを書くのではなく、もっと抽象的な、フィーチャのテス
トケースを書くこともできます。たとえばショッピングカートのフィーチャは多くのWebア
プリケーションに実装されています。ショッピングカートフィーチャのためテストケースは、
他のすべてのWebアプリケーションのショッピングカートのテストに利用できるはずです。
ネットワーク接続、データベースへのSQLクエリ、ユーザー名とパスワードによる認証など、
他の一般的なフィーチャについても同じことが言えます。フィーチャレベルのテストケース
は、アプリケーション固有のテストケースよりもはるかに再利用性と移植性が高いものです。

　作成するテストケースの範囲を絞り込むほど、テストケースはより一般的になります。ア
プリケーションよりもフィーチャ、フィーチャよりも機能やオブジェクト、機能よりもコン
トロールやデータ型。適用範囲を絞り込んでいきます。十分に抽象化されたテストケースを
「原子テストケース」と呼ばせてもらいます。原子テストとは、可能なかぎり抽象化されたテ
ストケースです。たとえば、テキストボックスにコントロールに英数字を入力するだけのテ
ストケースを書くことします。このテストケースはただ1つのことをするだけであり、それ以
上のことはしないのでテスト原子です。そして、テスト原子を複製して別の目的のためのテ
スト原子に修正していきます。たとえば、英数字の文字列をユーザー名の入力に使うつもり
なら、有効なユーザー名のルールを追加した新しいテスト原子を作成します。やがて、テス
ティペディアにはこのようなテスト原子が数千（可能なら数万、数十万）も集まるでしょう。

　テスト原子を組み合わせることでテスト分子が作成できます。英数字の文字列である2つ
のテスト原子を組み合わせれば、ユーザー名とパスワードのダイアログボックス用のテスト
分子になるでしょう。多くのテストの作成者が各自でテスト分子を作成し、時間が経つにつ

234

れて類似したテスト分子の中で最も優れたものが残ります。それでも類似テスト分子を利用できるようにしたほうがいいでしょう。適切なインセンティブがあれば、テストケース作成者はいくらでもテスト分子を作成するはずです。そしてテスト分子はソフトウェアベンダーがレンタル、リース、購入することになり、同じ機能を持つアプリケーションのテストで再利用されるようになります。

どこかの時点で、新しいテストをほとんど書く必要がなくなるほどの十分な数のテスト原子とテスト分子が集まるでしょう。そして、ソフトウェア業界はすべてのテストを保存するためのサイトを求めるようになると考えています。それは、Wikipediaのようなユーザーがコンテンツを提供、管理、維持するサイト（名前を付けるならテスティペディア）です。おそらく、テストコミュニティがテスティペディアを構築すると思います。企業が機密性の高いアプリケーションのために自社テスティペディアを構築することもあるでしょう。しかし、環境同梱テスト（前回の投稿を参照）用のテスト原子やテスト分子のライブラリは、信じられないほどの価値があるはずです。

このアイデアを広めていくためには、アプリケーションに適用できるようにテスト原子やテスト分子を書くことが必要です。何万ものテストを選択し、アプリケーションにドラッグして、利用できるか判断して、テストを実行している様子を想像してみてください。動作環境やソフトウェア構成が異なっても、テストを何回も繰り返して実行できます。

うーん、でも今はただ夢を見ているだけです。

C.8.5　ただいま戻りました

かつての教え子たちからメールをもらいました。休暇明けの私がとても精力的に働いていたことを、未だに覚えているとのことです（単位を出さなくなった今でも、私の仕事をフォローしてくれるのはとてもうれしく思います）。今の私は他の人たちの仕事を考える立場にいますので、考える時間をくれる休暇はとても重要です！

休暇中に仕事のことを考えますか？　仕事が怖い、心配だ、嫌だということを考えるのではなく、仕事を振り返り、予定を立て、問題の解決策を考えていますかという質問です。先週の私は考えていました。先週の日曜日、寒く凍えるような雪が降るシアトルで目を覚ましました。昼過ぎには、79度[訳注61]の太陽が照り付けるマウイ島のカアナパリ・ビーチで砂の城を作っていました。これが現実逃避でなければ、何が現実逃避なのか分かりません。

とはいえ、私の心は仕事から離れてはいませんでした。実際、仕事のことばかり考えていました。どこを見てもソフトウエアだらけだったのですから、理由はお分かりだと思います。旅の予約はすべてオンラインで済ませました。空港からのタクシーの予約もです。自分ひとり以外には人間の介在はありません。自分ひとりと、大量のソフトウェアだけです。

タクシーにもソフトウェアが組み込まれていました。飛行機もです。手荷物ターンテーブ

［訳注61］　華氏 79 度。摂氏では 26 度

ル、エスプレッソマシン、レンタカーのカウンター（無人でセルフサービスの端末があるだけでした）。そして私がトランクに荷物を詰めているときにサッカーボールをリフティングしていた息子を見張っていた監視カメラもです。ソフトウェア以外には、誰もいません。ホテルのフローズンスムージーマシンでさえ、温度調整をソフトウェアで行っていました（ちなみに故障しました。ビール党でよかったです）。

　ソフトウェア業界で働いている人が、仕事をすべて忘れることができるのでしょうか？（実際、ホテルのエアコンを制御していた人感センサーが気になって仕方がありませんでした。使っていないときにエアコンを切ることには賛成ですが、どうやら動かずに座っていることがエンドツーエンドのシナリオに含まれていなかったようです）。

　本当のところ、私にしてみれば仕事をすべて忘れる必要はありません。私はソフトウェアが実際に動作しているのを見るのが好きですし、ソフトウェアをテストする時に考え込むのも楽しいと思っています。休暇中は日常の雑務から解放されて、家にでは見落としてしまうようなことにも疑問を持つようになります。これは私が仕事に夢中になっているということなのでしょうか？　それとも自分の仕事が本当に好きだということなのでしょうか？

　私にとっての休暇はいつもこのような感じでした。教授時代、私の研究室のリーダーだった2人の学生、イブラヒム・エル・ファールとスコット・チェイスは、旅行から戻ってきたばかりの私には近づかないようにしていました。休暇明けで新しいアイデアに満ちている私から新しい仕事を指示されることを恐れていたのです。しかし、私の仕事から逃げることは決してできませんでした。

　ここで、ホテルのエアコンの人感センサーの話に戻ります。テスト技術者が不適切だったのではなく、テストの指示が不適切だったのが問題だと思います。人感センサーは設計されたとおりに動作していました。センサーの要求に基づいたテストをするために、座ったまま涼むことにしました。問題は、誰もこれを開発現場でテストしなかったことです。私が「日常的なテスト」と呼んでいるテストです。テスト技術者がセンサーを24時間使用することを考慮していたら、10時間のあいだほとんど動かず涼むシナリオもテストできていたでしょう（ええ、10時間です。バケーションなので）。しかし、そんな指示を出してくれるテストツールなどあるのでしょうか？　最新のテストツールはさまざまな方法でテスト技術者を手助けしてくれます。ただし、優れたテストシナリオを考え出すことは手助けしてくれません。テストツールは、整理、自動化、デグレートなどには有効です。しかし、本当にテストの手助けをしてくれるのでしょうか？

　私が欲しいのは本当にテストに役立つツールです。明日仕事に戻ったら、誰かに依頼して作成しようと考えています。イブラヒムとスコット、今回は私の仕事から逃れられましたね。

C.8.6　モグラと汚染されたピーナッツ

　朝刊に掲載されたジフピーナッツバター[訳注62]の全面広告が目に留まりました（アメリカ以

［訳注62］　アメリカの JM スマッカー社が製造するピーナッツバターのブランド。2000 年代はアメリカで最大のシェアがありました。

外の読者のために説明すると、アメリカではサルモネラ菌の食中毒が問題になっており、原因は汚染されたピーナッツにあることがわかっています）。広告ではジフの厳格な検査プロセスが説明されていました。消費者を安心させるために、ジフのサルモネラ菌の検査は長年にわたる習慣であり、安全な製品であることが書かれていました。

　ピーナッツバターはソフトウェアではありません。ピーナッツバターの製造工程がこの数十年で大きく変わったとはとても思えません。また、ピーナッツバターは製造ロットによる違いがほとんどないことも想像できます。ソフトウェアよりもっと難しい問題があることは認めます。

　でも、「長年にわたる習慣」という言葉は私の心をとらえました。なぜなら、テスト業界で長年にわたる習慣が確立されているところを、あまり見たことがないからです。テスト技術者は、テスト計画、テストケース作成、バグ検出、バグ報告、ツールの使用、ソフトウェアの診断をします。そして新しいビルドが手に入ったら、またテストプロセスを最初からやり直します。しかし、このプロセスからどれだけのことを学べているのでしょうか？　次のビルドを入手するまで、どれだけのことを覚えているでしょうか？　テストを行うたびに、改善はできているのでしょうか？　目標をもって改善できているのか、それともただ経験を重ねているだけなのでしょうか？　さまざまな意味で、長年にわたるテスト知識（ジフがいう長年にわたる習慣）が集約された唯一の物とは、テストツールです。

　私の友人であるアラン・ペイジ[訳注63]は、テストをモグラたたきにたとえています。ご存じだと思います。25セント硬貨を入れるとプラスチックのモグラがランダムに穴から飛び出してきて、ハンマーでモグラの頭をたたくゲームです。1匹たたくとまた別のモグラが出てきます。前にたたいたモグラも出てくるので、ハンマーで叩き続けます。25セント硬貨を入れるたびに、これを繰り返し続けます。

　聞いたことがありませんか？　テストはソフトウェア開発者が25セント硬貨を際限なく使うモグラたたきだという話を。さて、欠陥の予防はさておき、ソフトウェア業界はジフから教訓を得ることができます。ジフは、自社のビジネスにリスクが多いことを理解しています。そして、リスクを軽減するための標準的な手順を定めています。ジフはサルモネラ菌の検出方法を学び、検査を製造プロセスに組み込んでいるのです。

　ソフトウェア業界は過去のテスト経験から十分学んでこれたでしょうか？　日常的なテスト手順を体系化して、開発プロセスで実施できるようになっているでしょうか？

　ソフトウェアはピーナッツバターではありません。サルモネラ菌はWindowsには無関係でしょうし、その逆もまた然りです。だからといってバグとモグラたたきをする言い訳にはなりません。ソフトウェア業界はもっと改善しなければなりません。サルモネラ菌の検査手順は料理のレシピのように文書化することはできないかもしれません。しかし、もっと積極的にビジネスの失敗から学ぶことはできるはずです。

　私はテスト技術者がバグを検出したら、テストを一時中断してバグを一般化する時間をもうけることを提案します。バグがソースコードの穴から顔を出したらハンマーでたたきたい

[訳注63]　Microsoft のテストエクセレンスディレクター。本書の序文を記しています。

誘惑にかられるかもしれませんが、おさえてください。代わりに、バグを研究してください。どのようにしてバグを見つけましたか？　バグが存在している場所を調べることにした理由は何ですか？　バグが発生する原因や、どのような時にバグが発生するのかをどのようにして気づきましか？　バグを発見したテストケースは、似たようなバグを見つけるために一般化できますか？　同じようなバグを見つける方法を、他のテスト技術者に助言できますか？

　言い換えるなら、現在リリースしようとしている製品のテストにもっと時間を使ってください。残りの時間は、次の製品をもっとうまくテストするための学習時間に使ってください。Microsoftにはこのことを指すメタファーがあります。

　このメタファーと、ピーナッツバターのような長年にわたる習慣を実現するための方法は、次回の投稿^[訳注64]で説明します。

　ここまでで注釈付きブログは終わりです。そして、本書はここから始まります。最後に書いたメタファーとはツーリングメタファーのことです。本書の第4章「ラージ探索的テスト」を参照してください。

[訳注 64]　次回の投稿とはブログのアーカイブ（"https://learn.microsoft.com/en-us/archive/blogs/james_whittaker/"）の 2009 年 2 月の「the touring test」です。本書には掲載していません。

索引

英数字

1個テストしたら1個無料ツアー	60, 98
3時間ツアー	103
bluehat	7, 9
CMMI評価	174
Excelのバグ	5
FedExツアー	52, 97
Google	228
How to Break Software	41, 152, 238
ISTQBソフトウェアテスト標準用語集	70
ISV	98
Microsoft	iii, 50, 203
PEST	185
SDK	98
TDD	12
TFS	96
The Art of Software Testing	175
THUD	137, 214
TOGOFツアー	60
Visual Studio	iv, 50
Webアプリ	6
Wikipedia	138
Windows Media Player	105
Windows Mobile	98
Zuneのバグ	53

あ・か行

朝の通勤時間ツアー	52
アジャイル	16
アドホックテスト	23
アフター5ツアー	52
アラン・チューリング	43
一時性	129
インテリツアー	50, 78, 109
疑い深い顧客ツアー	49
雨天中止ツアー	62, 80, 92, 94, 101
裏通りツアー	56, 78, 91
エラーコードのテスト	166
エラーメッセージ	8
エンターテイメント区域	46, 55
エンドツーエンドテスト	69
オールナイトツアー	58, 79
オラクル問題	14, 198
ガイドブックツアー	47
カウチポテトツアー	62
仮想化	141
環境	38

環境同梱テスト	139, 233
観光区域	44, 46, 58
危険地域ツアー	54
キャリア構築	151
旧バージョンツアー	55
境界線サブツアー	109
強迫観念ツアー	65, 79
組み合わせテスト	35
形式手法	172
継続テスト	207
原子テスト	140, 234
原子入力	24, 41
傲慢なアメリカ人ツアー	51
コードパス	36
孤独なビジネスマンツアー	59
ゴミ収集ツアー	53, 106
コレクターツアー	59, 79
混合目的地ツアー	91

さ・た行

最近傍探索ツアー	80
殺虫剤のパラドックス	128
視覚化	142
識者のツアー	48
自動テスト	13, 44, 197, 224
シナリオオペレーター	72
シナリオテスト	69, 72
シナリオベース探索的テスト	72, 206
出力	32
手動テスト	v, 9, 11, 13, 15, 44, 224
状態	33, 35
仕様のツアー	118
スーパーモデルツアー	60, 80, 91, 102, 108
スクリプト	15
スクリプト手動テスト	201
スクリプトテスト	19
スコットランド人のパブツアー	61
ステップ	74
スプリント期間	112
スモークテスト	191
スモール探索的テスト	v, 17, 22
正反対ツアー	65
セキュリティホール	180
戦略ベース探索的テスト	206
早期テスト	215
ソフトウェアテスト	175
ソフトウェアテストの5つの問題点	123

239

ソフトウェアテストの十戒	160
ソフトウェアの故障	178
ソフトウェアの障害	177
ソフトウェアの状態	33
ソフトウェアの探索	41
ソフトウェアのバグ	3, 11
ソフトウェアの品質	v, 1
ソフトウェアの魔法	2
第一級市民	211
大規模なデータストア	37
タクシーツアー	84, 88
タクシー通行止めツアー	86, 88
多文化ツアー	87
探索	41, 69
探索的テスト	vi, viii, 16, 19, 43, 83, 201, 232
単体テスト	191
単調性	130
置換	76
駐車場ツアー	112, 114
抽象入力	24
チューリングテスト	43
ツアー	vi
ツアー・オン・ツアー	103
ツアー結果の分析	119
ツアーの活用	66
通常入力	30
ツーリングテスト	43, 45, 83
ツーリングメタファー	44, 238
データ	75
データのスコープ	34
テスティペディア	138, 235
テスト技術者	13, 23, 168
テスト技術者認定資格	211
テスト業界	151
テスト駆動開発	12
テスト原子	140
テストゴール	43
テストスイート	vi
テストソーシング	209
テストツアーの計画	115, 117
テストハーネス	209
テスト文化	218
テスト分子	140
デバッグ	51
デフォルト入力	31
特殊入力	30

な・は・ま行

長年にわたる習慣	237
ナビゲーションペイン	90
入力チェック	29

入力フィルタ	27
ネガティブテスト	26
ハイブリッド探索的テスト	vi, 69
破壊行為ツアー	64, 79, 96, 101, 102
バグ	8, 11, 43, 88, 93
バグノイズ	126
バグの予防	12
博物館ツアー	55
バグレポート	28
パブでのソフトウェアテストの探求	185
犯罪区域	47, 63
犯罪多発ツアー	65
反社会的ツアー	64
反復性	127
ビジネス区域	46, 47
ビルド検証テスト	191
フィーチャ	41
フィーチャの相互作用	57
フィードバックベース探索的テスト	207
フォーマルメソッド	172
フリースタイル探索的テスト	205
ブロガーツアー	48
プロセス改善	174
ペアテスト	131
ヘッドアップディスプレイ	136
ポジティブテスト	26
ホテル区域	47, 62
間違った順番ツアー	65
マネーツアー	49, 78
未来のテスト	135, 145
無記憶性	131
無目的性	124
メタファー	41, 44
もし〇〇だったら？	109

や・ら・わ行

ユーザー	190
ユーザー環境	38
ユーザーシナリオ	19
ユーザーストーリー	70
ユーザーデータ	37, 38
ユーザー入力	23, 24
ユーザーマニュアル	48
ラージ探索的テスト	18
ランダムテスト	161
ランドマークツアー	50, 78
リリース後のテスト	147
例外ハンドラ	29
歴史区域	46, 54
脇役ツアー	56, 80, 91
割り込みツアー	81

著者紹介

James A. Whittaker（ジェームズ・ウィテカー）：

ソフトウェアテストの分野でキャリアを積み、この分野に多くの足跡を残してきました。モデルベーステスト分野における先駆者であり、テネシー大学での博士論文はこのテーマに関する標準的な参考文献となっています。また、フォールトインジェクションに関する研究では、非常に評価の高いランタイムフォールトインジェクションツールであるHolodeckを開発しました。そして、セキュリティおよびペネトレーションテストの分野における初期のオピニオンリーダーでもありました。他にも、講師やプレゼンターとして高く評価されており、国際会議では数々の最優秀論文賞や最優秀プレゼンテーション賞を受賞しています。フロリダ工科大学の教授在任中には、ソフトウェアテストの指導により、産業界や各国政府から数十社ものスポンサーが集まりました。また、彼の教え子たちは、テストに関する深い技術的知識を持つ人材として非常に高い評価を得ていました。

ウィテカー博士は『How to Break Software』の著者であり、そのシリーズ続編の『How to Break Software Security』（ヒュー・トンプソンとの共著）と『How to Break Web Software』（マイク・アンドリュースとの共著）を執筆しています。10年間にわたって教授を務めた後、2006年にMicrosoft社に入社し、2009年に退社してGoogle社に入社、カークランドおよびシアトルオフィスのテストエンジニアリングディレクターに就任しました。2009年現在はワシントン州ウッドンビルに在住し、ソフトウェアが問題なく動く日を目指して働いています。

訳者紹介

杉浦 清博（すぎうら きよひろ）：

1975年、愛知県半田市生まれ。放送大学大学院文化科学研究科修士課程修了。修士（学術）。20年以上組み込みソフトウェア技術者として、主に機能安全ソフトウェアの開発とテストに従事している。著書に『SysML入門』（インプレス NextPublishing）がある。

カバーデザイン：海江田暁（Dada House）
制作：島村龍胆
担当：山口正樹、中野真千子

探索的テストの考え方
ソフトウェア開発のテスト設計とテクニック

2024 年 12 月 25 日　初版第 1 刷発行

著　者 ………… James A. Whittaker
訳　者 ………… 杉浦清博
発行者 ………… 角竹輝紀
発行所 ………… 株式会社 マイナビ出版
　　　　　　　〒101-0003 東京都千代田区一ツ橋2-6-3 一ツ橋ビル 2F
　　　　　　　TEL：0480-38-6872（注文専用ダイヤル）
　　　　　　　　　　03-3556-2731（販売）
　　　　　　　　　　03-3556-2736（編集）
　　　　　　　E-mail: pc-books@mynavi.jp
　　　　　　　URL：https://book.mynavi.jp
印刷・製本 …… シナノ印刷株式会社

ISBN978-4-8399-8603-2
Printed in Japan.

・定価はカバーに記載してあります。
・乱丁・落丁についてのお問い合わせは、TEL：0480-38-6872（注文専用ダイヤル）、電子メール：sas@mynavi.jp
　までお願いいたします。
・本書掲載内容の無断転載を禁じます。
・本書は著作権法上の保護を受けています。本書の無断複写・複製（コピー、スキャン、デジタル化等）は、著作権法上
　の例外を除き、禁じられています。
・本書についてご質問等ございましたら、マイナビ出版の下記URLよりお問い合わせください。お電話でのご質問
　は受け付けておりません。また、本書の内容以外のご質問についても対応できません。
　https://book.mynavi.jp/inquiry_list/